数学者が検証！

アルゴリズムはどれほど人を支配しているのか？

あなたを分析し、操作するブラックボックスの真実

OUTNUMBERED

FROM FACEBOOK AND GOOGLE TO FAKE NEWS AND FILTER-BUBBLES – THE ALGORITHMS THAT CONTROL OUR LIVES

DAVID SUMPTER

デイヴィッド・サンプター

訳►千葉敏生・橋本篤史

光文社

数学者が検証！
アルゴリズムはどれほど人を支配しているのか？

――あなたを分析し、操作するブラックボックスの真実

OUTNUMBERED
From Facebook and Google
to Fake News and Filter-bubbles -
The Algorithms That Control Our Lives
by
David Sumpter

This translation is published
by arrangement with Bloomsbury Publishing Plc
through Tuttle-Mori Agency, Inc., Tokyo

目次

パートI　あなたを分析するアルゴリズム

第1章　バンクシーを探せ

――AIは「将来の」犯罪者を逮捕するか

2016年3月、ロンドンの3人の研究者とテキサス州のひとりの犯罪学者が、『空間科学ジャーナル（*Journal of Spatial Science*）』誌に共同で論文を発表した。その論文内で提示されている手法は学術的で目新しいものではなかったが、論文の内容そのものは決して抽象的な学術研究ではなかった。論文の目的はそのタイトルにはっきりと見て取れた。「バンクシーを追う――ジオグラフィック・プロファイリングによる現代美術の謎の解明」。つまり、彼らは数学を用いて、世界一有名な覆面グラフィティ（落書き）アーティスト、バンクシーの正体を突き止めようとしていたのだ。

研究者たちはバンクシーのウェブサイトから彼のストリート・アートがある場所を特定したあと、GPSレコーダーを持って、ロンドンと彼の故郷であるブリストルの両方にある彼の作品をしらみつぶしに当たっていった。彼らはバンクシーが自宅の近くで作品を描いたと仮定し、収集したデータからひとつのヒート・マップを作成した。色の濃いエリアほど、彼の住んでいた可能性の高い地域を示している。

ロンドンのジオプロファイリング・マップでいちばん色の濃かった地点は、かねてよりバンクシーではないかと噂されてきた男性の恋人の元住所から500メートルしか離れていなかった。ブリストルのマップでは、その男性の自宅と、彼の所属するサッカー・チームが使用していたサッカー場の周辺の色がもっとも濃かった。最終的に、ジオプロファイリングによって特定されたその男性がバンクシーである可能性は非常に高い、と結論づけられた。

この論文を読みはじめて私が真っ先に感じたのは、同僚に先を越された学者が抱くような、好奇心と嫉妬の入り交じった感情だった。ずいぶんとうまい数学の応用先を選んだものだ。研究は実によく練られていて、読む人の想像を掻《か》き立てるようなひねりもある。それは私が理想とする応用数学の形そのもので、できれば私自身で手がけたかったくらいだ。

ところが、論文を読み進めるうち、私は少しムカムカしてきた。私はバンクシーが好きだ。自宅のコーヒー・テーブルには、彼の作品や人を食ったような発言を収めたあの有名な本が置いてある。私は彼の壁画を探して街の路地を歩き回ったこともあるし、ニューヨーク市のセントラル・パークの露店で彼の貴重なアート作品を売りに出したら誰も買わなかったという動画を観て大笑いしたこともある。ヨルダン川西岸地区やフランス・カレーの難民キャンプに描かれた彼の作品を見るたび、自分がどれだけ恵まれた境遇にいるかを思い知らされ、いたたまれない気持ちになる。私は無感情のロボットみたいな学者に、アルゴリズムを使ってバンクシーの正体など暴露してほしくない。闇夜に紛れて描かれたアートが、朝日とともに社会の偽善を暴き出す。それこそがバンクシーの存在意義なのだ。

数学は破壊的な学問だろうか？　論理的で冷徹な統計を武器にし、ロンドンの路地裏でフードをかぶって自由を訴えている人々を追いかけ回す学問なのか。それはまちがっている。バンクシーを捜すのは警察やタブロイド紙の仕事であって、リベラルな学者の仕事ではない。いったいこの学者たちは何様のつもりなのだろう。

私がそのバンクシーに関する論文を読んだのは、私の前作『サッカーマティクス』が刊行される数週間前だった。私がその本を書いたのは、読者のみなさんをサッカーという美しいゲームへの数学的な旅にいざなうためだった。サッカーの根底にある構造やパターンに数学が詰まっていることを伝えたかった。

いざ『サッカーマティクス』が発売されると、メディアから大きな注目が集まり、私は連日インタビューに追われた。記者たちはおおむね私と同じくらいサッカーの数学的分析に魅了されているようだったが、ひとつだけ引っかかる定番の質問があった。「数学はサッカーから情熱を奪うとは思いませんか？」。それが読者にとっていちばん気になる疑問らしい。

私は少しだけムッとして答えた。「もちろんそんなことはありませんよ！」。私は論理的思考と情熱の両方がサッカーという大きな屋根の下で共存する余地は常にあると反論した。

しかし、数学的な分析がバンクシーの芸術から神秘性を奪ったのは事実ではないか？　皮肉にも、私はサッカーに対して同じことをしてしまったのではないか？　空間統計学者たちがストリート・アートに対してしたのとまったく同じことを、私はサッカー・ファンに対してしてしまったのでは？

同じ月、私はサッカーの数学について講演するため、グーグルのロンドン本社に招かれた。講演を企画したのは『サッカーマティクス』の広報担当のレベッカで、私たちはグーグルの研究施設を見学するのを心待ちにしていた。

その期待は裏切られなかった。グーグルのオフィスはバッキンガム・パレス・ロード沿いのご大層な住所にあり、ロビーには巨大なレゴの構造物、冷蔵庫にはヘルシー・ドリンクやスーパーフードの類《たぐい》がぎっしりと詰まっていた。グーグルの社員（通称「グーグラー」）たちは、見るからにその職場環境への誇りをにじませていた。

私は何人かのグーグラーたちにグーグルの最新のプロジェクトについてたずねた。自動運転車、グーグル・グラスやグーグル・コンタクトレンズ、宅配ドローン、体内に注入して病気を診断するナノ粒子の噂は聞いたことがあったが、もう少し詳しく知りたいと思った。

しかし、グーグラーたちの口は重かった。グーグルがあまりにもクレイジーなアイデアを追求しすぎているという否定的な報道が相次いだせいで、箝口令《かんこうれい》が敷かれたらしい。当時、グーグルで先進技術プロジェクトを取り仕切っていたレギーナ・ドゥーガンは、かつてアメリカ政府の国防高等研究計画局（ＤＡＲＰＡ）で同じような役職についていた。彼女は「必要最低限の人にしか知らせない」という情報共有のルールをグーグルに課した。現在、グーグルの研究部門は複数の小規模なユニットで構成されており、各々のユニットが独自のプロジェクトに取り組み、グループ内のみでアイデアやデータを共有するようになった。[1]

もう少し問い詰めると、グーグラーのひとりがとうとうあるプロジェクトの話をしてくれた。「聞くところによると、ディープマインドを用いた腎機能障害の医療診断に関する研究が行なわれているらしい」

それは、機械学習を用いて、医師が見逃した腎臓病のパターンを見つけ出すという計画だった。ディープマインドとは、世界最強の囲碁プログラムを開発したり、「スペースインベーダー」のような懐かしのアーケードゲームをプレイするアルゴリズムを開発したりしているグーグルの子会社であり、現在ではイギリスの国民保健サービスの患者記録を検索し、病気の発生パターンを見つけることに取り組んでいる。将来的には、ディープマインドが医師の知的なコンピューター・アシスタントになる日が来るだろう。

私は初めてバンクシーに関する論文を読んだときと同じで、またもや嫉妬した。と同時に、グーグラーと同じ立場に立ちたいという熱い欲求にも駆られた。私もアルゴリズムを使って病気を発見し、医療を改善したい。数学を活かしてこのようなプロジェクトを実施し、人命を救うだけの予算とデータがあったら、どんな気分だろう?

しかし、『サッカーマティクス』広報担当のレベッカはもう少し冷たかった。「グーグルに私の医療データをみんな握られているというのは、あんまりいい気がしない」と彼女は言った。「グーグルは医療データをほかの個人情報と組みあわせてどう使うつもりなのかしら。それを考えると、少し不安になるわ」

彼女の反応を見て、私はふと考え直した。医療とライフスタイルの総合的なデータベースは、いまだかつてないスピードで膨らんでいっている。グーグルは厳格なデータ保護のルールに従っているが、危険性がまったくないわけではない。将来的に、人間とは何者なのか、人間はなぜ病気になるのかを解明するために、私たちの検索履歴、SNSや医療のデータが関連づけられる可能性もあるのだ。

しかし、データに基づく医学研究のメリットとデメリットについて議論する間もなく、私のプレゼンテーションの時間がやってきた。そして、サッカーの話を始めたとたん、私はこの問題のことをすっかり忘れてしまった。グーグラーたちは私の講演を熱心に聞き、私を質問攻めにした。最新鋭のカメラ追跡技術とは？　サッカーの監督を、少しずつ戦術を磨いていく機械学習技術で置き換えることはできそうか？　また、データ収集やロボット・サッカーに関する技術的な質問もあった。

データがサッカーから情熱を奪うのではないかと訊いてきたグーグラーはひとりもいなかった。グーグラーたちは、24時間測定の健康および栄養モニタリング装置を全選手に装着し、選手の健康状態を完璧に理解したいとさえ思っただろう。彼らにとって、データは多ければ多いほどよいのだ。

私はグーグラーの気持ちも、バンクシーについて研究した統計学者たちの気持ちもわかる。自分のコンピューターにイギリス国民保健サービスの患者データベースが入っているとか、空間統計学を用いて〝犯罪者〟の居場所を突き止められると考えただけでもワクワクする。私たちのような数学マニアは、ロンドン、ベルリン、ニューヨーク、カリフォルニア、ストックホルム、上海、東京で、常にデータを収集し、処理している。顔を認識したり、言語を理解したり、私たちの音楽の嗜好を学んだりするアルゴリズムを設計している。コンピューターの問題解決に役立つパーソナル・アシスタントやチャットボットを開発している。選挙やスポーツの結果を予測している。独り者にぴったりの相手を見つけたり、デート相手を探す手助けをしたりしている。フェイスブックやツイッターで一人ひとりにもっとも合ったニュースを届けようとしている。あなたが最高の休暇先や格安のチケットを見つけられるようお手伝いしている。その目的は、データやアルゴリズムを世の中のためになる道具として活かすことだ。

しかし、話はそんなに単純なのだろうか？　数学者は本当に世界をより住みよい場所にしているのか？　バンクシーの正体の暴露に対する私の反応、私のサッカーマティクス・モデルに対するサッカー記者たちの反応、そしてグーグルの医療データベースに対するレベッカの反応は、不自然なものでも偏見でもない。しごく自然な反応だ。アルゴリズムは、この世界への理解を深める道具としていたるところで使われている。でも、そのせいで私たちの愛するものがバラバラにされたり、人間としての尊厳が奪われたりするとしたら、それでもなお私たちは世界への理解を深めたいと思うだろうか？　私たちが開発するアルゴリズムは、本当に社会の望みを叶えているのか？　それとも、一握りのマニアやグローバル企業の利益を満たしているにすぎないのか？

そして、どんどん高度な人工知能が開発されるにつれて、アルゴリズムが人間の地位を奪うリスクはないのか？　数学が人間の代わりに何もかも決めるようになる可能性は？

実世界と数学の交わり方は決して単純ではない。私自身も含めて、誰もが数学を「ハンドルを回せば結果が出てくるマシン」としてとらえてしまう危険性がある。応用数学者は世界をひとつのモデリング・サイクルという観点からとらえる訓練を積んでいる。そのサイクルは、バンクシーの捜索であれ、オンライン検索エンジンの設計であれ、実世界の消費者が私たち数学者に問題の解決を委ねるところから始まる。すると、私たちは数学の道具箱を取り出し、コンピューターの電源を入れ、コードを書き、よりよい答えが得られるかどうかを確かめる。そうしたら、アルゴリズムを実装し、顧客に提供する。すると顧客はフィードバックを返す。こうして、また同じサイクルが繰り返される。

このハンドル回しとモデリング・サイクルが、数学者をどんどん現実離れさせていく。数々のおもちゃや屋内の遊び場を備えたグーグルやフェイスブックのオフィスは、自分たちが目の前の問題を完璧にコントロールしているという錯覚を頭脳明晰な社員たちに与えている。「栄光ある孤立」の状態にある大学の学部では、理論を現実と照らしあわせる必要がない。だが、それはまちがっている。現実世界には現実的な問題がある。そして、現実的な解決策を考えるのが私たちの仕事だ。どの問題にも、単なる計算ではとうてい解決できない複雑さが潜んでいる。

２０１６年5月のグーグル訪問後の数カ月間で、今までにないタイプの数学関連の記事が新聞を賑わせはじめ、ヨーロッパやアメリカで不安が広がっていった。グーグルの検索エンジンのオートコンプリート機能は人種差別的な単語ばかり提案し、ツイッターボットはフェイクニュースを広めていた。スティーヴン・ホーキングは人工知能に懸念を表明し、極右グループはアルゴリズムのつくり出したフィルターバブルのなかで暮らしていた。フェイスブックが測定した私たちの性格特性は、有権者のターゲティングに利用されていた。次から次へと、アルゴリズムの危険性を指摘する記事が増えていった。統計モデルがブレグジット（イギリスのＥＵ離脱）やトランプ当選を予測しそこねると、数学者の予測能力までもが疑われはじめる始末だった。

サッカー、愛、結婚式、グラフィティといった楽しい物事に関する数学記事はすっかり見られなくなり、突如として性差別、ヘイト、ディストピア、そして世論調査の恥ずかしい計算ミスに関する数学記事へと置き換わった。

私はもう少し詳しくバンクシーに関する科学論文を読み直してみた。すると、バンクシーの正体について新しい証拠はほとんど提示されていないことに気づいた。この論文の著者たちは、バンクシーの１４０のアート作品の厳密な位置をマップにしたものの、彼らが調べたのはたったひとりの候補者の住所だけで、しかもその人物はすでに8年前の『デイリー・メール』紙でバンクシーの正体として特定されていた。[2] 同紙によると、その人物は郊外の中流階級の出で、私たちがグラフィティ・アーティストと聞いて思い浮かべるような労働者階級の英雄ではなかった。

この科学論文の共同執筆者のひとり、スティーヴ・ル・コーマーは、『デイリー・メール』が特定した人物に着目した理由について、BBCで率直に語った。「バンクシーの有力な候補者はひとりしかいないことがすぐにわかった。誰もが知っている人物だ。グーグルでバンクシーと［その人物の名前］を検索すれば、4万3500件くらいヒットするからね[3]」

彼らのような数学者たちが登場するずっと前から、インターネットはバンクシーの正体に当たりをつけていた。彼らが行なったのは、その知識に数値を関連づけることだった。だが、その数値の意味ははっきりとしない。彼らはたったひとつのケース、たったひとりの候補者を検証しただけだった。論文はその手法を解説したものだったが、その手法が有効であるという決定的な証拠とは程遠かった。

しかし、メディアがこうした研究の問題点を気にする様子はなかった。今や、『デイリー・メール』紙のゴシップ記事は真面目なニュース記事となり、『ガーディアン』紙や『エコノミスト』紙、BBCがこぞって取り上げた。数学が単なる噂に正当性を与えたわけだ。そして、この研究は〝犯罪者〟探しという課題がアルゴリズムで解決できるという世間のイメージをつくり出した。

シーンを法廷に移してみよう。容疑者は崇拝されるストリート・アートで私たちを楽しませてくれるバンクシーではなく、バーミンガムの壁にイスラム国のプロパガンダを描いたとして告発されたイスラム教徒の男性だとする。警察が簡単な身辺調査を行なったところ、その容疑者がイスラマバードからバーミンガムに移住してきたころから落書きが始まったと判明した。しかし、直接的な証拠はないので、法廷ではこの情報は使えない。では、警察はどうするか？　数学者を呼ぶのだ。警察の統計専門家はアルゴリズムを使用して、ある家が62・5パーセントの確率でそのイスラム教徒の自宅であると予測し、テロ対策部隊が召集される。1週間後、テロ予防法の下、そのイスラム教徒が自宅軟禁される。

このシナリオは、スティーヴらが彼らの研究結果を用いて描き出しているシナリオからそうかけ離れているわけではない。彼らは論文でバンクシー探しについてこう記している。「テロ関連の軽犯罪（落書きなど）を分析することで、より重大な事件が発生する前にテロリストの拠点を突き止められるという従来の見解を裏づけるものである」。数学的な裏づけによって、そのイスラム教徒は起訴され、有罪を宣告される。それまで頼りない状況証拠でしかなかったものが、今や統計学的な証拠となったのだ。

これはほんの序章にすぎない。そのイスラム教徒版バンクシーの特定に成功したことを受けて、数々の民間企業が警察に統計学的なアドバイスを提供する契約をめぐって競争しはじめる。最初の契約を獲得したグーグルは、過去の逮捕歴をすべてディープマインドに流しこみ、潜在的なテロリストを特定する。数年後、政府は一般大衆のウェブ検索データとグーグルの逮捕歴データベースを統合するという〝良識的〟な施策を導入する。その結果、私たちの検索データや移動データを用いて人々の意図や将来的な行動を推測する「人工知能警官」が生まれる。この警官AIには、思想的テロリストに夜間の強制捜査をしかける専門の攻撃部隊が割り当てられる。この暗い数学の未来は、由々しきスピードで迫っている。

まだ始まって数ページだというのに、数学は興ざめであるばかりか、私たちの人間としての尊厳を傷つけ、タブロイド紙のゴシップに正当性を与え、バーミンガム市民をテロ行為で告発し、説明責任を負わない巨大企業の内部にある大量のデータを照合し、私たちの行動を監視する超人的な脳をつくっている。

これらの問題はどれだけ深刻なのか？　そして、こうしたシナリオはどれだけ現実的なのか？　私は自分にできる唯一の方法で、この疑問を掘り下げてみることにした——データを調べ、統計を弾き出し、数学の力を借りて。

第2章　リターゲティング広告にノイズを

――「いいね！」があなたを丸裸にする

数学によるバンクシーの正体の暴露について考察した結果、私はアルゴリズムが社会に及ぼそうとしている変化の規模を見逃していたことに気づいた。でも、これだけは言わせてほしい。私は数学の進展を見逃していたわけではない。私は日々、機械学習、統計モデル、人工知能といった物事について積極的に研究し、同僚たちと話しあっている。最新の論文を読み、特に大きな進展について最新情報を仕入れている。ただ、私は物事の科学的な側面、つまりアルゴリズムの抽象的な仕組みを調べるほうに集中するあまり、その影響について真剣に考えるのを怠っていた。私が開発に貢献しているツールは、社会をどう変えようとしているのか？　そこまで考えが及んでいなかった。

同じことに気づいた数学者は私だけではない。バンクシーの正体の暴露に関する私のどうでもいい懸念と比べて、はるかに深刻な問題を発見した数学者たちもいる。２０１６年終盤、数学者のキャシー・オニールは著書『あなたを支配し、社会を破壊する、ＡＩ・ビッグデータの罠』を刊行し、教師の評価や大学課程のオンライン広告、個人の信用格づけ、犯罪者の再犯の予測まで、あらゆる場所に潜むアルゴリズムの乱用をまとめた。[1] 彼女の結論は末恐ろしいものだった。アルゴリズムは疑わしい仮定や不正確なデータに基づき、たびたび私たちについて気まぐれな判断を下しているという。

その1年前、メリーランド大学の法律学教授のフランク・パスクワーレは、著書『ブラックボックス社会（*The Black Box Society*）』を刊行した。彼の主張によると、私たちがライフスタイル、願望、移動、社会生活の詳細をオンラインで共有するにつれて、私たちの私生活はどんどんオープンになりつつある一方、ウォール街やシリコンバレーの企業が私たちのデータの分析に用いるツールは、ますます私たちの精査を受けつけず閉鎖的になっているのだという。こうしたブラックボックスは、私たちが目にする情報や、私たちに関する意思決定に影響を与えているが、私たち自身はそうしたアルゴリズムの仕組みを確かめることができない。

私はオンラインで、これらの課題に立ち向かい、社会におけるアルゴリズムの応用方法を分析しているデータ科学者たちの緩やかな集団を発見した。

こうした活動家たちがもっとも危惧するのは、透明性やバイアスの問題だ。あなたがオンラインにアクセスすると、グーグルはあなたの訪問したサイトに関する情報を集め、そのデータを使って表示する広告を決める。たとえば、あなたがスペインを検索すれば、それから数日間はスペインでの休暇に関する広告が表示されるだろうし、サッカーを検索すれば、サッカー賭博サイトの広告が画面上に表示されはじめるだろう。ブラックボックス・アルゴリズムの危険性に関する情報を検索すれば、『ニューヨーク・タイムズ』紙の購読のオファーが表示されるだろう。
次第に、グーグルはあなたの関心の全体像を築き上げ、分類していく。グーグルがあなたについて推測した内容は、グーグル・アカウント内の「広告設定」を見れば簡単にわかる。[2]実際、私自身の広告設定を調べてみると、グーグルが私のことを少しだけ知っていることがわかった。サッカー、政治、オンライン・コミュニティ、アウトドアは、確かに私の大好きなものばかりだ。しかし、やや的外れな項目もあった。グーグルはアメフトとサイクリングのふたつを私の好きなスポーツと考えているようだが、実際にはあまり興味がない。私は設定を直さなければと思ったので、広告設定内で、興味のないスポーツの隣のチェックマークをはずし、数学をリストに追加した。

アメリカのペンシルベニア州にあるカーネギーメロン大学の博士課程の学生、アミット・ダッタらは、グーグルが私たちをどう分類しているのかを厳密に測定する一連の実験を行なった。彼らは、事前定義された設定を用いてさまざまなウェブページを開くグーグル・エージェントを生成する自動化ツールを設計した。そのエージェントは特定のテーマと関連するサイトを訪れる。アミットらはそのエージェントに対して表示される広告と、広告設定の変化の両方を調べた。たとえば、エージェントが薬物乱用に関連するサイトを閲覧すると、リハビリ・センターの広告が表示された。また、身体の障害に関連するサイトを閲覧したエージェントは、車椅子の広告を表示される可能性が高かった。グーグルはユーザーに対して100パーセント誠実というわけではない。グーグルのアルゴリズムがユーザーに関して導き出した結論がわかるような形で、エージェントの広告設定が更新されることはなかった。ユーザーが表示してほしい広告と表示してほしくない広告を設定したとしても、グーグルは表示する広告を独自に判断するのだ。

エージェントがアダルトサイトを閲覧しても広告の内容は変化しなかったという事実に、興味を持たれる読者もいるかもしれない。ということは、どれだけポルノを検索したとしても、別の機会に不適切な広告がいきなり画面上に表示されるリスクが増えることはないということだろうか？　私がアミットにそんな疑問をぶつけると、彼はこう忠告した。「ユーザーがまだ閲覧していないほかのウェブサイト上で広告が変化する可能性はあります。ですから、ほかのサイトで不適切なグーグル広告が飛び出さないという保証はないんですよ」

グーグル、ヤフー、フェイスブック、マイクロソフト、アップルなどの大手インターネット・サービスはすべて、私たち一人ひとりの関心の全体像を築き上げ、表示する広告を決めている。これらの広告サービスは、ユーザーが設定を確認できるという点ではある程度の透明性がある。私たちの嗜好を正しく理解できているかどうかを私たち本人にたずねるのは、企業側の利益になるからだ。だからといって、企業が私たちについて握っている情報を完全に開示しているとはいえない。

マーケティング分析専門のプログラマーとして働くアンジェラ・グラマタスは、リターゲティング広告の有効性の高さはほとんど疑う余地がないと指摘した。リターゲティング広告とは、ユーザーの最近の検索履歴から表示する商品を決めるオンライン広告を示す専門用語だ。彼女によると、スープ会社のキャンベルが実施した「スープチューブ」キャンペーンでは、さまざまなバージョンの広告のなかから、ユーザーの関心にもっとも一致するものを表示するグーグルの「ヴォゴン（Vogon）」システムが用いられた。グーグルによれば、このキャンペーンでスープの売上が55パーセントも上昇したという。[3]

「グーグルはまあまあ良心的ですが、フェイスブックの〝いいね！〟ボタンが持つ広告ターゲティングの威力には恐ろしいものがあります。あなたの〝いいね！〟ひとつで、あなたという人間が丸わかりになってしまうんです」とアンジェラは言う。そんな彼女がもっとも危惧していたのは、先般のアメリカの法改正だ。この改正により、インターネット・サービス・プロバイダー（あなたの自宅にインターネットを提供する通信事業者のこと）は、顧客の検索履歴を保存して利用することが認められた。グーグルやフェイスブックとはちがって、プロバイダーの収集する顧客情報には透明性がほとんどない。プロバイダーがあなたの閲覧履歴と自宅の住所を関連づけ、そのデータをサードパーティーの広告主と共有する可能性もある。

この法改正に不安を抱いたアンジェラは、プロバイダー等が貴重な顧客データを収集できないようにするウェブ・ブラウザー・プラグイン「ノイジー（Noiszy）」を開発した。このプラグインの役割は文字どおり、ウェブ閲覧の「ノイズ」を発生させることだ。彼女が興味のあるサイトを閲覧するあいだ、ノイジーはバックグラウンドで実行され、上位40件のニュースサイトをランダムに閲覧していく。そのため、プロバイダーは彼女が何に興味を持っていて何に興味がないのかを知る手立てがない。彼女はブラウザーに表示される広告の変化にすぐさま気づいた。「突然、ＦＯＸニュースの広告がどんどん表示されるようになったの。私はずっと〝リベラル・メディア〟の住人だったので、大きな変化でした」と彼女は語った。また、幸せな結婚生活を送っているアンジェラは、ウェディング・ドレスの広告が次から次へと表示されるようになったことにも気づいた。ブラウザーはもはや彼女の人物像を理解していなかった。

　私はアンジェラの考え方を面白いと感じた。というのも、彼女は企業によるデータ利用の問題について本気で心を痛めているように見えたからだ。彼女の本業は、効果的なリターゲティング広告を制作することだ。まちがいなく彼女の仕事の腕は一流だったし、彼女は消費者が望みどおりの商品を見つける手伝いをしていると信じていた。その一方で、彼女は空き時間にまさしくそうした広告キャンペーンに対抗するプラグインを開発し、ソフトウェアを無料で公開したのだ。[4]「全員がノイジーを利用すれば、企業や組織は私たちを理解できなくなるだろう」と彼女はこのプラグインの紹介ページに記した。その目的は、オンライン広告の仕組みについて理解や議論を深めることだという。

　一見すると矛盾しているようだが、私にはアンジェラの行動の意図がなんとなく理解できた。確かに、発見して阻止しなければならない露骨な差別もあった。短期ローンや怪しげな大卒資格のターゲティング広告の一部は、まちがいなく倫理的に問題があった。[5] そして確かに、ウェブ・ブラウザーが私たちについて少し妙な結論を導き出すこともある。しかし、リターゲティング広告の影響は比較的無害なものが多く、ほとんどの人は自分が興味を持ちそうな商品の広告がいくつか表示されるだけなら問題ないと考えている。彼女が現代広告の仕組みに関する啓蒙に取り組んでいるというのは、まったくおかしいことではない。人々に商品を売りつけようとするアルゴリズムを理解し、プロバイダーに顧客の権利を守らせるのは、私たちの責務なのだ。

とはいえ、アルゴリズムが私たちについて導き出す結論が差別的なケースもある。アミットらは性差別について調査するため、〝男性〟エージェント（性別を男性に設定したエージェント）と〝女性〟エージェント500人ずつを初期化し、事前定義された一連の仕事関連のウェブサイトを閲覧させた。[6] 閲覧が終了すると、彼らはエージェントに表示された広告の内容を調べた。閲覧履歴は男女で似通っていたにもかかわらず、男性のほうが「20万ドル以上の仕事。幹部限定」という見出しで、careerchange.comというウェブサイトの広告が表示される可能性が高かった。女性は一般的な求人サイトの広告を表示される割合が高かった。この種の差別は露骨で、違法な可能性すらある。

careerchange.comの運営会社の社長、ワッフルズ・パイ・ナトゥシュは、『ピッツバーグ・ポスト・ガゼット』紙に対し、広告の対象が男性に大きく偏ってしまった理由は不明だと言いつつも、「幹部レベルの経験を持つ45歳以上、年収10万ドル超の人材」という同社の一部の広告設定が、グーグルのアルゴリズムをその方向に導いているのかもしれないと認めた。[7] しかし、実験したエージェントが異なっていたのは性別だけで、給与や年齢に差はなかったので、この説明は筋が通らない。グーグルの広告アルゴリズムが男性と幹部の高額な給料を直接的または間接的に関連づけたか、careerchange.comが広告のターゲットが男性になるようなボックスを不用意にクリックしたかのいずれかだろう。[8]

アミットらの調査はここまでで終了した。アミットによれば、グーグルからは彼らの発表した論文に対する反応はなかったそうだが、グーグルは今後エージェントを使った実験が実行できないよう、インターフェイスを変更したという。こうして、グーグルのブラックボックスは永久に閉ざされた。

非営利の報道機関「プロパブリカ」のジュリア・アングウィンらは、機械のバイアスに関する一連の記事を通じて、この2年間で数々のブラックボックスをこじ開けてきた。彼女はフロリダ州の7000人を超える刑事被告人から収集したデータを用いて、アメリカの司法当局が広く使用しているアルゴリズムのひとつに、アフリカ系アメリカ人に対するバイアスが存在することを証明した。[9] 犯罪歴、年齢、性別、再犯を考慮に入れたとしても、アフリカ系アメリカ人がアルゴリズムによって再犯のリスクが高いと予測される可能性は45パーセントも高かった。

この種の差別は法制度に限られるわけではない。プロパブリカによる別の調査で、ジュリアは「新規購入者」と「引っ越しの可能性が高い人々」をターゲットにした広告をフェイスブックに掲載した。ただし、「アフリカ系アメリカ人」「アジア系アメリカ人」「ヒスパニック」に「民族親和性」を持つ人々は除外した。この広告はアメリカの公正住宅法に違反するにもかかわらず、フェイスブックは広告を受け入れ、掲載したのである。[10] 実際の人種ではなく「民族親和性」（ユーザーが利用したページや投稿によって判断される）に基づく分類だとはいえ、特定の集団を広告対象から排除するのは差別にあたる。

プロパブリカのジャーナリストたちは、こうした問題を調査するデータ・ジャーナリストやデータ科学者たちの巨大な運動に加わっている。マサチューセッツ工科大学（ＭＩＴ）の大学院生のジョイ・ブォロムウィニは、現代の顔認識システムによって自分の顔が認識されないことを知り、将来的な顔認識システムの訓練や改良に利用できる多様な民族の顔データを収集しはじめた。[11] ノースカロライナ州にあるイーロン大学のジョナサン・アルブライトは、グーグルのオートコンプリート機能が人種差別的な単語や侮辱的な単語を提案する理由について理解するため、グーグルの使用するデータを調査した。[12] そして、カリフォルニア大学バークレー校のジェナ・バレルは、自身のメールのスパム・フィルターを分析し、ナイジェリア人に対する明確な差別があるかどうかを確かめた（この場合はなかった）。[13]

これらの研究者たちは、アンジェラ・グラマタス、アミット・ダッタ、キャシー・オニールなどとともに、大手インターネット企業やセキュリティ業界が開発したアルゴリズムを監視している。彼らは誰でもダウンロードして中身を分析できるよう、オンラインのリポジトリ（データ貯蔵庫）にデータやコードを公開している。彼らの多くは空き時間を利用して研究を行なっている。プログラマー、学者、統計専門家としてのスキルを存分に活かし、アルゴリズムが世界をどう作り替えようとしているかを解明しようとしているのだ。

アルゴリズムの分析は、バンクシーのアートほど若者受けはしないだろう。しかし、こうした活動家たちは、私がグーグルのロンドン本社で目の当たりにしたような閉鎖的な未来観や秘密主義的な研究部門とは対照的に、誰でも利用できる形で研究結果を共有している。すばらしいとしか言いようがない。

彼らの運動は一定の影響を及ぼしつつある。フェイスブックは、ジュリア・アングウィンが試したような広告を掲載できないよう、修正を行なった。『ガーディアン』の記事が出たあと、グーグルはユダヤ人差別、男女差別、人種差別的な単語が提案されないよう、オートコンプリート機能を改善した。そして、グーグルはアミット・ダッタの研究に対してあまり反応を示していないが、彼はオンライン求人広告の差別を検出する方法について、マイクロソフトと議論をした。ようやく、活動家たちの行動が実を結びはじめたのだ。

第3章　友情の主成分
——あなたの性格はこうやって分析される

私はたぶん典型的な活動家タイプではない。私は応用数学の教授で科学界の一員だ。ふたりの子を持つイギリスの中流階級、中年の父親で、母国の政治的混乱を逃れてスウェーデンで平穏な暮らしを送っている。アルゴリズムの開発を手がけていて、そのおかげでグーグルでの講演を依頼された。職場では毎日、人間の社会的行動をより深く理解し、人間どうしの相互作用の仕組みについて説明し、その相互作用の影響を解明するために数学を用いている。だが、政治的な問題について声高に訴えるタイプではない。

私はそういう無関心な自分を誇りに思っているわけではない。アンジェラ・グラマタスのような人々と話をしてみて、ラップトップの世界に閉じこもり、世の中のさまざまな問題に見て見ぬふりをしている自分に気づかされた。ヨーロッパやアメリカで不安が高まるなか、アルゴリズムが台頭を始めている。こうした社会の変化は、多くの人々にアルゴリズムへの無力感を植えつけている。ドナルド・トランプが選挙運動中に政治コンサルタント会社「ケンブリッジ・アナリティカ」を利用して有権者のターゲティングを行なっていたという記事から、統計専門家がイギリスのEU離脱（ブレグジット）の是非を問う国民投票の結果を予測しそこねたという記事まで、ほとんどのニュースにはアルゴリズム的な側面がある。こうした問題について友人が話すのを聞いたり、ツイッター上の議論を追ったりしていると、人々の抱く疑問にきちんと答えられない自分に気づかされる。私たちを評価し、操るために使われるブラックボックスの内部で、いったい何が起きているのか？　誰もがそれを知りたがっているというのに。

この「ブラックボックス」という言葉は頻繁に使われる。フランク・パスクワーレは著書『ブラックボックス社会』のタイトルでこの言葉を用いたし、プロパブリカはアルゴリズムに関する短編動画シリーズ「ブラックボックスを破壊せよ（Breaking the Black Box）」や一連の記事のなかで使用した。ブラックボックスの持つイメージは強烈だ。データを入力し、モデルがデータを処理するのを待っていれば、しばらくして答えが返ってくる。ブラックボックスの内部で何が起きているかはわからない。犯罪者の再犯の予測、フェイスブックやグーグルの広告の生成、バンクシーの捜索——そのすべてがブラックボックスの内部で秘密裏に実行される。

このブラックボックスの強烈なイメージは、アルゴリズムが私たちのデータをどう処理するのかは理解しようがないという一種の無力感を私たちに植えつける。だが、この感覚は誤解を生みかねない。ブラックボックスのなかの出来事を調べることはできるし、そうするべきだ。私が力になれると思ったのは、まさにこの部分だ。私なら、社会で使われているアルゴリズムのブラックボックスの内部に分け入り、その仕組みを調べられる。活動家としては半人前でも、みんなが社会の変化について感じている疑問の一部に答えることならできる。

さあ、仕事を始める時間だ。

私はアンジェラ・グラマタスがフェイスブックについて言っていたことを思い出した。私たちのことをいちばんよく知るサイトはフェイスブックなのだという。アルゴリズムは私たちをいったいどのように分類するのか？　フェイスブックはそれを調べる絶好の出発点だった。そこで、まずは私が十分に理解していると確信している物事から手をつける必要があった。それは私自身の社会生活だ。私自身の友達のブラックボックス・モデルを構築すれば、フェイスブックやグーグルのデータ科学者がたどっているステップを理解し、彼らの用いている手法をじかに体験できるはずだ。私のモデルの規模はフェイスブックよりはずっと小さいだろうが、基本的な手法そのものはそう変わらないだろう。

アンジェラは正しかった。私の友達のフェイスブック・ページには、生活に関する大量の情報が含まれている。私のフェイスブックのニュースフィードを開けば、いろいろな情報がどっと流れこんでくる。乗車中の列車の運転手のブレーキが急すぎると愚痴を漏らす気難しい教授。スキャンしてアップロードされた25年前の学校のディスコ写真。旅行や仕事終わりの飲み会の写真。ドナルド・トランプに関するジョーク、医療や住宅施策の改善を訴えるキャンペーン、政治的な意思決定に対する怒り。仕事や子育ての成功自慢。結婚式、小さい赤ん坊、プールではしゃぐ子どもの写真。かなりプライベートなものから、政治色の強いものまで、あらゆる情報がフェイスブックのニュースフィードに見つかる。

私はフェイスブック上の32人の友達について、最新の15件の投稿を調べ[1]、それぞれの投稿を「家族・パートナー」「アウトドア」「仕事」「ジョーク・ミーム」「商品・広告」「政治・ニュース」「音楽・スポーツ・映画」「動物」「友人」「地域のイベント」「思考・考察」「社会運動」「ライフスタイル」の13種類のカテゴリーに分類した。その後、スプレッドシートで32行×13列の表をつくり、私の友達がそのタイプの投稿をした回数を各マスに書きこんだ。たとえば、大学時代の友達であるマークの行を見てみると、仕事に関する投稿が1件、家族の休暇写真の投稿が8件、ブレグジットの政治的問題に関する投稿が3件（パリに住むスコットランド人の彼は反対）、ニューヨーク市からの旅行関連の投稿が1件、２０１５年11月のパリのテロ事件における無事を伝える投稿が1件だった。私の同僚のトールビョルンの場合、もっとも多かったのは、ノーベル賞の晩餐会に関する投稿で5件だった（彼は晩餐会に出席しただけではなく、スウェーデンのテレビから取材も受けた）。私はこれらの投稿と、彼の講演に関する別の2件の投稿を「仕事」と分類した。また、家族に関する投稿が2件で、残りはさまざまなカテゴリーに分散していた。

マークやトールビョルンらの仕事と家庭生活のバランスを理解するべく、私は仕事に関する投稿の件数と家族やパートナーに関する投稿の件数の関係をプロットした。その結果が図3・1だ。マークは家族関連の投稿が8件、仕事関連の投稿が1件で、左上にプロットされている。トール

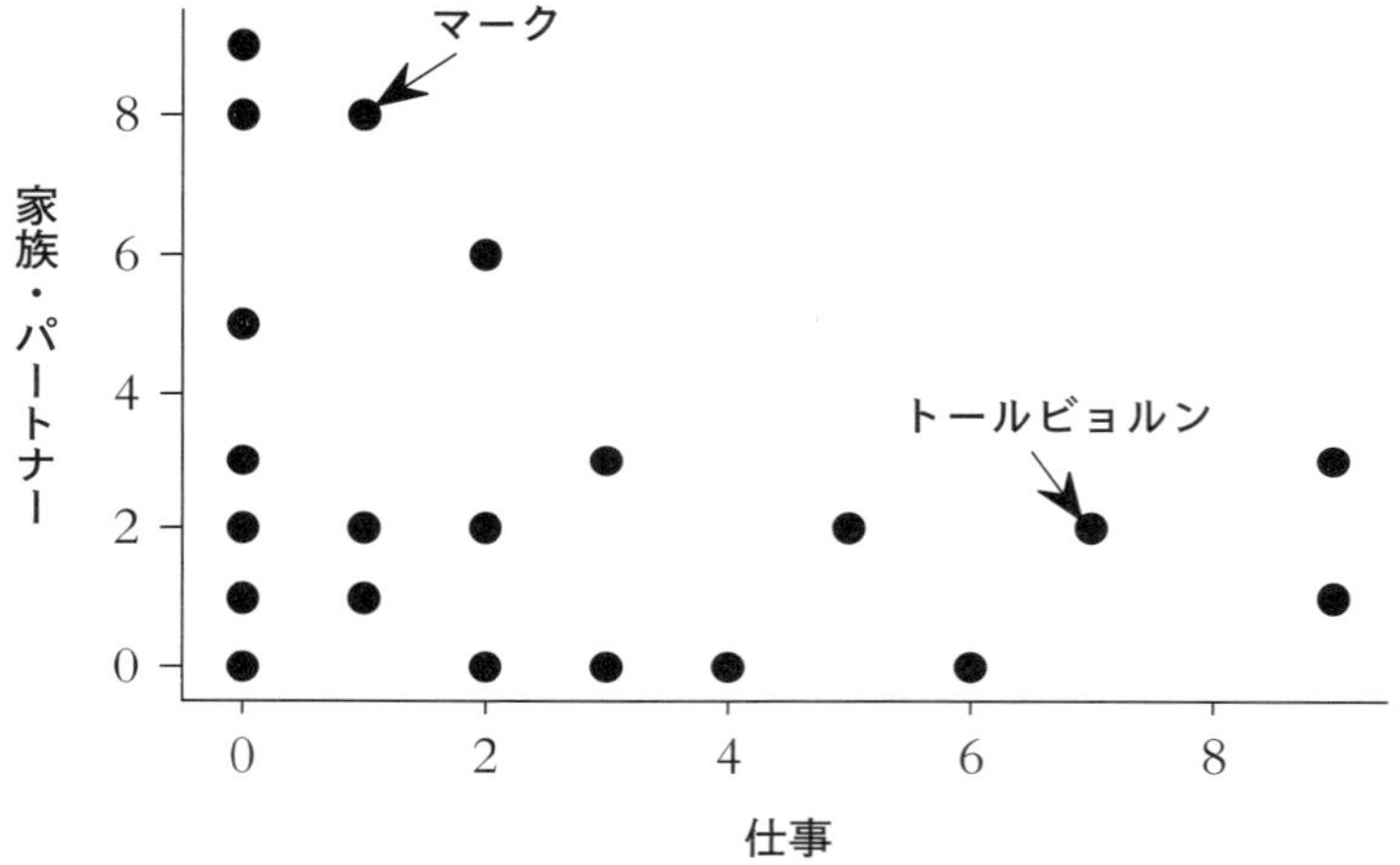

図3.1　私の友達を「仕事」と「家族・パートナー」の２次元で分類したもの。黒丸は、その友達がそれぞれの話題についてフェイスブックに投稿した件数を示す。

ビョルンは家族関連の投稿が2回、仕事関連の投稿が7回で、右下方面にプロットされている。ほかの黒丸も同様で、私の友達が「仕事」と「家族・パートナー」の2次元で考えた場合にどこに位置するかを示している。

仕事のことばかり投稿している友達も何人かいれば、家族に関する投稿が多い友達もいる。しかし、両方の話題について投稿している人もいるし、どちらもあまり投稿しない人もたくさんいる。各投稿カテゴリーは、空間のひとつの次元とみなせる。ここではそのうちふたつの次元を図示した。ひとつ目の次元は仕事に関する投稿で、ふたつ目の次元は家族やパートナーに関する投稿だ。しかし、3つ目の次元をアウトドア、4つ目の次元を政治やニュース……というふうに続けていくこともできる。私の友達の一人ひとりが13次元空間のなかの1点として表わされるのだ。

問題は、次元が増えるにしたがって、データを視覚的に表現するのが難しくなっていくという点だ。13次元空間内の点を頭のなかで具体的にイメージすることはできない。図3・1のような2次元ならまったく問題はない。3次元も扱えないわけではない。まず、立方体のなかに配置された点を想像し、立方体を回転させると点の位置がどう変わるかを考える。しかし、4次元以上になると世界はどう見えるのか？　想像がつかない。人間の脳は2次元や3次元でしか物事を考えられない。私たちが日常生活で体験するのは2次元や3次元までだからだ。

4次元以上における点を想像できない私たちにとって、いちばん手軽な対処方法は、いろいろな角度から2次元のスナップショットを切り取るというものだ。図3・1は、「仕事」と「家族・パートナー」との関係を切り取ったスナップショットだ。別のスナップショットを撮ったらどうなるだろう？　たとえば、グルメや旅行といったライフスタイルに関する投稿をよくする人が、政治やニュースに関する投稿もするというケースは少ない。このふたつの関心は負の相関を持つ。つまり、最近訪問したレストランの写真をよく共有する私の友達は、時事問題について意見を発信しない傾向にあった。一方、正の相関を持つ投稿もある。たとえば、音楽、映画、スポーツについてよく投稿する私の友達は、ジョークやミームを共有する傾向にあった。

2種類のデータを取り出して比較することで、13次元のデータセット内に潜む一定のパターンが見えてくる。しかし、これはあまり体系的な方法とはいえない。調べなければならない関係はぜんぶで78組もあるので、[2]そのすべてをプロットして調べるのは時間がかかる。時には、重複する関係もある。たとえば、ジョークやミームを共有し、音楽や映画について書くのが好きな人は、ニュースや政治についても投稿していたが、自分自身のライフスタイルに関する投稿はしない傾向にあった。そこで、これらの関係の強さを体系的にランクづけする方法が必要になる。どの関係がもっとも重要で、私の友達のちがいをいちばんよくとらえているのだろうか?

私は友達のデータに「主成分分析」と呼ばれる手法を適用した。主成分分析は統計的手法のひとつであり、各投稿カテゴリーをひとつの次元とする私の13次元のデータセットを回転させ、投稿どうしのもっとも重要な関係を明らかにする。第1主成分、つまりデータ内でもっとも相関の強い関係は、家族・パートナー、ライフスタイル、友人の次元で上昇し、ジョーク・ミーム、政治・ニュース、仕事の次元で下降する直線となる。これが私の友達どうしを区別するもっとも重要な関係である。つまり、私生活の最新状況を投稿するのが好きな人と、世の中や職場の出来事を共有するのが好きな人にはっきりと分かれるわけだ。

データ内で2番目に重要な関係は、仕事を趣味や娯楽と区別するものだ。この場合、仕事やライフスタイルでは上昇し、音楽・スポーツ・映画、政治・ニュース、その他の文化関連の投稿では下降する。数学的にいえば、第2主成分は第1主成分に対して垂直で、一連のデータ点ともっとも近い直線となる。13次元のなかで直線を描き、データを回転させるのは、私たちにとっては

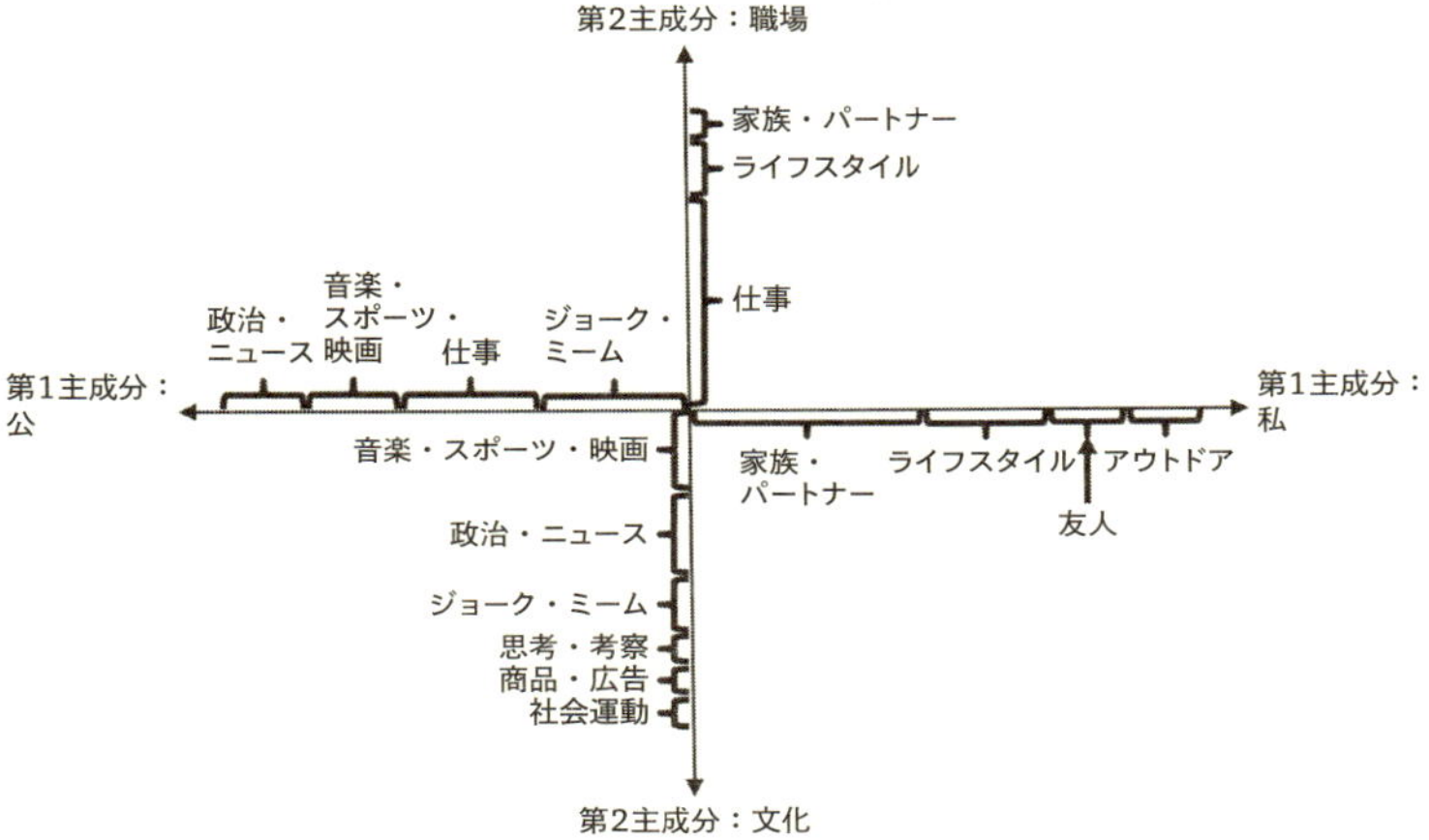

図3.2　私の友達の投稿に関する主成分分析の第１主成分と第２主成分。左右方向は第１主成分であり、ここでは「公／私」と呼ぶことにする。上下方向は第２主成分であり、「文化／職場」と呼ぶことにする。寄与の大きさ（負または正）は、各成分が構成する線分の長さで示してある。たとえば、「家族・パートナー」は第１主成分にとってもっとも重要な投稿となる。

イメージしづらいが、コンピューターを使えば朝飯前だ。[3] 図3・2は、13種類の投稿を2次元空間で表示した様子だ。

第1主成分にもっとも大きな正の寄与をしているのは家族・パートナー関連の投稿で（図3・2の右側を参照）、2番目がライフスタイル、3番目が友人、4番目がアウトドアだ。これらの投稿に共通するテーマは、どれも私生活に関連するという点だろう。私たちの行動やそのとき一緒にいた人々について書いたものだ。一方、ジョーク・ミーム、仕事、音楽・スポーツ・映画、政治・ニュースといったカテゴリーは、第1主成分に対して負の寄与をする（図3・2の左側）。この種の投稿はみな公の生活と関連しており、仕事、ニュース、最新の出来事に関する投稿やコメントで占められる。そこで、私は第1主成分を「公／私」と名づけた。私の友人たちがフェイスブックで自分自身のことを投稿しているのか、それとも世の中の出来事全般についてコメントしているのか、そのちがいを表わすものだからだ。

第2主成分にもっとも大きな正の寄与をしているのは仕事で、その次がライフスタイルだ（図3・2の上側の線分を参照）。私がフェイスブック上で見かけるライフスタイル関連の投稿の多くは、私の友達が仕事を通じて行なった旅行の報告だ。会議後にビールを飲んで歓談している写真や、カンファレンスの晩餐会の写真などが多い。なので、このふたつのカテゴリーをまとめるのは理に適《かな》っている。このカテゴリーでスコアが負なのは、ニュース、スポーツ、ジョーク、社会運動、広告など、より幅広い文化的な領域で起きた出来事と関連している。よって、第2主成分は「文化／職場」と表現するのが最適だろう。

私はそれぞれの主成分に「公／私」「文化／職場」という名称をつけたが、あくまでもアルゴリズムによって生成されたカテゴリーに名前をつけているだけだという点に注意してほしい。これらが私の友達を説明する最適な次元だと判断したのは、私ではなくアルゴリズムなのだ。

次元が定義されたところで、いよいよ私の友達を分類してみよう。より公的な生活に興味があるのは誰だろう？　私生活に興味があるのは？　より仕事を重視するのは誰だろう？　文化を重視するのは？

そこで、「公／私」「文化／職場」をそれぞれひとつの次元とする2次元空間に私の友人たちを配置してみる（図3・3）。私の友達の名前が画面上に表示されたとき、私はこのふたつの主成分が理に適っていることを瞬間的に悟った。いちばん右側の□印で示した人々（ジェシカ、マーク、ロスなど）は、その大半が子持ちであり、喜んで子どもたちの情報を発信している。左下隅の×印で示した人々の大半は、この分析を行なった当時は子どもがおらず、アルマは文学や演劇、コンラッドはコンピューター・ゲーム、リチャードは政治という具合に、最新の出来事について書く傾向にあった。左上の●印で示したグループは、その多くが自分の研究や最新の論文について投稿する学者たちだ。トールビョルンは私と同じ数理生物学者だし、本書の後

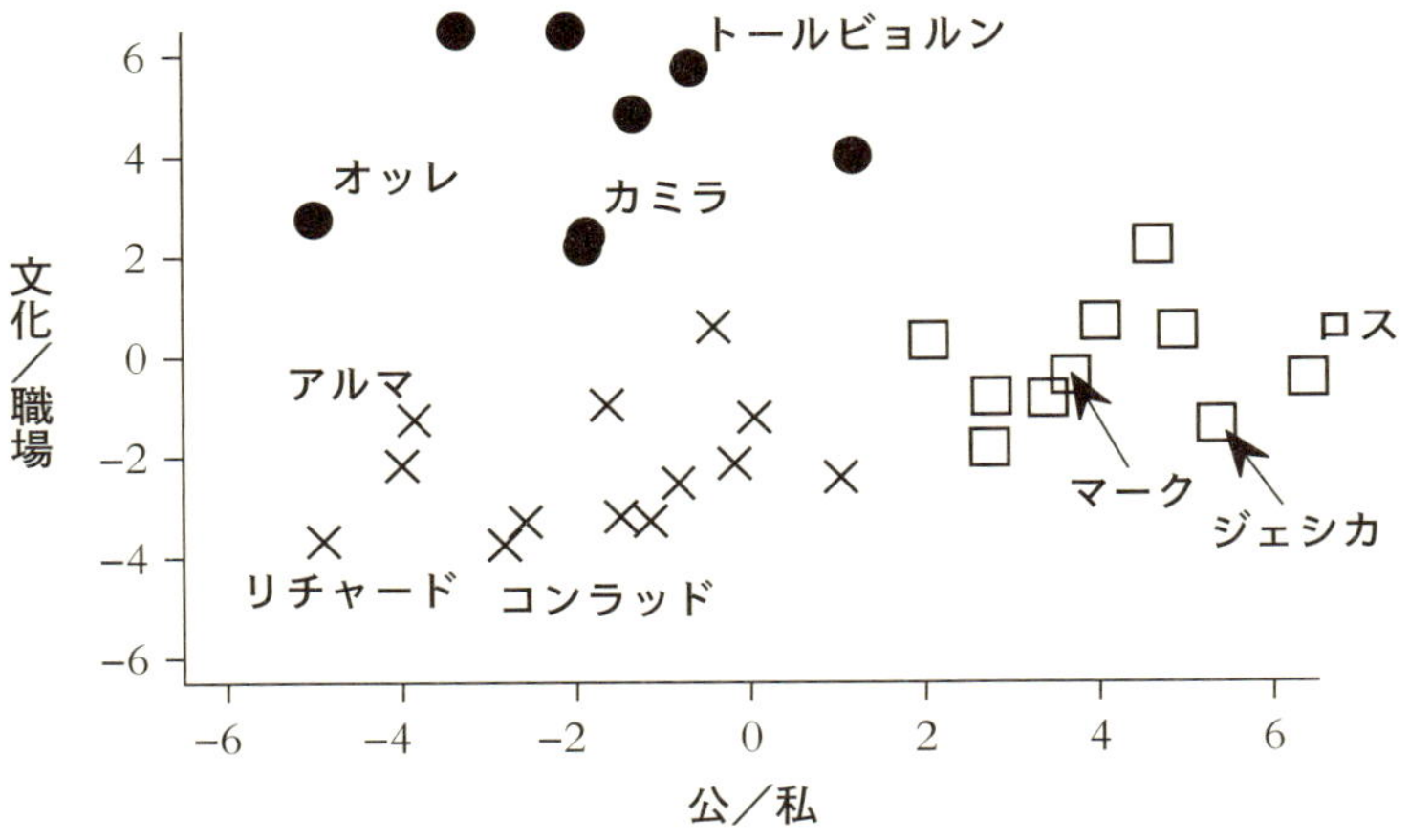

図3.3　ふたつの主成分に沿った私の友達の分類。右側の人々（□）は友人、家族、私生活に関する投稿がメイン。左下の人々（×）はニュース、スポーツ、公的な話題に関する投稿がメイン。左上の人々（●）は仕事関連の投稿がメイン。

半で登場するヨーテボリ大学の少し変わり者の数学者オッレは、政治への関心と仕事関連の投稿を織り交ぜている。

私がいちばんびっくりしたのは、この分類が私の友達の個人差を見事にとらえているという事実だ。先ほども言ったとおり、私は主成分分析アルゴリズムに人々の分類方法を指示したわけではない。私が13種類の多様なカテゴリーを入力すると、主成分分析アルゴリズムがそれを「公／私」「文化／職場」というもっとも適切なふたつの次元へと凝縮したのだ。しかも、このふたつの次元は理に適っている。実際、私の友達の最大のちがいは、このふたつの次元に沿ったところにあるからだ。

私は友達を3つのタイプ（●、□、×）に分類したが、これもアルゴリズムによって行なわれたものだ。私は「k平均法」という計算手法を使い、主成分分析によって作成された次元に沿った互いの距離に基づいて個人をグループ化した。その結果、3つのカテゴリーが生まれた。つまり、私生活について発信するためにフェイスブックを利用する人々（□）、仕事の内容や仕事に関連したライフスタイルについて発信するためにフェイスブックを利用する人々（●）、そして社会全般の出来事についてコメントするためにフェイスブックを利用する人々（×）の3つだ。ここでもやはり、私がもっとも効率的な友人の分類方法を見つけ出すようアルゴリズムに指示すると、アルゴリズムがこれらの分類を導き出した。主成分分析は先入観ではなくデータに基づいて人々を分類するのだ。

私が分類した友達は、おおむねこの主成分分析の結論に納得した。私が仕事人間と分類したカミラは、この分析結果には彼女のフェイスブックの利用方法がよく表われていると述べた。彼女は主に仕事の情報を発信するためにフェイスブックを使っていて、友人や家族について投稿する場合はほかのＳＮＳを使っているらしい。ロスはまったく逆で、「君のグラフのとおり、家族写真をたまに投稿するためだけに使っている」と私に言った。

トールビョルンは、「仕事一筋の真面目人間」と分類されたことが気に食わなかったようだ。それでも、フェイスブックでは私生活というよりも仕事の話題が中心であることを認めた。

私のフェイスブック上の友達を分類するのは楽しい作業だったが、友情をたったふたつの次元へと単純化してしまうことには、より深刻な側面もあった。私たちの行動の分類に使われる大半のアルゴリズムの根底には、主成分分析のような数学的アプローチがある。こうしたアプローチは、犯罪者のアンケート結果からその人が将来的に犯罪を繰り返すかどうかを予測する再犯予測モデルで使われている。また、ツイッターがユーザーの収入を割り出したり、グーグルが広告設定を作成したりするのにも使われている。利用されるデータの量や、私たちの分類に使われる次元の数は、私が用いたものよりもはるかに多いとはいえ、基本的な手法そのものは同じだ。アルゴリズムがあなたという人間を理解できるまで、データの回転や単純化を繰り返すのだ。

たった15件の投稿から、私たちの生活をここまで理解できるなんてびっくりだ。だとすれば、フェイスブックは数十億件の投稿からいったい何ができるのだろう……。

第4章　１００次元のあなた

――感情がモデル化され、行動が予測される

フェイスブックには全世界で20億人のユーザーがおり、１時間に数千万件の投稿を行ない、私たちの社会活動の巨大な足跡を残している。スタンフォード大学経営大学院のミカル・コジンスキー教授は、主成分分析のアプローチを使えば、ユーザーがＳＮＳにアップロードしている大量のデータに基づいて人々を分類できることに気づいた最初の研究者のひとりだ。彼はケンブリッジ大学の博士課程の学生だったころ、デイヴィッド・スティルウェルとともに「マイパーソナリティ（myPersonality）」プロジェクトを立ち上げた。彼らが収集したデータセットは驚くべきものだった。３００万人以上の人々がフェイスブックのプロフィールにアクセスして保存する許可をミカルらに与えたのだ。多くの人々が知能、性格、幸福度を測る一連の心理試験を受け、性的指向、薬物使用、ライフスタイルに関する質問に答えた。こうしてミカルは、私たちのフェイスブック上の文章、シェアした内容、「いいね！」と、私たちの行動、意見、性格を関連づける巨大なデータベースを手に入れた。

まず、ミカルは人々を2通りに分類できるような性質について調べた。たとえば、共和党支持者と民主党支持者、ゲイとストレート、キリスト教徒とイスラム教徒、男性と女性、恋人の有無など。彼は私たちの「いいね！」からその人の人物像を評価できるかどうかを調べていた。どの「いいね！」が各カテゴリーともっとも関連性が高いのか？

ミカルらの科学論文にまとめられている予測精度の高い「いいね！」の一覧表を見てみると、赤面もののステレオタイプに満ちている。[1] この研究が実施された2010〜2011年当時、ゲイ男性はテレビ・ドラマ『glee／グリー』に登場するスー・シルベスターや『アメリカン・アイドル』で脚光を浴びたアダム・ランバートに「いいね！」をし、さまざまな人権活動を支援する傾向があった。一方、ストレート男性はフット・ロッカー、ウータン・クラン、エックスゲームズ、ブルース・リーに、友達の少ない人々はコンピューター・ゲーム「マインクラフト」、ハード・ロック・ミュージック、「一緒に歩いている友達をいきなり誰かに向かって押す」ページに、友達の多い人はジェニファー・ロペスに、IQの低い人は映画『ナショナル・ランプーン』シリーズに登場するクラーク・グリスウォルド、「母親になるって最高」ページ、ハーレーダビッドソンのバイクに、IQの高い人はモーツァルト、科学、映画『ロード・オブ・ザ・リング』や『ゴッドファーザー』に「いいね！」をする傾向があった。アフリカ系アメリカ人はハローキティ、バラク・オバマ、ラッパーのニッキー・ミナージュに「いいね！」する傾向があったが、ほかの民族集団と比べてキャンプやミット・ロムニーには興味がなかった。

もちろん、スー・シルベスターに1回「いいね！」をしただけでその人がゲイだとか、モーツァルトに「いいね！」している人は頭がいいとか決めつけるべきではない。それは学校で子どもが「ははは、マインクラフトなんかやってるの？　友達いないんだろ」と言うのとさして変わらない。そんな決めつけは不愉快なだけでなく、たいていまちがっている。

むしろ、ミカルが発見したのは、一つひとつの「いいね！」が小さな情報のかけらとなり、その大量の蓄積によって信頼性の高い結論を導き出せるということだ。私たちの「いいね！」を総合するため、ミカルらは主成分分析を用いた。彼は人々の全数万件の「いいね！」に対して主成分分析を実行し、どの「いいね！」が同一の主成分に寄与しているかを確かめた。たとえば、ビートルズ、レッド・ホット・チリ・ペッパーズ、テレビ番組『ドクター・ハウス』はすべてひとつの次元に分類された。名前をつけるとすれば、「中年世代のロック・ミュージックおよび映画」だろう。別の次元、名づけて「広告商品」には、ディズニー／ピクサー、オレオ、ユーチューブが含まれた。以下同様だ。ミカルは、私たちを正確に分類するには40〜100の次元が必要であることを発見した。[2]

ミカルによると、コンピューターは人間よりも繊細な関係性を見つけ出すのが得意だという。「ゲイ・クラブに通ったり、ゲイ雑誌を買ったりしている人がおそらくゲイだと推測するのは簡単です。でも、コンピューターはもっと微妙なシグナルに基づいて推測を立てることができるんですよ」と彼は話した。事実、このアルゴリズムによってゲイと判断されたユーザーのうち、あからさまなゲイ向けのフェイスブック・ページに「いいね！」をした人は5パーセントにすぎなかった。アルゴリズムはブリトニー・スピアーズから『デスパレートな妻たち』まで、さまざまな「いいね！」の組みあわせからユーザーの性的指向を特定するのだ。

ミカルの大規模なフェイスブック・データの分析は新しい試みだが、彼が使用した主成分分析は新しいものではない。この50年間、社会学者や心理学者たちは主成分分析を用いて、私たちの性格特性、社会的価値観、政治観、社会経済状態を分類してきた。私たちは自分自身を多次元的な生き物、つまりいくつもの顔を持つ複雑な人間と考えたがる。人間は一人ひとり異なっていて、生涯に体験する無数の独特な出来事によって形成されるのだ、と。しかし、主成分分析はこうした何百万という複雑な次元を、たった数次元へと単純化し、私たちを型に押しこめる。もう少し適切な視覚の比喩を使うなら、私たちを数種類の記号で表現するのだ。主成分分析は、私の友達を多少なりとも●、□、×の集まりとして見られることを教えてくれる。

人間を記号の集まりとしてとらえるという目標から生まれたのが、心理学者が「ビッグ・ファイブ」と呼んでいる一連の性格特性だ。

心理学者による性格研究は、私たちの友人知人たちに対する日常的な理解に基づいている。私たちは誰でも、明るくておしゃべりな人々、行動的で人といるのが好きな人々を知っている。私たちはこういう人々を「外向的」と呼ぶ。一方、読書やコンピューター・プログラミング、ひとりでいることが好きで、みんなといてもあまりしゃべらない人々もいる。私たちはこういう人々を「内向的」と呼ぶ。これは決して根拠薄弱な概念ではない。人々を特徴づける正確で便利な方法なのだ。

しかし、他人に対する私たちの直感は、その多くが科学的な厳密さに欠けている。私たちが友人や同僚を表現するのに用いる語句はたくさんある。議論好き、思いやりがある、有能、従順、理想主義的、自己主張が強い、自制心が強い、暗い、衝動的などなど。心理学者たちはこうした長大な形容詞のリストと向きあい、「私は用事をすぐにすませるタイプだ」「私はパーティーに参加したらたくさんの人々と話す」といった数々の文章に基づいて回答者に自己評価を行なってもらったあと、主成分分析を通じて私たちの性格に見られる基本的なパターンを発見した。そして、その結果は驚くほど一貫していた。人間性に関する形容詞をどう入れ替えてみても、そして質問の種類にかかわらず、ほとんどの場合にはビッグ・ファイブと呼ばれる5つの性格特性「開放性」「誠実性」「外向性」「協調性」「神経症傾向」を再現することができる。[3]

この5つの性格特性は決して勝手に選んだものではなく、人間性を簡潔に定義する信頼性や再現性の高い尺度だ。

そこで、ミカルはこう考えた。ビッグ・ファイブの性格特性の信頼性が高く、フェイスブックの「いいね！」からIQや政治観を予測できるとすれば、フェイスブックのプロフィールから性格を予測することもできるはずだ。

そのとおりだった。フェイスブック上の外向的な人々はダンス、演劇、ビアポン〔訳注　ピンポン玉をカップに投げ入れるゲーム」を好み、シャイな人々はアニメ、ロールプレイング・ゲーム、SF作家テリー・プラチェットの本を好む。神経質な人々はカート・コバーン、エモ・ミュージックを好み、「ときどき自分がイヤになる」と言い、落ち着いた人々はスカイダイビング、サッカー、企業経営を好む。人々の「いいね！」から、さまざまなステレオタイプが裏づけられたが、思いもよらない関係性もたくさん浮かび上がった。たとえば、私はどちらかというと落ち着いた人間で、確かにそうとうなサッカーびいきだけれど、パラシュートがあろうとなかろうと、飛行機から飛び降りたいとはぜんぜん思わない。つまり、たった1回のクリックではなく、たくさんの「いいね！」の積み重ねによって、性格特性が明らかになるということだ。

私たちは毎日、毎時間、クリックを通じてフェイスブックに自分の性格を入力していっている。スマイリー、親指アイコン、「いいね！」、しかめ面、ハートマークなどを通じて、常に私たちの人間性や思考をフェイスブックに教えている。ふつうなら親友にしか明かさないような素顔をSNSサイトにさらけ出しているのだ。しかも、細かい面には目をつむり、私たちについて寛大な結論を出してくれる親友とはちがって、フェイスブックは私たちの心理状態を体系的に収集、処理、分析している。何百次元もある私たちの性格特性をいろいろな方向へと回転させ、私たちをもっとも冷徹かつ理性的な角度からとらえようとする。

フェイスブックの研究者たちは、私たちの人間性の次元数を削減する手法を磨いてきた。私が私自身の友達に対して行なった研究では、32人の投稿を13次元から2次元へと単純化するのに、アルゴリズムを使って1秒とかからなかった。ミカルは同様のアルゴリズムを使い、およそ1時間がかりで、数万人による5万5０００件の「いいね！」を、性格特性の予測に必要な約40次元まで単純化した。フェイスブックはそれをまったく異なる規模で行なっている。同社の最新の手法では、10万人の選んだ1００万種類の「いいね！」のカテゴリーをたったの1秒足らずで数百次元まで単純化できる。[4]

フェイスブックの手法はランダム性の数学に基づいている。カテゴリーが13種類しかなかった私のデータでは比較的スムーズに行ったが、1００万種類にもおよぶ「いいね！」のカテゴリーのデータを、1００万回回転するのには途方もない時間がかかるだろう。そこでまず、フェイスブックのアルゴリズムは、私たちを特徴づける一連の次元をランダムに提示する。次に、そのランダムな次元の精度を評価し、その特徴づけを改善する一連の新たな次元を見つける。このプロセスを何度か繰り返せば、フェイスブックのユーザーを特徴づけるもっとも重要な成分をかなり正確に理解することができる。

フェイスブックが数百万件の「いいね！」を数百個の成分へと単純化するのは簡単でも、人間がそうした成分を視覚的にイメージするのは難しい。[5] 数百次元ではなく、2、3次元で機能している人間の脳は、すぐにその限界に達してしまう。そこで、フェイスブックがユーザーをどうとらえているかをわかりやすくするため、フェイスブックではアルゴリズムが特定したカテゴリーに名前がつけられている。フェイスブックがあなたをどう特徴づけたのかを調べるには、まずフェイスブックにログインし、右上隅のドロップダウン・オプション・メニューをクリックして［設定］を選択する。設定ページが表示されたら［広告］を選択し、［広告設定］ページにアクセスする。最後に、［趣味・関心］のリストから［ライフスタイルと文化］リストをクリックする。『ニューヨーク・タイムズ』紙が広告設定を調べる方法を解説した記事を発表すると、読者はいろいろな面白いカテゴリーが自分に割り当てられていることに気づいた。なかには、どういうわけか「トースト」「タグボート」「首」「カモノハシ」に関心があると分類された人々もいた。[6]

　まったくユーモラスだ。実際、これらのカテゴリーを見つけた人々も、フェイスブックの派手な誤解っぷりに爆笑した。確かに誤解もあったかもしれない。ただし、こうしたカテゴリーを見るときは、フェイスブックがアルゴリズムによって導き出したずっと深いユーザー理解に、人間の単語を当てはめようとしているだけなのだという点を忘れてはいけない。私たちを分類するアルゴリズムは、言葉に頼っているわけではない。これらの単語は、人間が人々の関心どうしに潜む統計的な関係を理解しやすいようにつけられているにすぎない。実際には、こうした関係は「トースト」や「カモノハシ」のような単語で表現できるものではないし、そもそも言葉では説明できない。私たちには、フェイスブックの高次元のユーザー理解をつかむことなどできないのだ。

　私と話しているあいだ、ミカルはこの点をしきりに強調した。人間はほかの人々について考えるとき、年齢、人種、性別、そしてもう少し仲良くなれば性格といった具合に、ほんの数次元でしか相手のことをとらえていない。一方、アルゴリズムはすでに数十億のデータ点を処理し、数百次元におよぶ分類を行なっている。私たちがフェイスブックの分類方法を理解できないとすれば、笑われるべきはアルゴリズムではなく私たち自身のほうなのだ。私たちはもはや、自分自身の開発したアルゴリズムが導き出した結果さえも完璧に理解できなくなっている。

「人間は、私たちがなぜか重視している些細な能力、たとえば歩き回る能力などについては、コンピューターより優れている。でも、コンピューターは人間にはできない知的な作業を実行できる」とミカルは言う。主成分分析は、人間の性格に関するコンピューター化された多次元的な理解を築く第一歩だと彼は考えている。しかも、コンピューターによる理解は、私たち自身による人間の理解を凌《しの》ぐものなのだ。

フェイスブックは、こうした多次元的なユーザー理解を活かすための特許をいくつも取得している。その最初の特許のひとつが恋人のマッチングだ。[7]友達の友達のユーザー・プロフィールのなかからマッチする相手を探すというのがフェイスブックのアイデアだ。私たちはしょっちゅう、互いを知らない自分の独り身の友達どうしがお似合いのカップルになるだろうかと想像する。

フェイスブックのシステムは、ユーザーのプロフィールから導き出した性格特性に基づき、私たちの代わりにお似合いの相手を提案してくれる。これにより、恋人募集中のユーザーは友達の友達のなかから、「希望する特性、趣味、経験を持つデート相手を見つけられる」のだ。相手が見つかったら、共通の友達に仲介役を頼むこともできる。

　フェイスブックがパートナーを見つけられるなら、まちがいなく仕事も見つけられるだろう。2012年、研究者のドナルド・クルエンパーらは、586人の学生（主に白人女性）のフェイスブック・プロフィールを人間の手で評価したところ、その学生たちが企業にとってどれくらい魅力的な人材かをかなり正確に評価できることを発見した。[8] ほかのいくつかの企業がこの発見を拡張し、フェイスブックなどのSNSサイトを用いて自動的に仕事をマッチングするシステムを特許申請した。[9] 雇用主にとって、リンクトインのようなビジネス専門サービスではなくフェイスブックを利用するのにはメリットがある。あなたのフェイスブック・プロフィールから、（よい意味でも悪い意味でも）本当のあなたがわかる可能性が高いからだ。

　また、フェイスブックはあなたの投稿内容からあなたの心理状態を、写真内の表情からあなたの感情を、画面の操作スピードからあなたの熱中の度合いを測定する方法についても研究している。[10] 学術研究の結果、こうした手法で私たちの心理状態をある程度把握できることが裏づけられた。たとえば、コンピューターを使った単純作業のあいだ、ユーザーがマウスを動かすスピードから、ユーザーが画面で見ているものの感情的内容を明らかにすることができる。[11] また、主成分分析を使えば、あなたの電話やコンピューターの操作のしかたを分析し、そこからあなたの感情の全体像を築き上げることができる。[12]

　こうした技術の発展は何を意味するのだろう？　フェイスブックが私たちの感情を事細かに追跡し、私たちの消費行動、恋愛関係、職業選択を絶えず操りつづける未来を暗示している。

あなたが日常的にフェイスブック、インスタグラム、スナップチャット、ツイッターなどのソーシャル・メディアを使っているとしたら、あなたはまちがいなくアルゴリズムに支配されている。あなたの性格は数百次元の空間のなかの点となり、あなたの感情は一つひとつ数え上げられ、あなたの将来の行動はモデル化され、予測されている。それも、ほとんどの人が理解できないような形で、すばやく、自動的に。

第5章　ケンブリッジ・アナリティカの虚言

――神経質な人には「恐怖」を、低IQの人には「陰謀論」を

２０１６年のアメリカ大統領選挙のあと、ケンブリッジ・アナリティカ社は、データを駆使した選挙運動がドナルド・トランプの勝利に貢献したと発表した。ケンブリッジ・アナリティカのウェブサイトのトップページには、同社が的を絞ったオンライン・マーケティングときめ細かい世論調査データを用いて有権者を操ったことを報じるＣＮＮ、ＣＢＳＮ、ブルームバーグ、スカイ・ニュースのクリップをまとめた動画が掲載された。この動画の最後では、政治世論調査専門家のフランク・ランツの言葉が引用された。「もはや専門家はケンブリッジ・アナリティカを置いてほかにいない。彼らは勝利の方法を導き出したトランプ・チームの一員なのだ」

ケンブリッジ・アナリティカは自社の宣伝資料で、ビッグ・ファイブ性格モデルをアピールした。同社はアメリカの有権者に関する数億ものデータ点を収集したのだという。このデータを使えば、性別、年齢、収入といった従来の人口統計よりも詳細に、有権者の性格を描き出すことができるらしい。第４章で紹介したフェイスブックの性格研究を主導したミカル・コジンスキーは、

ケンブリッジ・アナリティカへの関与をはっきりと否定したが、彼の科学研究と似たような手法を有権者のターゲティングに応用できることは認めた。もしケンブリッジ・アナリティカが有権者のフェイスブック・プロフィールにアクセスできたのであれば、どのような広告が有権者に最大の影響を及ぼすのかを判断できただろう。

考えるだけで恐ろしくなる。フェイスブックのデータを使えば、私たちの嗜好、IQ、性格を明らかにできる。そして、そうした情報を使えば、少なくとも理論上は、一人ひとりの心に響く的を絞ったメッセージを届けることができるのだ。IQの低い人にはヒラリー・クリントンのメール・アカウントに関する証明不可能な陰謀説を植えつけてやればいいし、IQの高い人にはドナルド・トランプが現実派のビジネスマンだと耳打ちすればいい。「アフリカ系アメリカ人への民族親和性」(フェイスブックの用語)を持つ人にはスラム地区の活性化、白人の失業者には移民排除の壁の建設を訴えればいいし、「ヒスパニックへの民族親和性」を持つ有権者にはキューバのカストロ政権に対して強硬路線をとるとほのめかせばいい。神経症的な性格の人々には恐怖、同情的な人々には共感、外向的な人々にはメッセージを広める楽しい方法を与えればいい。

こうした選挙運動を繰り広げる候補者は、従来のメディアを通じて一元的なメッセージを届けることに専念する代わりに、選挙の総合的な見方を形成しようとしているジャーナリストや通信社の信用を貶めることに専念するだろう。そして、マスメディアの信憑性が疑問視されたところで、一人ひとりに合わせたメッセージを直接届け、その人の既成の世界観と一致するようなプロパガンダを提供するのだ。

2017年秋、私がケンブリッジ・アナリティカについて調べはじめたとき、同社はトランプ勝利における自社の役割をずっと控えめに描くようになっていた。『ガーディアン』と『オブザーバー』の両紙は、アメリカ大統領選挙とイギリスのブレグジット投票におけるケンブリッジ・アナリティカのデータの収集および共有方法について、いくつかの面を調査しはじめた。[1]その結果、ケンブリッジ・アナリティカは心理学を用いた選挙活動について言葉を濁すようになった。自分たちが行なっているのは人工知能を用いた有権者のセグメンテーションにすぎないと説明するようになり、「性格」という用語は使わなくなった。

私はケンブリッジ・アナリティカの広報課に何度か連絡を入れ、アルゴリズムの仕組みについて技術スタッフと話をしたいと申し入れてみた。返信こそ丁寧だったものの、どういうわけか毎回、担当者が「祝日のため不在」とか「休暇中」だと言われた。延々と言い訳が繰り返されたあと、とうとうメールの返信自体なくなった。

そこで私は、人々の政治的指向に基づく選挙の勝利戦術の仕組みについて、自分自身で探ってみることにした。

右派の政治家が100次元にもなるアメリカの有権者像を巧みに利用していると決めつける前に、まずはコンピューター内の次元が私たちを人間としてどれだけ正確に描写しているかを考えなければならない。

もしコンピューターの思考能力をバカにするとしたら、コンピューターが0と1の2進法で動いているという事実を挙げるかもしれない。しかし、それは数学的モデルの正しい描写とはいえない。むしろ、黒と白のふたつの状態でしか物事をとらえられないのは、往々にして人間のほうなのだ。私たちはほとんど反射的に、「彼は頭が悪すぎて絶対に理解できないさ」「彼女は典型的な共和党支持者だ」「あいつはツイッターでなんでもさらけ出してしまう」という言い方をする。私たちは自分の判断がいかにいい加減かに気づかない。世界を2進法でとらえているのは人間なのだ。[2]

うまく設計されたアルゴリズムは、めったに物事を白か黒かで分類したりはせず、順位や確率を用いる。フェイスブックの性格モデルは、各ユーザーに外向性または内向性のランキングを割り当てたり、あるユーザーが独り身である確率を算出したりしている。つまり、さまざまな要因を総合し、その人物に関して特定の事実が成り立つ確率に比例するようなひとつの数値を弾き出すのだ。

多数の次元をひとつの確率やランキングに変換するのに用いられるもっとも基本的な手法は、回帰と呼ばれるものだ。統計学者たちは1世紀以上前から回帰モデルを用いてきた。その応用の対象はまず生物学に始まり、次第に経済学、保険業、政治学、社会学へと広がっていった。回帰モデルでは、ある人に関する既知のデータから、その人について未知の事柄を予測する。この「モデルの当てはめ」と呼ばれるプロセスを実行するには、まず予測しようとしている事柄についてすでに結果が判明している人々を用意する必要がある。

たとえば、年齢とブレグジットへの賛成票との関係性を考えてみよう。イギリスがＥＵを離脱すべきかどうかを問う国民投票の10日前、世論調査会社「ユーガブ（YouGov）」は投票意向調査を実施した。この調査では、18～24歳、25～49歳、50～64歳、65歳以上の４つの年齢層が設定されたが、回答は年齢層によってくっきりと分かれた。図５・１は、私が有権者たちの意向に対して当てはめた回帰モデルである。年齢が上がれば上がるほど、ＥＵ離脱に投票する確率も上がる。

データ分析会社は予測を立てるにあたり、一定集団の人々に対して当てはめたモデルを用いて、別の人々の選好を推測する。図

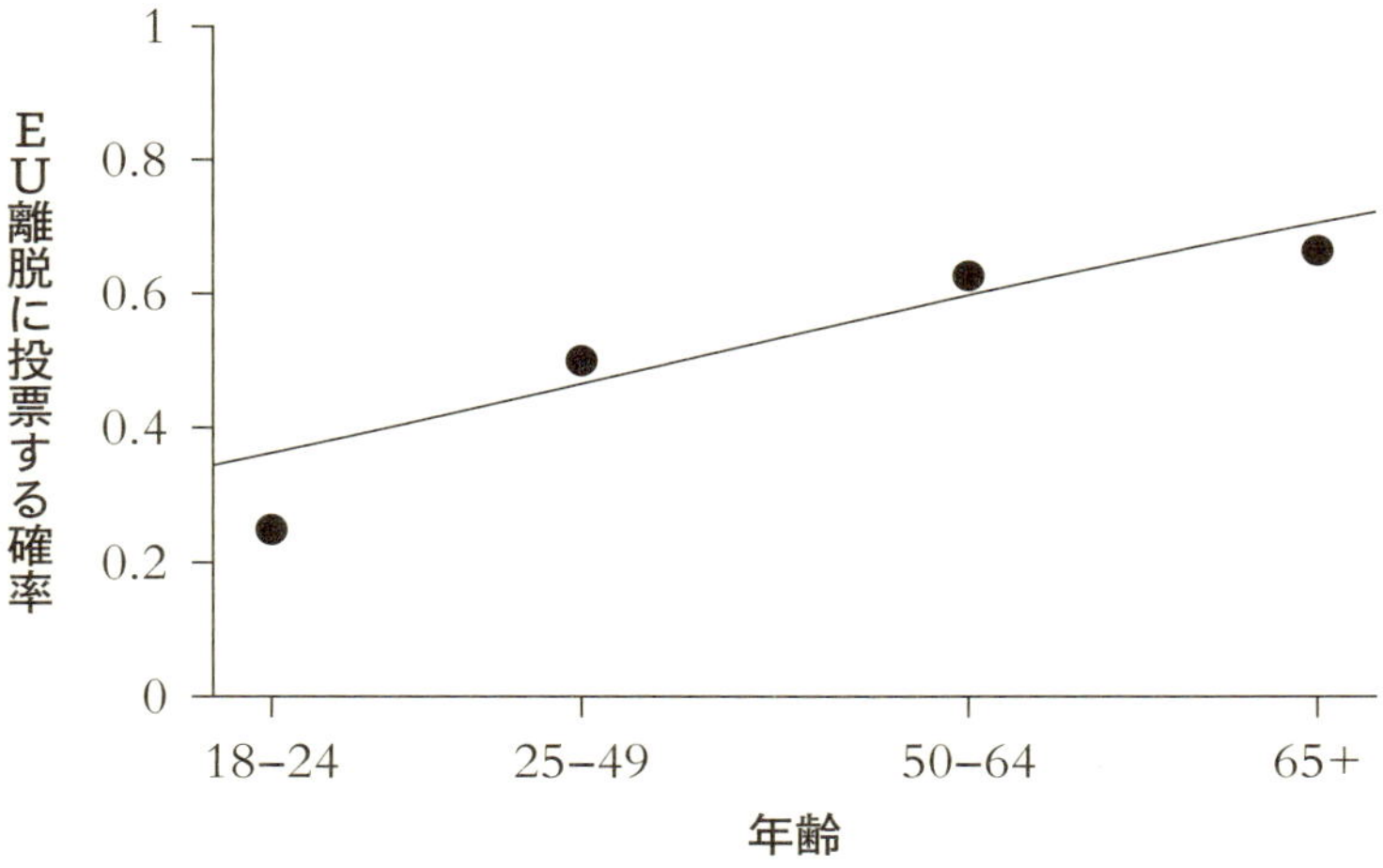

図5.1　任意の人がEU離脱に投票する確率の回帰モデル（年齢別）。黒丸は、イギリスのEU離脱を問う2016年の国民投票の直前、YouGovの収集した世論調査データから抜き出した測定値[3]。実線は、年齢をEU離脱に投票する確率と関連づけたモデル[4]。

5・1を使えば、年齢からその人がEU離脱に投票する確率を割り出せる。このモデルに基づけば、〝典型的〟な22歳の人物がEU離脱に賛成する確率は36パーセントであり、〝典型的〟な60歳の人物は62パーセントであると推測できる。

回帰モデルは、データを表現する完璧な方法ではない。この調査では、ブレグジットに賛成すると回答した18〜24歳の人々は25パーセントしかいなかった（図5・1の黒丸を参照）。なので、このモデルは若者がEU離脱に賛成する確率をわずかに過大評価していたことになる。この種の食いちがいは、大量のデータ点（この場合は人々の年齢と投票意向）をひとつの式で表わそうとする回帰モデルにはよくあることだ。私はこの事実を深刻な問題としてではなく一種の注意喚起のために持ち出している。この食いちがいはモデルがまちがっていることを意味しているのではなく、回帰分析法の一般的な限界を示しているにすぎない。小さな食いちがいは重大な問題ではない。どんなモデルにも多少の誤りはあるからだ。今回の例では、その〝誤り〟の量は許容可能な範囲に収まっているのだ。

年齢というたった1種類の入力データが、私のブレグジット・モデルにちょっとした予測能力を与える。そして、入力データが増えれば増えるほど、予測の精度は上がる。ブレグジットに関する国民投票の場合、年齢が高く教育水準が低い労働者階級の人々ほど、離脱に賛成と答える割合が高かった。[5]「離脱」運動を繰り広げる機関が投票に行くよう呼びかけるとすれば、これらの人々をターゲットにするべきだろう。一方、「残留」派は、大学生たちが投票に行くのを望むだろう。

政治学者たちは、長年この回帰分析の手法を用いてきた。１９８７年のイギリス総選挙後のある調査で、研究者たちは有権者の性別、年齢、社会階級、インフレに関する認識を分析し、これらの要因が保守党ではなく労働党に投票する確率にどう影響したかを調べた。[6]その結果、年配男性は保守党に投票する割合が高く、インフレ率が高いと考える労働者階級の人々は労働党に投票する割合が高かった。回帰モデルに性別、年齢、階級、インフレに関する認識を入力すれば、その人が労働党に投票する確率が弾き出されるわけだ。

ケンブリッジ・アナリティカなどの現代のデータ分析企業も、使っている統計的手法は１９８0年代とそれほど変わらない。現代と当時の最大のちがいは、入手できるデータだ。今では、フェイスブックの「いいね！」、オンライン世論調査の回答、購買データを回帰モデルに入力できる。年齢、階級、性別だけを用いて私たちを特徴づける代わりに、ケンブリッジ・アナリティカは大量のデータセットを用いて私たちの性格や政治観を描き出していると主張する。かつての政治学者は、有権者の支持政党を調べる際、ふつうは社会経済的な背景を頼りにしていた。しかし、ケンブリッジ・アナリティカは、「個々の［有権者の］行動的な条件づけを考慮し、十分な情報をもとに将来の行動予測を立てる」と主張している。[7]

私たちの政治的指向に関する大規模な回帰分析を行なうため、ケンブリッジ・アナリティカには大量のデータが必要だった。２０１４年、ケンブリッジ大学の心理学者のアレックス・コーガンは、オンラインのクラウドソーシング・マーケットプレイス「メカニカル・ターク」を通じて、科学研究に必要なデータを集めはじめた。アレックスによると、メカニカル・タークとは「現金と引き換えにさまざまな作業を実行する人々の集まり」だ。彼は科学研究のため、メカニカル・タークのユーザーに一見すると些細な仕事を依頼した。収入とフェイスブックの利用期間に関するふたつの質問に回答してもらい、フェイスブック・プロフィールへのアクセスを許可するボタンをクリックしてもらった。

この研究は、人々がどれだけ気軽に自分自身や友達のフェイスブック・データを差し出すかを劇的な形で証明した。当時、研究者がＳＮＳのデータにアクセスするのは驚くほど簡単だった。メカニカル・タークのユーザーの許可さえ得れば、その友達の位置情報や「いいね！」にアクセスすることすら可能だった。アレックスの研究に自主参加した人々の８割が、１ドルの報酬と引き換えに自分自身のプロフィールや友達の位置情報へのアクセスを認めた。ユーザーにはひとりあたり平均３５３人の友達がいたので、わずか８５７人の参加で、アレックスらは合計28万７７３９人ぶんのデータを入手することができた。これこそがソーシャル・ネットワークのパワーだ。少人数のデータを収集するだけで、その友達の広大なネットワークに含まれるデータにアクセスできるのだ。

そんなとき、アレックスは世界じゅうのクライアントに政治分析や軍事分析を提供する企業グループ「ＳＣＬ」の代表者と話を始めた。当初、ＳＣＬは彼にアンケート設計を支援してもらいたいと考えていた。ところが、ＳＣＬの代表者たちがメカニカル・タークによるデータ収集の威力に気づくと、フェイスブック上の大量の性格データにアクセスできないだろうかという方向に話が進んだ。こうして、ＳＣＬは性格予測を用いて選挙の勝利をお膳立てする政治コンサルタント・サービスを立ち上げることになった。それがのちにケンブリッジ・アナリティカとなる。アレックスはまさしくＳＣＬに必要なデータ収集手法を握っているように見えた。

アレックスは自分が世間知らずだったことを認めた。それまで、彼は民間企業と仕事をした経験がなく、カリフォルニア大学バークレー校の学士課程から、香港大学の博士課程、そして現在のケンブリッジ大学の研究職に至るまで、ずっと学界の住人だった。「ビジネスの世界の仕組みについてまるで無知だった」と彼は言う。

アレックスらは民間企業であるＳＣＬと手を組むことの倫理的な側面やリスクを考慮し、データ収集作業を大学の研究活動と切り離すことにした。彼らは必要な規模でデータを収集するだけの人員や信頼性がメカニカル・タークにはないことに気づき、定評のあるオンライン顧客調査サービス「クアルトリクス」を利用することにした。彼らはそれまでの研究と同じく、回答者にフェイスブック・プロフィールの使用許可を求め、当時のアクセス規則をきちんと順守したそうだ。

アレックスが考慮していなかったのは、フェイスブックのデータ収集について知ったときの人々の気持ちや思いだった。「考えてみれば皮肉なものですよ」と彼は言う。「私はいつも人間の感情について研究しているのに、性格予測をされた人々が違和感や不快感を抱くかもしれないとは考えもしなかった。もしそう思い至っていたら、私たちはきっと別の判断をしていたでしょう」

『ガーディアン』紙がのちに報じたところによると、アレックスの設立した企業は、ＳＣＬの資金提供で20万人のアメリカ市民からフェイスブック・データやアンケートの回答を集めた。[8]しかも、それは直接調査に参加した人数にすぎない。当時のフェイスブック・プラットフォームの仕組みでは、この研究に参加し、友達のデータへのアクセスに同意した人々の友達の「いいね！」にアクセスすることすら可能だった。そのため、ＳＣＬは合計３０００万人以上のデータを収集することができたのだ。この巨大なデータセットは、多くのアメリカ人の政治的指向の全体像を描き出すには十分だったかもしれない。

ケンブリッジ・アナリティカＣＥＯのアレクサンダー・ニックスは、２０１６年のコンコーディア・サミットで自社の研究を発表する際、政治的指向を勝手に予測された人々が抱く不快感などさほど気に留めていないようだった。[9]彼の企業の尽力で、大統領候補のテッド・クルーズは無名の政治家から共和党予備選挙における有力候補者のひとりへと躍り出たばかりだった。ニックスの話によれば、ケンブリッジ・アナリティカは人種、性別、社会経済的な背景に基づいてターゲティングを行なう代わりに、「アメリカの全成人の性格を予測する」ことができるらしい。神経質で真面目な有権者には、「合衆国憲法修正第２条〔訳注　国民が武器を保持することを認めた条項で、銃規制が進まない要因となっている」は一種の保険だ」というメッセージを植えつければいいし、伝統や協調性を重んじる有権者には、「武器を保持する権利を父親から息子へと継いでいくことは大事だ」と伝えてやればいい。ニックスは「ターゲットとなる有権者に関する数十万のデータ点を用いれば、どういうメッセージがどの有権者の心に響くのかを正確に理解できる」と主張し、そのような手法がトランプの選挙運動で使われていることをほのめかした。

ケンブリッジ・アナリティカの誕生には、現代の陰謀論の材料がすべて揃っている。テッド・クルーズ、ドナルド・トランプ、データ・セキュリティ、性格の心理学、フェイスブック、メカニカル・タークの低賃金労働者、ビッグデータ、ケンブリッジ大学の学者、右派のポピュリストで同社の取締役を務めるスティーヴ・バノン、右派の資本家で同社の最大の投資家のひとりであるロバート・マーサー、かつての国家安全保障問題担当大統領補佐官で同社のコンサルタントを務めるマイケル・フリン、そして（信憑性はいまいちだが）ロシアの援助を受けたトロール……。もし映画をつくるとしたら、心理学者の役はジェシー・アイゼンバーグがぴったりだろう。彼は自分が働く企業の真の目的を少しずつ暴いていく。その目的とは、政治的な手段のために私たちの感情を操ることだ。

こうして見ると、これはまちがいなく恐ろしい話だ。しかし、投票パターンの予測に使われるモデルの詳細に目を向けると、私はひとつの重大な要素が抜けていると感じた。それはアルゴリズムだ。ニックスの大胆な主張は本当に精査に耐えうるものなのか？　私はそれを自分の手で確かめたいと思った。

　残念ながら、アレックス・コーガンの収集したデータにアクセスすることはできないが（そのあたりの事情についてはのちほど）、ミカル・コジンスキーらは心理学を学ぶ学生たちのため、2万人のフェイスブック・ユーザーの匿名データベースに基づいて回帰モデルの作成練習を積むことができる教育用パッケージを作成した。私はそのパッケージをダウンロードし、自分のコンピューターにインストールした。データセットには、アメリカに居住する1万９７４２人ぶんのフェイスブック・ユーザーのデータが含まれていたが、そのなかで民主党または共和党への支持を明言していたのは４７４４人だけだった。[10] そのうち、31パーセントが共和党支持者だった。データを収集した２００７年から２０１２年までは、フェイスブック上で民主党支持者が実際の割合よりも多かったことになる。私はフェイスブックの50の次元を入力値として利用し、このデータに回帰モデルを当てはめた。この回帰モデルの出力は、ある人が共和党支持者である確率として弾き出される。

　データに回帰モデルを当てはめ終えると、次のステップは精度の検証だ。回帰モデルの精度を検証する有力な方法のひとつとして、民主党支持者と共和党支持者をひとりずつ無作為に選び出し、フェイスブック・プロフィールからどちらが共和党支持者かをモデルに予測させるという方法がある。これは直感的な精度の指標のひとつといえる。たとえば、あなたの目の前にふたりの人物がいるとする。あなたは相手の嗜好や趣味についていくつか質問をしたあと、どちらがどの政党の支持者かを判断する。あなたなら、何割くらい正解する自信があるだろう?

結論から言うと、フェイスブック・データに基づく回帰モデルの精度はかなり高い。9回中8回は、回帰モデルを用いてフェイスブック・ユーザーの支持政党を言い当てられるのだ。民主党支持者であることを示す主な「いいね!」のカテゴリーとしては、バラク・オバマとミシェル・オバマ、ナショナル・パブリック・ラジオ、TEDトーク、ハリー・ポッター、「科学大好き(I Fucking Love Science)」ページ、「コルベア・リポート」や「ザ・デイリー・ショー」といったリベラル系の時事問題番組などがある。一方、共和党支持者はジョージ・W・ブッシュ、聖書、カントリー・ミュージック、キャンプに「いいね!」をする傾向がある。

民主党支持者がオバマ夫妻や「コルベア・リポート」に、共和党支持者がジョージ・W・ブッシュや聖書に「いいね!」する傾向があるのはそう不思議ではない。そこで、私はこうしたあからさまな「いいね!」をモデルから除外し、新たな回帰分析を実行することで、先ほどの回帰モデルを有効でなくすることができるかどうかを調べてみた。びっくりしたことに、新たな回帰モデルの精度は依然として85パーセントと、先ほどよりほんの少し下がったにすぎなかった。新たなモデルは、さまざまな「いいね!」の組みあわせから支持政党を判定した。たとえば、レディー・ガガ、スターバックス、カントリー・ミュージックに「いいね!」をした人は共和党支持者の可能性が高かったが、レディー・ガガのファンでアリシア・キーズやハリー・ポッターにも「いいね!」した人は民主党支持者の可能性が高かった。これこそ、数多くの「いいね!」から得られた多次元的な理解が、予想外で貴重な結論を導き出すという典型的な例だ。

この種の情報は、政党にとって非常に貴重な可能性がある。民主党は伝統的なリベラル・メディアを中心とした選挙運動を展開する代わりに、ハリー・ポッター・ファンから票を引き出す努力ができるだろうし、共和党はスターバックスのコーヒーやキャンプ好きの人々をターゲットにすることができるだろう。レディー・ガガのファンは両党にとって要注意だ。直接の比較は難しいものの、フェイスブックに基づく回帰モデルの精度は、従来の手法を上回るようだ。たとえば、１９８７年のイギリス総選挙に関する研究で、インフレ率が低いと考える65歳の中流階級の男性有権者は、労働党ではなく保守党を選ぶ確率が79パーセント程度であることがわかった。つまり、こうした「典型的な保守党支持者」が実際に保守党に共鳴していると仮定するモデルは、少なくとも全体の21パーセントはまちがいを犯すわけだ。

ここまではアレクサンダー・ニックスやケンブリッジ・アナリティカの主張するとおりだ。しかし、興奮する前に、回帰モデルの制約についてもう少し詳しく考察してみよう。

ひとつ目に、回帰モデルには根本的な制約がある。前にも話したとおり、アルゴリズムの出力は白黒はっきりしているわけではないし、図５・１で見たように、モデルはデータを完璧に表現しているわけでもない。モデルがあなたの政治観を１００パーセントの精度で明らかにできると期待してはいけない。ケンブリッジ・アナリティカであれ誰であれ、フェイスブックのデータを見ただけで絶対の結論を導き出すことなどできないのだ。あなた自身がバラク・オバマやテリーザ・メイでもないかぎり、せいぜいアナリストは回帰モデルを用いてあなたが特定の政治思想を持つ確率を導き出すことくらいしかできない。

回帰モデルは筋金入りの民主党支持者や共和党支持者に対してはきわめて高精度だが（先ほど述べたとおり、その精度は85パーセント前後にもなる）、そうした有権者に関する予測は、選挙運動ではたいして役立たない。筋金入りの政党支持者の票は確保されたも同然なので、そもそも選挙運動のターゲットにする必要はないのだ。事実、私がフェイスブック・データに対して当てはめた回帰モデルでは、支持政党を明言していない約76パーセントの人々については何もわからない。データから民主党支持者はハリー・ポッターに「いいね！」する傾向があるとわかったとしても、必ずしもほかのハリー・ポッター・ファンが民主党支持者かどうかはわからない。これはすべての統計分析に内在する古典的な問題だ。相関と因果関係を混同してしまう危険性があるのだ。

ふたつ目の制約は、予測に必要な「いいね！」の数と関係がある。回帰モデルが効果を発揮するのは、その人が50件以上の「いいね！」をした場合で、本当に信頼できる予測をしようとすると、数百件の「いいね！」が必要になる。先ほどのフェイスブックのデータセットの場合、50サイト以上に「いいね！」をしたユーザーは全体の18パーセントにすぎなかった。このデータが収集されて以降、フェイスブックはユーザーが「いいね！」するサイト数を増やすことに成功した。もちろん、広告ターゲティングを改善するためだ。しかし、私自身も含めて、フェイスブックであまり「いいね！」をしない人々はまだたくさんいる。私が「いいね！」しているページは、私自身の「サッカーマティクス」ページ、地元の自然保護区、息子の学校、ＥＵの研究の合計４つだけだ。どれだけ回帰分析の手法が優れていたとしても、肝心のデータがなければ話にならない。

３つ目の制約は、私たちの政治的指向をターゲットにするというニックスの考えの核心に触れるものだ。果たして、アルゴリズムを用いて「いいね！」から神経質な人々や同情的な人々を確実に特定できるのか？　私の使用したデータセットには、ビッグ・ファイブ性格特性を測定する性格テストの結果も含まれていた。私はこのデータセットを用いて、無作為に選んだふたりの人物のどちらがより神経質かを回帰モデルから判定できるかどうかを確かめた。結論から言うと、不可能だった。私はデータセットから無作為にふたりを選び出し、そのふたりが受けた性格テストの「神経症傾向」のスコアを調べた。私はそのスコアをフェイスブックの「いいね！」に基づく回帰モデルと比較した。性格テストと回帰モデルとでふたりの順位が一致したケースは、全体の６割しかなかった。スコアをランダムに設定していれば正解率は５割になっただろうから、回帰モデルはランダムよりは少しましな程度にすぎなかったわけだ。

「開放性」に関しては、回帰モデルの分類精度はもう少し高く、正解率は３分の２程度だった。しかし、「外向性」「誠実性」「協調性」に関する結果は「神経症傾向」と似たり寄ったりで、正解率は６割にとどまった。しつこいようだが、ランダムに並べたとしても５割程度の正解率は期待できるのだ。

この結果を受けて、私はケンブリッジ・アナリティカのデータ収集に協力したケンブリッジ大学の心理学者アレックス・コーガンとこの結論について話しあった。当初、彼は私と話をするのをためらっていた。というのも、ケンブリッジ・アナリティカに関する『ガーディアン』の記事やいくつかのオンライン・ブログで、自分が不当に悪者扱いされていると感じていたからだ。[11] しかし、私がフェイスブックを使った性格の予測について発見した内容を彼に話すと、彼はようやく心を開きはじめた。

アレックスも私と同じ結論に達していた。彼はケンブリッジ・アナリティカであれ誰であれ、人々の性格を効果的に分類するアルゴリズムをつくれるとは思っていなかった。コンピューター・シミュレーションとツイッター・データを組みあわせ、私たちのデジタルの足跡から性格の一部の側面を測定することは可能だが、そのシグナルは私たちについて確実な予測を立てられるほど強いものではないことを彼は証明した。彼はアレクサンダー・ニックスに対して毒を吐いた。「ニックスは［性格分析アルゴリズムを］売りこもうとしているだけさ。彼には、ケンブリッジ・アナリティカが秘密兵器を握っていると吹聴する大きな金銭的動機があるからね」

ここで重要なのは、フェイスブックの一連の「いいね！」と性格テストの結果に関係性があるという科学的発見と、この発見に基づいて信頼性の高いアルゴリズムを実装し、ある人の性格を正確に予測する公式を生み出すこととを、きちんと分けて考えることだ。たとえある科学的発見がまぎれもない事実であり、興味深いものだとしても、その関係性が非常に強くなければ（性格の予測の場合はあまり強くない)、個人の行動についてとりわけ信頼性の高い予測を立てることはできないのだ。

科学的発見とアルゴリズムの応用との区別がぼやけてしまうひとつの原因は、メディアの報じ方にある。2015年1月、『ワイアード』誌は「フェイスブックはあなたの友達よりもあなたのことを知っている」と題する記事を書いた。イギリスの『テレグラフ』紙はもう一歩突っこんで、「フェイスブックはあなたの家族よりもあなたのことを知っている」という見出しをつけた。それに負けじと、『ニューヨーク・タイムズ』紙は「フェイスブックは誰よりもあなたのことを知っている」という見出しの記事を報じた。

これらの見出しのあとには、まったく同一の科学論文に関する報告が続いた。ウー・ヨウヨウ、ミカル・コジンスキー、デイヴィッド・スティルウェルはその研究で、フェイスブックの「いいね!」が性格アンケートの回答をどれくらい正確に予測できるかを調べた。ただし今回は、「いいね!」に基づく回帰モデルと、職場の同僚、友人、親戚、パートナーが記入したそのフェイスブック・ユーザーに関する10項目のアンケート結果とを比較した。各紙がさまざまな見出しでとらえようとしていた科学研究の結果とは、彼らの統計モデルが友人や家族による10項目の回答よりも性格テストと相関が高いというものだった。

相関が高ければ予測精度も高いと考えられるが、だからといってフェイスブックが誰よりもあなたのことを知っているということになるのだろうか? もちろん、ならない。私は、職場における性格について研究するトロント大学スカボロ校経営学部のブライアン・コネリー准教授に、この研究の感想を求めた。「ミカル［・コジンスキー］の研究は興味深いし、刺激的ではあるが、メディアが研究結果をセンセーショナルに報じすぎていると思う」と彼は言った。「より適切な見出しをつけるとすれば、〝予備的な結果によると、フェイスブックはあなたの親しい知人と同じくらいあなたの一部の面をよく理解しているようだ（ただし、フェイスブックがあなたの行動を予測できるかどうかは別問題）〟とかになるだろうけど、これじゃあインパクトに欠けるからね」。ブライアンのこの修正された見出しは真実をうまくまとめている。確かに、科学的には興味深い。しかし、フェイスブックがあなたの政治的指向を判定し、ターゲットにできるという証拠はまだ存在しないのだ。

ケンブリッジ・アナリティカの物語を追って、私は数々のブログやプライバシー活動家のウェブサイトへと分け入った。私は無数のリンクをたどるうち、とうとうある若いデータ科学者のユーチューブ動画へと行き着いた。現在ケンブリッジ・アナリティカで働く彼は、同社のインターンをしていたころに実施した研究プロジェクトを動画内で発表していた。彼は映画『her／世界でひとつの彼女』の話でプレゼンテーションを始める。この映画では、ホアキン・フェニックス演じる主人公のセオドアが、自身の使っているオペレーティング・システム（OS）と恋に落ちる。コンピューターがセオドアの性格を深く理解し、人間とOSとのあいだに愛が芽生えるという筋書きだ。その若いデータ科学者は、この物語を引きあいに出しながら5分間のプレゼンテーションを進めていく。「コンピューターが人間よりも私たちのことを深く理解することなどありえるでしょうか？」

彼はありえると言う。彼はオンライン活動や性格の研究について、順を追って説明していく。彼はビッグ・ファイブ性格特性について説明し、フェイスブックのプロフィールがアンケート代わりになりうることを説明する。彼のある回帰モデルの結果を使えば、私たちの誠実性や神経症傾向を明らかにできるという。彼は一人ひとりに合わせて政治的なメッセージを届ける方法について話し、こう締めくくる。「あなたのフェイスブックの〝いいね！〟、年齢、性別さえあれば、私のモデルはあなたの配偶者と同じくらい正確に、あなたの協調性を予測することができるのです」。いつか、私たちが人間のパートナー以上に自分のことを理解してくれるコンピューターと恋に落ちる日が来るかもしれない、と彼は言う。

このデータ科学者は、本気でそんなことを言っているのだろうか？　そして、本気で聴衆に自分の話を信じてもらおうと思っているのか？　私にはよくわからない。彼の〝研究〟とやらは、データ科学者を目指す人々のための「ＡＳＩデータ・サイエンス」の8週間がかりの研修プログラム中に行なわれたものだ。しかし、これが講演の練習にすぎないとしても、私はやはりその内容に深い困惑を覚える。彼は世界最高峰の科学教育を受け、ケンブリッジ大学で理論物理学の博士号を取ったほどの若者なのだ。彼が私と同じような疑問を少しも抱いていないとは、とうてい信じにくい。私は彼にこう訊いてみたい。「この結果はどのデータに基づいているのか？　君はモデルの検証や実証に長い時間をかけたのか？　〝いいね！〟から神経症傾向を予測する精度はランダムよりもほんの少しましな程度だという事実について、君はどう思う？」

彼がこうした疑問に目をつぶり、自身の研究プロジェクトを発表したのは、ＡＳＩのフェローシップ制度があったからだろう。結果的に、彼はケンブリッジ・アナリティカから仕事のオファーを受け、それをありがたく受け入れた。

私はその若者を知らないが、彼と同じような人々ならおおぜい知っている。私は彼らと研究を行ない、博士課程の学生、修士課程の学生、大学生の教育を行なっている。この動画を観ていて、私は深い無力感を抱いた。大学は、ケンブリッジ・アナリティカのような企業からの要請に従い、彼のような野心的な若者をせっせと企業に供給している。研究を行なうだけでなく、その結果をわかりやすい形で発表できる人材を。

私たちはエキサイティングな時代に生きている。データを使えば、より的確な判断を下し、人々にとって重要な問題について常に情報を与えられる。しかし、この力には、できることとできないことをしっかりと説明する責任が伴う。私たちは研究者を指導するとき、研究者の持つ力について教えることはあっても、その責任について教えるのをつい忘れがちだ。私たちはこの重要な仕事を、研究内容を最大限に盛る方法をデータ科学者に教えるような業界コンサルタントたちに任せっぱなしにしてきたようだ。

結局のところ、アルゴリズムに翻弄されているのは誰なのだろう？　自分の手法の限界を見誤っているデータ科学者のほうなのか？　それとも、彼の手法の限界を知らされていない聴衆のほうなのか？　慎重な科学者なら、「私の」アルゴリズムはあなたのパートナーと同じくらいあなたのことを知っているなどとは言わない。代わりに、「ミカル・コジンスキーらの研究によると、フェイスブックを多用する人にかぎっていえば、フェイスブックの〝いいね！〟からその人の性格スコアを予測することができる。ただし、それが性格特性に基づくマーケティングにとってどういう意味を持つのかは今のところ不明だ」という言い方をするだろう。残念ながら、ブライアン・コネリーの考えた見出しと同じで、この文章は野暮ったすぎるし、将来の雇用主が5分間のプレゼンテーション中に聞きたがる言葉でもない。厳密な科学では、政治コンサルタント・サービスは売れないのだ。

トランプの大統領就任から数カ月後、ケンブリッジ・アナリティカはビッグ・ファイブ性格特性モデルに関する記述をウェブページからごっそりと削除した。信頼できる情報筋から聞いた話によると、同社がトランプの選挙運動に協力する前に収集したフェイスブック・ユーザーの「いいね！」のデータをすべて削除するよう、フェイスブックから要請されたようだ。ケンブリッジ・アナリティカはフェイスブックの要請に従ったと主張している。同社がトランプの選挙運動と関連して、アレクサンダー・ニックスがコンコーディア・サミットで述べたようなターゲティングを実行しようとしたとすら考えにくい。同社はそれ以来、アレックス・コーガンから受け取ったフェイスブック・データをトランプの選挙運動サービスで使用したことをずっと否定しているし、性格特性をターゲットにした広告を選挙運動全般で用いたことはないと主張している。

２０１７年１月、ニューヨーク市のパーソンズ美術大学のデイヴィッド・キャロル准教授は、ケンブリッジ・アナリティカにデータ保護請求を行なった。ケンブリッジ・アナリティカは会社が保持している彼に関する情報の一覧を開示した。そのなかには彼の年齢、性別、居住地が保存されており、彼が民主党の予備選挙で投票したことを示す列も含め、彼が投票を行なった地域を示したスプレッドシートもあった。ケンブリッジ・アナリティカはこのデータを使用して、彼が環境、医療、財政赤字といったさまざまな問題をどれだけ重視していそうかをランクづけした。その結果、彼は「共和党支持者である可能性が非常に低く」、予備選挙で投票する傾向が「非常に高い」と結論づけられた。つまり、あれだけの大言壮語にもかかわらず、ケンブリッジ・アナリティカはデイヴィッドの投票行動を予測するのに、年齢や居住地に基づく昔ながらの回帰分析手法に頼っていたわけだ。ケンブリッジ・アナリティカが保持するデータや使用した手法は、アレクサンダー・ニックスが自慢したような政治的なターゲティング広告とは程遠いものだった。

ケンブリッジ・アナリティカの物語*は、私の目から見れば誇大宣伝にすぎない。ひとつの企業がデータの威力を誇張しただけの話なのだ。アレクサンダー・ニックス自身、ケンブリッジ・アナリティカの活動について「ある程度の誇張を織り交ぜて話している」ことを認めた。しかし、これはたったひとつの事例研究にすぎない。フェイスブックからスポティファイ、旅行代理店、スポーツ・コンサルタントまで、私たちをランクづけし、私たちの行動を説明するアルゴリズムを提供していると称する人々や会社の例はまだたくさんある。そうしたアルゴリズムの精度について、もう少し詳しく調べてみる必要があった。これらのアルゴリズムは実際にどれくらい私たちのことをよく理解しているのか？　そして、そこにはもっと危険な誤りが潜んでいるのだろうか？

＊　ケンブリッジ・アナリティカの手法をめぐる誇大宣伝は、本書が印刷されるころに大規模なスキャンダルへと発展した。詳しくは、巻末の注記を参照。[12]

第6章　アルゴリズムに潜むバイアス
――数学だけでは不公平は正せない

性格特性アルゴリズムを分析してみて、私の見方が変わった。といっても、私が期待していたのとは逆の方向に。私はアルゴリズムが私たちについて正確な予測をする危険性よりもむしろ、アルゴリズムの宣伝方法に大きな懸念を抱くようになった。私がケンブリッジ・アナリティカに関して導き出した結論は、バンクシーに関する論文を読んで暫定的に導き出した結論と似ていた。バンクシーの場合、研究者はバンクシーの所在を突き止めるために、あらかじめバンクシーの正体に当たりをつけておく必要があった。アルゴリズムは政治運動や犯罪捜査のデータを整理するのには役立つが、ボタンをひと押しするだけでグラフィティ・アーティストの所在や神経質な共和党支持者のリストが弾き出されるほど単純なものではないのだ。

たびたび、アルゴリズムは私たちの人間性を理解したり、将来の行動を予測したりできる魔法のツールとして売り出されている。事実、アルゴリズムは人材採用、融資、収監の可否を判断するために使われている。こうしたアルゴリズムの内部では何が起きているのか？　そして、どういう種類の誤りが起こりうるのか？　私はそれをもっと詳しく理解しなければと思った。

アメリカの一部の州では、刑事被告人のリスクを評価するためにCOMPASというアルゴリズムが使われている（通常、被告人が仮釈放を求めている場合）。一部のメディアはCOMPASをブラックボックスとして描き出し、その内部で行なわれていることを知るのは困難または不可能だと報じてきた。私はCOMPASアルゴリズムの開発者で、このアルゴリズムを供給するノースポイント社の取締役でもあるティム・ブレナンに連絡を取り、このモデルの仕組みについて説明をお願いした。何回かメールをやり取りしたあと、彼はスコアの算出方法を説明した内部報告書を送ってくれた。[1] その後、私が彼にインタビューをすると、彼はこのモデルについてかなり正直に語ってくれ、おまけにこのモデルの理解に必要な数式が載っている箇所を教えてくれた。

ティムのモデルは、被告人の犯罪歴、初犯時と現在の年齢、教育水準、1時間がかりのアンケートの回答を組みあわせ、再犯の可能性を予測する。こうした測定値は、過去の被告人に基づく統計モデルの当てはめに使われる。不順守や暴力の前歴がある人々は、教育水準の低い人々や薬物を使用する人々とともに、再犯の確率が高くなる。[2] 一方、金銭的な問題を抱える人々や引っ越しを繰り返す人々は、再犯の確率は高くならない。彼のモデルは、こうした集団全体のなかに見られるパターンを用いて予測を行なうのだ。

COMPASの内部で使われている手法は、私がこれまでに見てきたものと似ている。まず、データを回転し、主成分分析を用いて単純化する。次に、回帰モデルを用いて、前歴から再犯を予測する。部外者の立場でこうした細部を追うのは簡単だったと言うつもりはない。実際、技術報告書は数百ページにもおよんだ。それでも、このモデルについては詳しくまとめられていたし、ティムがもっとも重要な箇所を教えてくれた。ケンブリッジ・アナリティカとのやり取りを経験していた私は、ノースポイント社のオープンな姿勢に感動した。

ただし、アルゴリズムの開発者がその詳細をオープンにしているからといって、そのアルゴリズムがまともだという保証はない。たとえば、プロパブリカのジュリア・アングウィンは2015年のある記事で、COMPASのアルゴリズムにはアフリカ系アメリカ人に対するバイアスが存在すると主張した。[3] プロパブリカは絶対確実な方法だけを用いて、アルゴリズムにバイアスが存在するかどうかを判断した。アルゴリズムの予測の質を調べたのだ。COMPASは被告人が将来的に犯罪で逮捕される確率に応じて、1～10のスコアを割り当てる。ジュリアらの結果は明確だった。高リスク、つまり将来的に再犯の可能性が高いと評価された黒人の被告人の45パーセントは、高すぎるリスク・カテゴリーに分類されていたのだ。対して、白人の被告人の誤差レベルは23パーセントだった。つまり、黒人の被告人は白人の被告人よりも、将来的に再犯しないのに誤って高リスクと分類される割合が高かった。

ジュリアらがこの記事を発表すると、ティムとノースポイントはすぐさま反論した。彼らはプロパブリカの分析がまちがっていると主張する研究報告書を著した。[4] 彼らはCOMPASがほかの実証済みのアルゴリズムと同じ基準を保っていると反論し、ジュリアらがアルゴリズムの誤差の意味を誤解していると主張した。彼らのアルゴリズムは白人と黒人の被告人に対して「適切に較正されている」という。

ノースポイントとプロパブリカの議論を通じて、私はバイアスの問題の複雑さを痛感した。どちらも聡明で、両者の主張や反論のやり取りは文書にして100ページ近くにもおよび、そこにコンピューター・コードや新たな統計分析も加わった。両者の討論には数々のブロガー、数学者、ジャーナリストが独自の視点でコメントを寄せた。バイアスの定義は数学的に難しい問題で、理解するためには細かい調査が必要だった。

そこで、私はプロパブリカの収集したデータをダウンロードし、仕事に取りかかった。

プロパブリカの主張とノースポイントの反論を理解するため、私はまずCOMPASアルゴリズムが白人と黒人の被告人をどう分類したのか、彼らがのちに犯罪で逮捕されたのかどうかを示す表を描き直した。表6・1は、プロパブリカがフロリダ州ブロワード郡から収集したデータだ。各列はCOMPASアルゴリズムによって高リスクまたは低リスクと分類された人数を表わしていて、各行はのちに再犯した人々と再犯しなかった人々の人数を表わしている。

黒人の被告人	高リスク	低リスク	合計
再犯あり	1,369	532	1,901
再犯なし	805	990	1,714
合計	2,174	1,522	3,615

白人の被告人	高リスク	低リスク	合計
再犯あり	505	461	966
再犯なし	349	1,139	1,488
合計	854	1,600	2,454

表6.1　COMPASアルゴリズムに基づくリスク評価（列）と、評価から２年以内に再犯したかどうか（行）の内訳。高リスクと低リスクの定義や、そのほかの詳細については、プロパブリカの分析より[5]。

この表をしばらく眺めて、このアルゴリズムにバイアスが存在するかどうかを考えてみてほしい。まず、高リスクと分類された黒人と白人の数を比べてみよう。黒人は合計3615人中2174人が高リスクと分類されている。なので、黒人が高リスクと分類される確率は2174÷3615＝60パーセントだ。同じ計算を行なうと、白人が高リスクと分類される確率は34・8パーセントしかないとわかる。よって、黒人のほうが白人よりも高リスクと分類される確率が高い。

この差自体は、アルゴリズムにバイアスが存在することの根拠にはならない。再犯率は黒人と白人の被告人で異なるからだ。黒人は52・9パーセントが2年以内に別の犯罪で逮捕されているが、白人は37・9パーセントしか逮捕されていない。プロパブリカが批判の根拠にしたのは、この高リスクと低リスクの割合の差ではない。ジュリアらは黒人のほうが白人よりも再犯率が高いことを認めたうえで、アルゴリズムが犯した誤りについて考えた。

アルゴリズムを評価するときには、「偽陽性」（誤検出）と「偽陰性」（検出漏れ）という観点から考えると便利なことが多い。COMPASアルゴリズムの場合、偽陽性とは将来的に再犯しない人が高リスクと分類されてしまうケース、つまり再犯する（陽性）という予測が誤り（偽）であるケースだ。偽陽性の割合は、高リスクで再犯しなかった人々の人数を、再犯しなかった人々の総人数で割った値だ。黒人の場合、これは805÷1714＝46・9パーセントとなる。同じ計算をしてみると、白人の場合は23・5パーセントにすぎない。黒人は白人よりも偽陽性の割合がずっと高いわけだ。

もし警察があなたを勾留し、裁判官がアルゴリズムを使ってあなたを評価するとしたら、最悪の結果は偽陽性だろう。真陽性、つまり本当にあなたが危険人物で、アルゴリズムがあなたを高リスクと予測したのならフェアだ。しかし、それが偽陽性だったらどうだろう。あなたは仮釈放の請求を却下されたり、必要以上に長い刑期を言い渡されたりするかもしれない。しかも、それは白人よりも黒人で頻繁に起きている。将来的に再犯しない黒人の被告人の半数近くが高リスクと分類されていたのだ。

裏を返せば、白人は偽陰性の率が高い。アルゴリズムがある人を低リスクと評価したのに、その人が再犯してしまうケースだ。白人の被告人の場合、偽陰性の割合は461÷966＝47・7パーセントだが、黒人は532÷1901＝28・0パーセントだ。偽陰性の割合が高いことは、社会にとって大問題だ。本来勾留されるべき人々が社会に戻され、犯罪を行なうということだからだ。実際、将来的に再犯した白人の半数近くが低リスクと分類されていた。

偽陽性と偽陰性の割合を見るかぎり、このアルゴリズムはかなり不正確に見える。COMPASアルゴリズムは黒人を必要以上に長く刑務所に引き留める一方、再犯の恐れがある白人を野放しにしてしまう可能性がある。

ノースポイントはこの告発に対し、アルゴリズムの予測が黒人と白人で同じくらい正しかったかどうかで判断するべきだと反論した。そして、実際に同じくらい正しい。表6・1の1列目を見てみると、高リスクと分類された黒人2174人中1369人が再犯している。率にすると

63・0パーセントだ。白人の場合、854人中505人で59・1パーセントだ。ふたつの割合はほぼ一致しているので、このアルゴリズムは白人と黒人の両方に対して適切に較正がなされているというわけだ。裁判官は、特定の人物のリスク・スコアを見れば、人種にかかわらずその人の再犯の確率がわかることになる。

つまり、ふたつのバイアス測定方法によって正反対の結論が出るということだ。プロパブリカのジュリアらの偽陽性や偽陰性に関する主張も説得力があるし、ノースポイントのティムたちのアルゴリズムの較正に関する反論も理に適っている。まったく同じデータ表から、ふたつの統計専門家グループが正反対の結論を導き出した。どちらも計算ミスを犯したわけではない。いったい正しいのはどちらなのだろう?

スタンフォード大学の博士課程の学生、サム・コーベット＝デイヴィースとエマ・ピアソンは、教授のアヴィ・フェラー、シャラド・ゴエルと共同で、この難問を解いた。[6] 彼らは、表6・1に示したとおり、COMPASアルゴリズムが人種にかかわらず同じくらい正確な予測をしているというノースポイントの主張を裏づけた。そのうえで、数学者がよくするように、より一般的な問題を指摘した。彼らは、アルゴリズムがふたつの集団に対して同程度に信頼でき、なおかつ一方の集団のほうがもう一方よりも再犯率が高い場合に、偽陽性の割合が両集団で等しくなることはありえないことを証明した。黒人の被告人の再犯率のほうが高いとすれば、黒人が誤って高リスクと分類される確率は必然的に高くなってしまう。そうでなければ、そのアルゴリズムはふたつの人種に対して公平に較正されていないことになる。白人と黒人の被告人で異なる評価を行なわなければならなくなるからだ。

この点をもう少し深く理解するため、ひとつの思考実験を行なってみよう。私の研究グループにコンピューター・プログラマーを雇い入れるため、フェイスブックにオンライン求人広告を出したいとする。朝飯前だ。まず、私の研究グループのフェイスブック・ページへの投稿という形で、求人広告を作成する。次に、私の広告を特定のターゲットに届けやすくする［投稿を宣伝］ボタンをクリックする。[7]［オーディエンスを作成］機能を使えば、犬好き、退役軍人、ゲーマー、バイクの所有者などを見つけられる。芝居、ダンス、ギターが趣味の人も見つけられるだろう。

フェイスブックには、男性または女性だけをターゲットにするためのボックスはないし、私はあったほうがいいとは思わない。しかし、学校や大学の進路の関係で、プログラミングの仕事に興味を持つ女性よりも男性のほうが多い。議論のため、プログラマーの仕事に興味を持つ女性は1000人あたり125人、男性は1000人あたり250人だと仮定しよう。

広告を作成する際、私はコンピューター・プログラマーが興味を持ちそうなボックスにいくつかチェックマークを入れる。たとえば、ロールプレイング・ゲーム、ＳＦ映画、マンガなど。まちがいない。実際、私がコンピューター科学を学ぶ学生だったころ、私のまわりにはこうした趣味を持つプログラマーが多かった。こうした趣味の人々に広告を出せば、きっと有望な応募者が集まるだろう。この仕事に興味のない人たちに広告を出してお金をムダにすることもなくなる。

私は広告を出し、待つ。

1日後、フェイスブックは500人に私の広告を表示した。うち100人が女性で、400人が男性だ。

この結果を私から聞くなり、あなたは唖然《あぜん》としてこう言う。「そんな広告キャンペーンは偏っている。ロールプレイング・ゲーム？　SF？　あなたのクリックしたボックスは、コンピューター・マニアに訴えかけるだけのものじゃない。女性よりも男性が興味を持ちそうな項目ばかりでしょう。不公平よ！」

「でも見てくれ」と私は言う。「きちんと統計を取ったんだ。僕のアルゴリズムは偏っていない」。私は表6・2を引っ張り出してきて、これ以上ないくらいの上から目線であなたに数学の解説をする。「いいかい、この広告を見せられた100人の女性のうち、この仕事に興味を持って実際に応募したのは50人だ。同じく、この広告を見た400人の男性のうち、興味を持ったのは200人だ。つまりこの広告は、広告を見た女性と男性に同じくらい訴えかけるものだったということさ[8]」

あなたは私の屁理屈に苛立《いらだ》つ。「でも、そもそも広告を見た男性のほうが4倍も多いじゃない！」とあなたは声を張り上げる。「しかも、あなた

女性	広告を見た	広告を見なかった	合計
興味あり	50	75	125
興味なし	50	825	875
	100	900	1,000

男性	広告を見た	広告を見なかった	合計
興味あり	200	50	250
興味なし	200	550	750
	400	600	1,000

表6.2　私の（架空の）フェイスブック広告キャンペーンで、広告を見せられた男女の内訳。

はこの仕事に興味を持つ女性が男性の少なくとも半分はいると最初からわかっていたのよね。あなたは社会に内在する偏りを助長させているだけよ」

もちろん、あなたの言い分が正しい。女性の4倍の数の男性に表示される広告を作成するのは、公平とはいえない。私が用いた理屈は、ノースポイントがアルゴリズムを正当化するのに用いた理屈と同じだ。私はバイアスが存在しないことの定義に、較正という概念を用いた。つまり、プログラマーの仕事に興味を持つという予測が正しかった人々の割合は、男性と女性でまったく同じである、という理屈だ。ティム・ブレナンも、被告人の再犯予測の精度が黒人と白人でほぼ同じだったということを証明したとき、これと同じ主張をした。私の広告キャンペーンは、較正バイアスをなくすことを重視していたのだ。

あなたはあきらめない。あなたはフェイスブックの広告アルゴリズムを開き、追加でいくつかのボックスにチェックマークを入れる。こんどはふたりで一緒にアルゴリズムを実行し、結果を確かめる（表6・3）。今回は、求人広告に興味を持ちそうな女性100人、男性200人に広告が表示された。この100対200という数字は、プログラマーの仕事に興味を持つ男女の実際の割合（125対250）と一致している。また、偽陰性の割合（5分の1）は男女で等しい。

ここで、ひとつ問題点がある。たとえあなたのやり方を受け入れたとしても、どうしてもその問題点を指摘しないわけにはいかない。広告を見せられて興味を持った女性は3人にひとりしかいなかったが、男性はふたりにひとりもいた。しかも、広告を見せられなかった人々について考えると、男性に対して不公平だともいえる。広告を見せられなかったのに実際にはこの仕事に興味があった人々は、男性の場合には11人にひとりもいたが、女性は27人にひとりしかいなかった。この新しいアルゴリズムには、女性にとって有利な較正バイアスが存在する。

公平性というのは、お祭り会場によくあるモグラ叩きゲームみたいなものだ。ある穴のモグラを叩くと、別の穴からモグラが飛び出してくる。あなた自身で試してみてほしい。2×2の空白の表をつくり、まったくバイアスがなくなるように、1000人の女性（うち、プログラマーの仕事に興味があるのは125人）と1000人の男性（同250人）を4つの空欄に割り振ってみてほしい。不可能だ。男女で適切な較正がなされていて、なおかつ偽陽性と偽陰性の割合が男女で等しい状態をつくることなどできない。どうやっても必ずどちらかの集団が不公平になってしまう。

数学がすばらしいのは、一般的な結果を証明できるという点だ。コーネル大学のコンピューター科学者のジョン・クラインバーグとマニッシュ・ラガヴァンは、ハーバード大学の経済学者センディール・ムライナサンと共同で、表6・2や表6・3と似たようなふたつの2×2の度数分布表を用いてまさしくその作業を行なった。私の例では具体的な数値の組みあわ

女性	広告を見た	広告を見なかった	合計
興味あり	100	25	125
興味なし	200	675	875
	300	700	1,000

男性	広告を見た	広告を見なかった	合計
興味あり	200	50	250
興味なし	200	550	750
	400	600	1,000

表6.3　私の（架空の）修正版フェイスブック広告キャンペーンで、広告を見せられた男女の内訳。

せを選んだが、ジョン、マニッシュ、センディールは、ふたつの集団で較正バイアスをなくすと同時に、偽陽性と偽陰性の割合をまったく同じにすることは不可能であることを一般的に証明した。[9]この結果は表に入力する数値にかかわらず成り立つが、ひとつだけ特別な例外がある。両集団の基本的な特徴がまったく同じ場合だ。たとえば、フロリダ州ブロワード郡の黒人と白人の被告人で再犯率がまったく同じなら、またはコンピューター・プログラミングを学ぶ男女の数が等しければ、まったくバイアスのないアルゴリズムを作成する望みはある。しかし、私たちの暮らす世界はすべての面で平等なわけではないので、100パーセント公平なアルゴリズムをつくることは期待できない。

公平性に公式などない。公平性とは人間的なものであり、私たちの感じ方の問題だ。あなたが私の広告アルゴリズムを変更したとき、私はそれが正しいと感じた。私は直感的に、表6・2よりも表6・3の広告キャンペーンを選ぶべきだと思う。ある仕事に最適な人材を見つけようと思うなら、女性の応募者よりも男性の応募者が不釣り合いに多くなるような広告を出すのはまちがっていると思う。そして個人的には、プログラミングの仕事にふさわしい女性をうまく見つけられるようなアルゴリズムの開発に時間をかけるのは正しい行為だと思う。たとえ、そのアルゴリズムが男性の適任者を見つけるのには同じくらい優れていないとしても。

また、私はティム・ブレナンやCOMPASアルゴリズムの開発者たちがスコア予測において較正バイアスをなくすことを重視しているのはまちがっているとも感じた。仮に、黒人の人々が高リスクかどうかをより正確に判定できるアルゴリズムをつくれるとしたら、たとえそのアルゴリズムが白人に対しては同じくらい効果的でなくても、私は人種差別だとは思わない。そのアルゴリズムは社会の重大な問題を解決することになるのだから。

プロパブリカのデータセットを調査していて、私は偽陽性の割合の低いアルゴリズムをつくるための興味深い糸口を見つけた。COMPASアルゴリズムをめぐる議論のなかで、ブロワード郡の黒人被告人の再犯率が白人よりも高い根本的な理由に触れている部分はほとんどなかった。答えは単純だ。黒人の被告人は逮捕時の年齢が全般的に低いのだ。[10] そして、一般的に若者のほうが再犯率は高い。[11] なので、ひとつの犯罪で逮捕されたものの再犯のリスクは高くない若者を特定する方法が見つかれば、ほとんどの人は満足するだろう。そのような手法は白人と黒人のあいだで予期せぬ較正バイアスを生み出すだろう。黒人の被告人は白人の被告人よりも若いので、若者に対する精度が高いモデルは、平均的には黒人の被告人に対する精度も高くなる。

私はティムにこんな質問を投げかけてみたかった。たったいちどの愚かな過ちを犯しただけかもしれない黒人の若い男女を刑務所送りにしなくてすむ方法を考える代わりに、アルゴリズムをひたすら較正することは本当にそこまで重要なのか？

私は分析を終えた数日後、なんとかティムへのインタビューを手配することに成功し、私の考えについて感想を求めた。彼はじっと私の意見を聞いたあと、年齢は犯罪歴や薬物使用とともに再犯を予測する最重要要因のひとつだと認めた。その一方で、アメリカでは「憲法によって人種間の公平が求められている」のだと強調した。最高裁判所の判決によると、特定の問題に対して社会的に非常に強い懸念がある場合を除いて、モデルは全集団に対して同程度に正確でなければならない（較正バイアスがないという意味で）。つまり、彼らは精度の改善とこうした要件の順守とのあいだで常に「綱渡り」をしていたのだ。

ティムは、彼のモデルにバイアスが存在しないことは統計的検定によって証明されていると確信しており、この主張を裏づける独立した報告書をいくつか挙げた[12]。彼いわく、プロパブリカの報告書は人々により批評的な考え方をさせるきっかけになったが、その一方で量刑判断に統計的手法を用いることに関する重要な議論から目を逸《そ》らさせる結果にもなった。「量刑を決める裁判官の精度レベルを踏まえると、リスク評価のほうが人間の判断よりもはるかに優れている。特に、黒人の被告人に［不釣り合いな］影響を与えかねない偽陽性という誤りに関していえばね」と彼は語った。

プロパブリカが刑事裁判における量刑アルゴリズムについて研究する前、カリフォルニア大学バークレー校の公共政策大学院のジェン・スキーム教授は、ＰＣＲＡという量刑アルゴリズムを総合的に評価した。彼女は、このアルゴリズムは黒人と白人の被告人に対して同じくらい適切に較正されていて、バイアスがあるとは考えられないと結論づけた。「バイアスをめぐる問題は新しいものではありません」と彼女は言う。「ちょうど今、〝アルゴリズムのバイアス〟に対する怒りが広がっているにすぎないのです」

ジェンはいちばん重要な問題が見落とされていると話す。「その〝バイアス〟は今までの慣行と比べてどうなのか？」。現在彼女が研究しているのはまさしくこの疑問だ。

果たして、この話の善人と悪人は誰なのか？　私はそれを決める難しさを実感しはじめた。アルゴリズムからバイアスを取り除くべきだという私の主張は、私の個人的な経験や価値観に基づいている。仮に私の意見が倫理的に正しいとしても、それは数学的証明のような意味で正しいわけではない。数学が教えてくれたのは、公平性に公式などないということだ。ジェンやティムが、第2章で紹介したジュリア・アングウィン、キャシー・オニール、アミット・ダッタと同じくらい、アルゴリズムを善なる目的に使いたいと願っていたことは明らかだ。全員が正しいことをしようと思っていた。

私たちが正しい行動を見つけるために数学に頼ると、毎回同じ答えが返ってくる。公平性は論理だけでは得られない。数学の歴史には、定義を寄せつけない公平性の問題の例がほかにも山ほどある。ケネス・アローの「不可能性定理」は、3人の政治候補者のなかから、すべての有権者の選好が公平に代弁されるような候補者を選ぶためのシステムは存在しないことを示している。[13]数学的なゲーム理論を用いて公平性を論じているペイトン・ヤングの著書『公平性（*Equity*）』には、著者自身も認めるとおり、「公平性の問題を単純で包括的な解決策へと単純化できない理由を示す例がふんだんにある[14]」。そして、シンシア・ドワークらの2012年の論文「認知を通じた公平性（Fairness through awareness）」は、さまざまな集団に対するアファーマティブ・アクションと個人の公平性とのバランスを取る最善の方法について研究したものだ。[15] ジョン・クラインバーグらのバイアス研究と同じように、著者たちは数学的な考察を行なったところ、合理的な確実性ではなく矛盾に行き着いた。

私は、かつてグーグラーが誇りを持って述べていた「悪をなすなかれ（Don't be evil）」というモットーを思い出した。現在、グーグルはこのモットーを昔ほど頻繁に使っていない。もしかするとグーグルは、確実性を持って悪を避けるための公式など存在しないことに気づいて、このモットーを撤回したのだろうか？

最善を尽くすことはできる。しかし、私たちが正しいことをしているかどうかを確信するすべはないのだ。

第7節　データの錬金術師
――予測の精度は人間とほぼ同じ

ここまで私が話をしてきた研究者や活動家の多くは、ひとつのことを信じて疑わなかった。アルゴリズムは賢く、しかも猛スピードで賢くなっていっている。そして、アルゴリズムは数百次元のなかで思考しながら、大量のデータを処理し、私たちの行動について学んでいっている……。

こうした見方は、将来アルゴリズムが私たちの重要な意思決定を補うようになると考えるCOMPAS開発者のティム・ブレナンのような理想主義者からも、ケンブリッジ・アナリティカについて怒りのブログを書く悲観主義者たちからも、同じくらいよく耳にした。どちら側の人々も、幅広い仕事においてコンピューターがすでに人間を凌駕している、またはもうすぐ凌駕すると信じていた。

アルゴリズムの実現できる内容が劇的に変化しているというイメージは、メディアの世界にも色濃く表われていた。COMPASアルゴリズム、ケンブリッジ・アナリティカ、グーグルやフェイスブックのターゲティング広告の威力に関する報道は、人工知能（AI）の潜在的な危険性を訴えるものばかりだった。

しかし、私がこれまでに発見した内容は別の現実を暴き出した。ケンブリッジ・アナリティカや政治的指向について詳しく調べた結果、私はアルゴリズムの精度に根本的な限界があることを発見した。こうした限界は、人間の行動をモデリングしてきた私自身の実体験とも符合している。私はもう20年以上、応用数学の分野で研究を行ない、回帰モデル、ニューラル・ネットワーク、機械学習、主成分分析など、メディアで注目を集めている手法を駆使してきた。その過程で、私たちの置かれた世界を理解するという点でいえば、数学的モデルはたいてい人間に劣るということに気づいた。

私は数学を用いて世の中の現象を予測することを生業にしているので、私のこの意見は意外に聞こえるかもしれない。本書の執筆と並行して、私はモデルを用いてサッカーの試合を理解し、その結果を予測する会社を運営している。また、数学を用いて人間、アリ、魚、鳥、哺乳動物の集団行動を説明する学術研究グループも率いている。つまり私自身、モデルは役に立つという考え方に深く傾倒しているのだ。そのため、数学の有用性に大きな疑問を差し挟むのは、私の立場上あまりよろしくないだろう。

しかし、常に正直であることは私にとって重要だ。サッカーの研究を通じて、私は一流サッカークラブのスカウトやアナリストとよく会う。いつも驚くのは、私がある選手のチャンス・メイクや試合貢献度に関するデータを伝えると、彼らがそのデータの背景にある理由を直感的に理解するという点だ。たとえば、私が「選手Xは同じポジションの選手Yより34パーセントも多く危険なパスを出している」と言ったとする。

すると、スカウトはこう言うだろう。「よし、守備の貢献度を見てみよう。ほら、選手Yのほうが高い。監督はこの状況で彼にディフェンスを指示している。なのでチャンスをつくり出す機会が減っているのは当然だ」。コンピューターは大量の統計データを集めるのが非常に得意だが、人間はそのデータの背景にある理由を見分けるのが非常に得意なのだ。

私の同僚でサッカー関連の数値処理を手がけるギャリー・ジェレイドは最近、「ゴール期待値」というサッカー分析の中心的なモデルの分析を始めた。ゴール期待値の背景にある統計的概念は信頼性が高い。サッカーのトップ・リーグで打たれた全シュートについて、一連のデータが集められる。シュートが打たれたペナルティ・エリア内または周辺の位置。ヘディングなのかキックなのか。カウンター攻撃の結果なのか、ゆっくりと攻撃を組み立てた結果なのか。シュート時のディフェンスのプレッシャーのレベルなど。これらのデータを使用して、各シュートにゴール期待値を割り当てる。シュートが打たれたのがペナルティ・エリア内の中央で、ストライカーからゴールの正面が見える場合、ゴール期待値は高くなる。斜めの角度やペナルティ・エリア外からのシュートでは、ゴール期待値は低くなる。チームが打つシュートには、0（得点のチャンスなし）から1（確実にゴール）までの値が自動的に割り当てられる。[1]

ゴール期待値は、ロースコアの試合における各チームの戦いぶりを評価できるので便利だ。試合が0対0で終了したとしても、チャンスを多く生み出したチームは総合的にゴール期待値が高くなる。このゴール期待値には予測能力がある。それまでの試合でゴール期待値が高かったチームほど、その後の試合で実際にゴールを決める傾向があるのだ。

ギャリーがこの分析を行なった2017年夏といえば、ちょうどゴール期待値が主要メディアで大きな注目を集めはじめた時期だった。スカイスポーツやBBCはイングランド・プレミアリーグの夏の移籍選手のゴール期待値を発表していた。イギリスの『ガーディアン』『テレグラフ』『タイムズ』の各紙はゴール期待値の概念について説明する記事を報じたし、アメリカのメジャーリーグ・サッカーやナショナル・ウーマンズ・サッカーリーグのホームページにはゴール期待値のデータが広く掲載された。ゴール期待値はチームのパフォーマンスを測る〝客観的〟な方法としてますます認められていた。

ギャリーはゴール期待値を、サッカーのゴール・チャンスの質を評価するより人間的な方法と比較した。スポーツ・パフォーマンス分析会社「オプタ」は、「ビッグ・チャンス」と呼ばれる指標を収集している。ビッグ・チャンス指標は、訓練を受けた人間のオペレーターが試合を観戦し、すべてのシュートをつぶさに観察することによって測定する。ゴールの可能性がかなり高かったと判断すれば、オペレーターはそのシュートを「ビッグ・チャンス」と評価する。たいしたチャンスではなかったと思えば、「ビッグ・チャンスではない」と評価する。ギャリーは「ビッグ・チャンス」と「ゴール期待値」を比較することで、ゴール・チャンスの質を評価する人間とコンピューターの能力を比較することに成功した。[2]

「ビッグ・チャンス」指標の精度を評価する方法はふたつある。ひとつ目は、ゴールはしなかったがオペレーターによって「ビッグ・チャンス」と分類されたシュートの割合を調べるという方法。この値は、第6章で紹介した偽陽性の割合に相当する。偽陽性率は、オペレーターが「ビッグ・チャンス」と分類したシュート・ミスの割合だ。ふたつ目は、「ビッグ・チャンス」と分類されたゴールの割合を調べるという方法。これはオペレーターの予測が的中した「真陽性」の割合だ。「ビッグ・チャンス」に関して、シュート・ミスを予測しそこねていたケース（偽陽性）は7パーセントで、ゴールの予測が的中したケース（真陽性）は53パーセントだった。

ギャリーは、ゴール期待値モデルではこの精度水準は再現できないことを発見した。モデルの調整方法に応じて、偽陽性が減ったり真陽性が増えたりはしたが、ビッグ・チャンス指標の予測能力には敵わなかった。ゴール期待値モデルは大量のデータを用いるが、人間には（今のところ）敵わないのだ。サッカーのパフォーマンス測定アルゴリズムがあると聞くとすごいと思うかもしれないが、訓練を受けたサッカー・ファン（オペレーターはふつうサッカー・マニアのなかから雇われる）がチームの生み出したゴール・チャンスをそのつど記録していくという方法には劣る。

ギャリーいわく、彼はゴール期待値がサッカーの「完璧」なモデルであるという記事を読んで、先ほどの分析を行なうことにしたのだという。このような誇大宣伝は短期的には彼のビジネスにとって利益になるかもしれないが、長期的にはサッカーの統計分析の評判を傷つけるおそれがある。チェルシー、パリ・サンジェルマン、レアル・マドリードといった数々の有名クラブのコンサルタントを務めてきた彼は、少なくとも現時点では、モデルが人間代わりになるというよりは、人間の意思決定を補うと考えている。たとえば、テクノロジーの力を借りて試合中のゴールキーパーを観察し、ポジショニングや動きの訓練を行なうことができる。このアプローチなら実践的で現実的だ。サッカーのあらゆる面において、モデルを活かす方法はあるが、サッカーの「完璧」なモデルなど存在しない。

音楽ストリーミング・サービス会社「スポティファイ」で働くグレン・マクドナルドもまた、自身の仕事に現実的な姿勢で臨んでいるデータ専門家のひとりだ。「タイダル」や「アップル・ミュージック」のようなサービスと競合するスポティファイの目的は、新しい音楽のおすすめや面白いプレイリストの作成といった機能で競合サービスを出し抜くことだ。そのために、スポティファイは私たちの音楽鑑賞のパターンを分析している。「ソング・ラジオ」からあなた専用のプレイリストまで、スポティファイのおすすめ機能では、グレンらの開発した音楽ジャンル・システムが使われている。

スポティファイのジャンル・システムは、すべての曲を13次元内の点として位置づけ、近くにある点どうしを同じジャンルとしてグループ化する。これらの次元には、「ラウドネス（音量）」や「1分間あたりの拍子数」のような客観的な音楽の性質もあれば、エネルギー、悲しさ、踊れるかどうかといったより主観的で感情的な性質もある。後半の主観的な測定データは、人間が何組もの曲を実際に聴き、どちらのほうが悲しいか、踊れるかを判断していくことによって構築される。アルゴリズムはそのちがいを学習し、ほかの曲を適切に分類していく。

グレンは対話型の視覚化ツール「エブリー・ノイズ・アット・ワンス」（＝すべての音を同時に）を開発した。このツールはスポティファイの全１５３６種類の音楽ジャンルを2次元のクラウド内に表示したものだ。いちばん下の「ディープ・オペラ」からいちばん上の「リ・テクノ」、いちばん左の「ヴァイキング・メタル」からいちばん右の「アフリカン・パーカッション」まで、似たようなジャンルが近くにまとめられる形で、ありとあらゆる音楽が配置されている。これは世界の音楽的遺産の大部分をとてもわかりやすい形で確認できるすばらしい技術の進歩だ。

グレンと初めて話したのは、私が『エコノミスト』系列の『１８４３』誌の記事の執筆依頼を受けたときだった。インタビューの前、私はスポティファイのおすすめ機能に関する感想を彼に伝えるのが少し不安だった。というのも、私は新しい音楽を見つける「ディスカバー・ウィークリー」サービスをときどき使っていたのだが、しょっちゅうイライラさせられていたのだ。私は淋しげな曲が好きなのだが、スポティファイのおすすめ曲を聴いても、私の好きな曲を聴いたときと同じような気持ちにはならなかった。むしろ、おすすめされた曲の多くはただ退屈なだけだった。多くのスポティファイ・ユーザーが同じような不満の声をあげている。スポティファイのおすすめ曲は本当に好きな曲を薄めたようなものばかりだ、と。

私はグレンに、おすすめされた曲をいくら聴いてみてもめったにピンと来るものがないと正直に打ち明けた。私は彼が少しがっかりした反応を見せると思っていたのだが、むしろ彼は自分のアルゴリズムの限界を堂々と認めた。「個々のユーザーと楽曲との心の結びつきをとらえることはムリだろう」と彼は言った。

グレンいわく、スポティファイのプレイリストはパーティーでの選曲にぴったりなのだという。「あれは集団的なアルゴリズムなんだ」と彼は言う。「社交的な場面のためのプレイリストづくりという点では、かなりうまくいっている。実際、スキップされる曲の数は少ない。だが、ユーザー個人のために新しい曲を提案しようとすると、10曲に1曲でも気に入ってくれれば万々歳だ」。確かに彼の言うとおりだ。妻と私で家に友達を招いたとき、私たちはスポティファイの一般的なプレイリストをよくかける。そうすれば選曲で揉めることもないし、どんな曲がかかるのか楽しみでもある。

グレンの説明によると、楽曲の提案プロセスは純粋科学とは程遠いのだという。「私の仕事の半分は、コンピューターの出したどの答えが理に適っているかを調べることなんだ」。グレンは自身の肩書きを選ぶにあたって、「データ科学者」ではなく「データ錬金術師」という呼び名を採用した。彼は音楽のスタイルに関する抽象的な真実を探すことではなく、みんなの納得できる分類を提供することが自分の仕事だと思っている。そのためには、人間とコンピューターが力を合わせる必要がある。

「エブリー・ノイズ・アット・ワンス」の途方もない規模を考えると、私はグレンの謙虚さに感動を覚えた。私がそれまでに話をしてきた多くのデータ科学者と同じで、彼もまた非常に高次元の空間をうまく渡り歩くのが自分の仕事だと考えていた。しかし、私たちの心のなかに一人ひとり異なる未知の次元が存在することをあれだけ堂々と認めたのは、彼が初めてだった。私たちが初めてときめいた曲。初めて車を運転したときにかけた曲。自分の人生について何かを気づかせてくれる曲。ＬＧＢＴや人種差別に対する考え方が変わった曲。彼はそういう曲を聴いたときに湧き上がる感情についてとつとつと語り、こうした次元が論理で説明できないものであることを認めた。

データの錬金術という概念は、現代のデジタル・マーケティングの仕組みを見事にとらえている。グレンにインタビューした直後、私は「ＴＵＩノルディック」でブランドおよびパフォーマンス部門を率いるヨーアン・イドリングに話を聞いた。ＴＵＩグループは数千の旅行代理店やオンライン・ポータル、数百の航空機やホテルを所有し、２０００万人もの顧客を抱えている。彼の仕事は、自社が収集した顧客データやフェイスブックなどのソーシャル・メディア・サイトから取りこんだデータを最大限に活用することだ。

彼は「賢いフリをする」のが自分の業務なのだと説明した。彼のチームは特定のターゲット・グループに対してマーケティングを行なうための4つか5つのアプローチを考案し、試験的に実行する。そして、あるアプローチがうまくいっているようであれば、それをもっと大規模に展開するのだ。

もっともシンプルなアイデアがいちばんうまくいくことが多い。たとえば、ある顧客が2回連続でスペインでの休暇を予約したとすれば、ヨーアンのチームはいつもその顧客が次の夏休みの予約を取る時期の直前に、その顧客のフェイスブック・フィードに広告を表示する。その広告は顧客がまだいちども行ったことのないポルトガルをすすめるかもしれない。すると、その顧客はフェイスブックに心を読まれている気がして気味が悪くなる。つい先日、友達と話をしていたポルトガルのアルガルヴェの広告がいきなり画面上に現われたからだ。実は、その裏には単純な統計のカラクリが潜んでいる。データ錬金術師たちは、人々が一般的に休暇先を予約する時期を割り出し、スペイン旅行とポルトガル旅行とのあいだに関連性を見出しただけの話なのだ。

ほとんどの人は、フェイスブックやグーグルに心を読まれているような感覚を体験したことがあるだろう。私の息子はある日の夕食前、ユーチューブで大好きなサンドイッチの広告を連続で見せられた。たぶん、この世でいちばん健康に悪そうな食べ物だ。最近、私の妻は近所の店で初めてあるブランドのチョコレートを購入した。すると突然、妻のフェイスブック・フィードにそのブランドの広告が表示されはじめた。

ターゲティング広告を経験した私の家族や友達が、あれこれと憶測を並べるのをよく聞く。インターネットはどうやって私たちを監視しているのだろう？　メッセンジャー・アプリが私たちのプライベートなメッセージをどこかに販売しているのでは？　ｉＰｈｏｎｅが会話を記録しているのだろうか？

企業がプライベートなメッセージを悪用しているという陰謀論は、おそらく正しくない。より説得力があるのは、データ錬金術師たちが私たちの行動に統計的な関係性を見つけ出し、その関係性をもとにターゲティングを行なっているという説明だろう。「マインクラフト」や「オーバーウォッチ」のプレイ動画を観る子どもは、夜にサンドイッチをつまむ可能性が高い。私の妻は、もともとフェイスブックでそのチョコレート・ブランドの広告を見ていたのに、買うまでは気に留めていなかったのだろう。

もうひとつ、〝気味の悪い〟広告の元凶となっているのがリターゲティングという手法だ。私たちはアルガルヴェ旅行についてネットで検索したことをつい忘れてしまう。しかし、ウェブ・ブラウザーはその情報を記録していて、ＴＵＩに流す。その結果、ＴＵＩの一流ホテルの部屋の広告が目の前に表示されるというわけだ。

日々、私たちは大量の広告を目にし、スマホやパソコンを見つめることに膨大な時間を割いている。その結果、ときどき広告に心を読まれている気分になる。

実のところ、賢いのはアルゴリズムではない。自分自身の顧客理解とデータを結びつけている錬金術師たちだ。ヨーアンらのアプローチは、時に10倍もの売上増をもたらすという点では確かに賢いのだが、明確に定義された科学的方法論に従っているわけではない。彼らのアプローチには厳密さが欠けている。ヨーアンいわく、仮に10年がかりで顧客の詳細なモデルを研究している非常に賢いデータ科学者がいるとしても、そこまでするだけの価値があるかどうかはわからないという。「私たちのアプローチは大人数を相手にしなければならない。データに少人数の特殊な集団をターゲットにできるほどの信頼性があるとはいえない」

ギャリー、グレン、ヨーアンの話を聞いていて、人々を正確に分類するアルゴリズムが実現するのはまだまだ先の話だということがわかった。経験則からいえば、アルゴリズムは人間ほど私たちの行動について正確な予測ができるわけではない。アルゴリズムは、その限界を理解している人々が利用してこそ最高の力を発揮するのだ。

まさにこの結論に達しようとしていたころ、私はＣＯＭＰＡＳアルゴリズムについて別の事実を知った。それは私自身の手では明かせそうにもなかった事実だ。

私が本書の執筆で忙しくしていたころ、ニューハンプシャー州のダートマス大学でコンピューター科学を学ぶ大学生のジュリア・ドレッセルが、注目すべき卒業論文を発表していた。彼女もまた、独自の視点から再犯予測モデルを調べていた。彼女はアルゴリズムの精度を人間のそれと比較しようと考えた。

人間とアルゴリズムを比較するため、ジュリアはプロパブリカが入手したフロリダ州ブロワード郡の犯罪者データを利用した。彼女は犯罪者の性別、年齢、人種、前科、告訴の内容を用いて、その犯罪者に関する標準的な説明文をつくった。それは次のような形式だった。

被告人は［年齢］歳の［人種］［性別］であり、［告訴の内容］の罪で告発されている。この犯罪は［犯罪の等級］と分類されている。被告人には［前科の件数］件の前科があり、青少年時に［青少年時の重犯罪の件数］件の重犯罪、［青少年時の軽犯罪の件数］件の軽犯罪を犯した記録がある。

各変数（人種、性別など）には、ブロワード郡のデータベースの内容をそのまま挿入した。これが被告人の説明文にある情報のすべてだった。犯罪者の心理検査、過去の犯罪の統計分析、面接は実施されなかった。ジュリアの疑問とは、この短い説明文から、法律の知識を持たない人々でも再犯を予測できるかどうかというものだった。

ジュリアは自身の仮説を検証するため、アレックス・コーガンと同じ研究ツールに目を向けた。メカニカル・タークだ。彼女はアメリカに居住するメカニカル・タークのユーザーに、50人の被告人の説明文を1ドルで評価してもらった。回答者たちは被告人の説明文を見せられたあと、「この人物は2年以内に再犯すると思いますか？」とたずねられ、「はい」または「いいえ」で回答した。事前に、回答者たちは65パーセント以上正解したら5ドルのボーナスをもらえると告げられた。これはなるべく正確な予測を立てようというささやかなモチベーションとなった。

メカニカル・タークの回答者の半数近くが必要な正解率を上回り、ボーナスを獲得した。平均すると正解率は63パーセントで、半数弱の回答者が5ドルのボーナスを受け取った。

より重要なのは、彼らの成績がアルゴリズムより大きく劣っていなかったという点だ。[3] つまり、人間とアルゴリズムのふたつの手法は区別がつかなかったのだ。

これは量刑にアルゴリズムを用いるべきだと主張する人々にとって、考えさせられる結果だ。徹底的なデータ収集、犯罪者の長時間のインタビュー、主成分分析や回帰モデルの駆使、裁判官にアルゴリズムの使用法を訓練するのにかかる膨大な時間や150ページにもおよぶ運用マニュアルの執筆……。これだけの手間をかけても、その精度はインターネットから無作為に集められた人々とたいして変わらないわけだから。回答者がどういう人々であれ、彼らについてひとつだけ確実にわかっていることがある。たった1ドルの報酬で再犯予想ゲームを喜んで引き受けるくらい時間を持て余している人たちということだ。アマチュア集団がアルゴリズムを破ったのだ。

ジュリアはなぜこのような研究をしようと思ったのか？　アルゴリズムが実にさまざまな形で抑圧を助長していることに驚いたからだ。「人間は、テクノロジーが客観的で公正なものだと決めつけがちです。ですから、テクノロジーが公正でないケースがいちばん危険なのです」と彼女は語った。

ジュリアの研究プロジェクトの最初のきっかけとなったのは、COMPASアルゴリズムの人種的なバイアスに関する報告書だった。彼女は、人間にアルゴリズムと同じバイアスがあるかどうかを調べたいと考えた。この点に関していえば、アルゴリズムは公正であるというティム・ブレナンの主張が裏づけられた。メカニカル・タークの回答者たちは、人種を見せられた場合と見せられなかった場合とで同じ量刑判断を下した。しかも、その判断の精度はほぼあらゆる面でＣＯＭＰＡＳアルゴリズムと一致した。したがって、ＣＯＭＰＡＳはメカニカル・タークの回答者より人種差別的というわけでも、その逆でもなかった。

いや、もう少し正確にいえば、ＣＯＭＰＡＳは人間より人種差別的ではなかったものの、その精度がとりわけ高いわけではなかった。ジュリアは主な研究結果をとても簡潔にこうまとめた。「要するに、再犯の予測に広く使われている大手の商用ソフトウェアは、刑事司法の専門知識をほとんど持たないオンライン・アンケートの回答者の予測と比べて、正確でも公正でもないということです」。私も同意見だった。私自身でデータを調べた結果、年齢と前科の数のみに基づくモデルの精度レベルは、ＣＯＭＰＡＳと大差なかった。[4] おそらく、メカニカル・タークの回答者はこれらの要因にしたがって判断を下していたのだろう。

もちろん、人間の行動や性格の測定に使われているアルゴリズムをすべて体系的にテストすることはできない。単純にその時間がないからだ。しかし、私がもう少し詳しく調査したことのあるサッカーのゴール数、音楽の嗜好、犯罪や政治的指向の予測といったモデルに関していえば、結果はみな同じだった。アルゴリズムは、同じ仕事を与えられた人間の精度に追いつくだけで精一杯なのだ。

だからといって、アルゴリズムが無用の長物だということにはならない。精度ではせいぜい人間と同レベルだとしても、アルゴリズムにはスピードという圧倒的な武器がある。スポティファイには億単位のユーザーがおり、人間のオペレーターが一人ひとりの音楽的嗜好を評価するのはとんでもない費用がかかる。TUIのデータ錬金術師たちは、アルゴリズムを用いて各ユーザーにぴったりの夏の休暇先の広告を表示している。

アルゴリズムの精度が人間と同水準だとしたら、勝つのは同じ時間で人間よりもずっと高速にデータを処理できるアルゴリズムのほうだ。つまり、完璧とは程遠いとはいえ、モデルはまちがいなく役立つ。

しかし、被告人の再犯傾向の予測に用いる場合、アルゴリズムの利用を拡大するべきだという主張は説得力に乏しくなる。COMPASに必要なデータの収集は複雑でお金がかかるうえ、アルゴリズムによって処理される事件の数は比較的少ないので、人間を機械で置き換えるべきだという主張は正当化しにくい。また、アルゴリズムの持つ侵害性や個人のプライバシーの権利についても大きな疑問が残る。メカニカル・タークの実験では、回答者は被告人に関する公開情報だけで、アルゴリズムと同じくらい正確な判断ができた。長々とした面接や評価のプロセスは、多くの被告人の尊厳を傷つけるものだが、再犯率の予測という点ではそれに見合うだけのメリットもなさそうだ。

それまで話を聞いた人々のなかで、私がいちばん感銘を受けたのはジュリアだった。彼女はグーグル、スポティファイ、TUIのようなグローバル企業で働いていたわけではない。ケンブリッジ大学やスタンフォード大学のような学術機関で教授を務めていたわけでもなければ、プロパブリカや『ガーディアン』のような大手メディアの支援を受けていたわけでもない。彼女は世の中の構造に疑問を持つひとりの大学生として、短い時間で驚くべき成果をあげた。私たちをアルゴリズムの幻想から救えるとしたら、それはジュリアのような人たちなのだ。

パートⅡ　あなたを操るアルゴリズム

第8章　ネイト・シルバーと一般人との対決

――選挙予測の精度と、投票への影響

更新、更新、また更新……。2016年のアメリカ大統領選挙の投票が始まると、政治予測サイト「ファイブサーティエイト」には1時間に数千万件のアクセスが集中した。アメリカの有権者、そして世界じゅうの人々が、ヒラリー・クリントンとドナルド・トランプのアメリカ次期大統領になる確率を見守るため、ブラウザーを更新しつづけた。小数点第1位まで表示されるクリントン勝利の確率は、64・7パーセント、65・1パーセント、71・4パーセントと、毎日刻々と変化していった。クリントンの当選確率は、最低が第1回大統領選挙討論会の前の54・6パーセントで、第3回大統領選挙討論会の直後に85・3パーセントまで上がったあと、最終的には71・8パーセントに落ち着いた。数値の更新が止まると、アメリカ国民は投票に出かけた。

選挙予測の小数点の数値を更新したとき、ファイブサーティエイトの訪問者たちが何を期待していたのかはわからない。私もそのひとりだったが、今でも何を求めていたのかはわからない。ある種の確実性だろうか。

翌朝、不確実性はすべて消え去った。当選確率はトランプが100パーセント、クリントンが0パーセント。もはや小数点はなくなった。その必要もなかった。選挙は穴馬が勝利し、本命馬が敗れたのである。

それは史上初の予測ミスではないし、史上最大のミスでもない。おそらく、近年で最悪の世論調査の誤りといえば、2015年のイギリス総選挙の直前の予測だろう。投票前日、『ガーディアン』紙のモデルは、保守党と労働党が五分五分だと予測した。翌朝、保守党党首のデイヴィッド・キャメロンでさえ議会で過半数を得たことに目を疑ったようだった。

イギリスの次の国民的な投票は、イギリスのEU離脱の是非を問うものだった。接戦ではあったが、最終結果は大方の予想に反して「離脱」となった。2017年のイギリス総選挙を迎えると、世論調査の専門家たちは予測の発表のしかたで迷っていた。投票の10日前、市場調査会社「ユーガブ」のモデルは、保守党が前回選挙から得票率を大きく落とすと予測した。ユーガブのモデルはほかの主要な世論調査の結果と食いちがっており、『タイムズ』の第1面に自社の予測を大きく発表して大炎上すると、ユーガブは当日の選挙結果について一抹の不安があることを認めた。[1] そういうわけで、ユーガブの予測が的中し、両党とも過半数割れという結果が出ても、多くの人は完全なる成功とは見なかった。モデルの開発者は選挙結果を予測できない、小数点はなんの意味も持たない、という認識がますます広まっていた。

こうした逆風が吹く前の10年間で、選挙の統計モデルはますます一般的になった。新聞社が世論調査の結果を報じる時代から、ネイト・シルバーの運営する「ファイブサーティエイト」や『ニューヨーク・タイムズ』の「アップショット」のようなオンライン政治サイトが選挙結果を確率的に予測する時代へと変化した。これまで見てきたように、アルゴリズムは白か黒かの2通りではなく確率で物事を考える。投票の予測も例外ではない。ある人物が確実に犯罪を行なうとか、次の夏休みにポルトガル旅行をすると断定できる合理的なアルゴリズムは存在しないのと同じで、たとえ左派寄りのハフィントン・ポストのために設計されたものだとしても、クリントンが勝つと100パーセント確実に断定できるアルゴリズムなど存在しない。

このような世論調査に基づく予測モデルの開発者にとって厄介なのは、私たち人間が常に確率的な予測を「イエス」または「ノー」、「離脱」または「残留」、「トランプ」または「クリントン」の二者択一に置き換えてしまうという点だ。私たちの怠惰な脳は確実性を愛してやまない。2012年のアメリカ大統領選挙で、ネイト・シルバーのモデルがすべての州の結果を言い当てると、さまざまなブログやソーシャル・メディアが彼を天才ともてはやした。たとえば、『ガーディアン』は彼のことを「予言を的中させた男」と評した。ところが数年後、トランプが共和党の指名候補になる確率は5パーセントだと彼が予測すると、『ガーディアン』は彼が「大はずれ」をしでかしたと評した。そして、2016年の大統領選挙でファイブサーティエイトがクリントンの当選確率を71・8パーセントと予測すると、ソーシャル・メディアは彼の手法への批判で埋め尽くされた。「統計専門家たちにとって嵐の夜」と『ニューヨーク・タイムズ』のコラムニストは記し、あたかもネイトが何もわかっていない統計専門家のひとりであるかのごとくほのめかした。

私たちは英雄と悪者、天才と愚か者というように、物事を確率というグレイな領域ではなく、白黒でとらえるのが大好きだ。世論調査の隆盛と凋落も例外ではない。

まず、いくつか誤解を解いておこう。こうした数ある失敗にもかかわらず、選挙結果の予測に用いられたモデルはコイン投げよりはずっと精度が高い。ブレグジットやトランプは大半のモデルで勝率50パーセント未満と予測されたが、このような大幅な予測ミスは法則というよりも例外だ。大半のケースでは、世論調査やそれをもとにしたモデルは、実際の最終結果を反映した確率を弾き出している。事実、28・2パーセントというトランプ勝利の確率は、決して小さくはない。私が4面サイコロを使ったゲームでサイコロを振り、たまたま4の目を出したからといって、怪しむ人はいないだろう。実際には、世論調査の頻度が多く厳密であればあるほど、正確な予測が出るという証拠がある。図8・1は、過去80年間のアメリカ選挙の世論調査の正確性を示したものだ。2016年の誤差からは、予測精度が落ちているという兆候はまったくうかがえない。

現代の選挙予測の背後には、信頼性の高い確固たる方法論がある。予測専門家は、図8・2のように、選挙結果を確率分布と呼ばれる釣鐘型の曲線として考える。曲線の頂点はもっとも起こる確率の高い選挙結果、曲線の幅はその結果に関する不確実性を示している。非常に幅の狭い曲線は確実性がかなり高いこと、幅の広い曲線は不確実性がかなり高いことを示す。

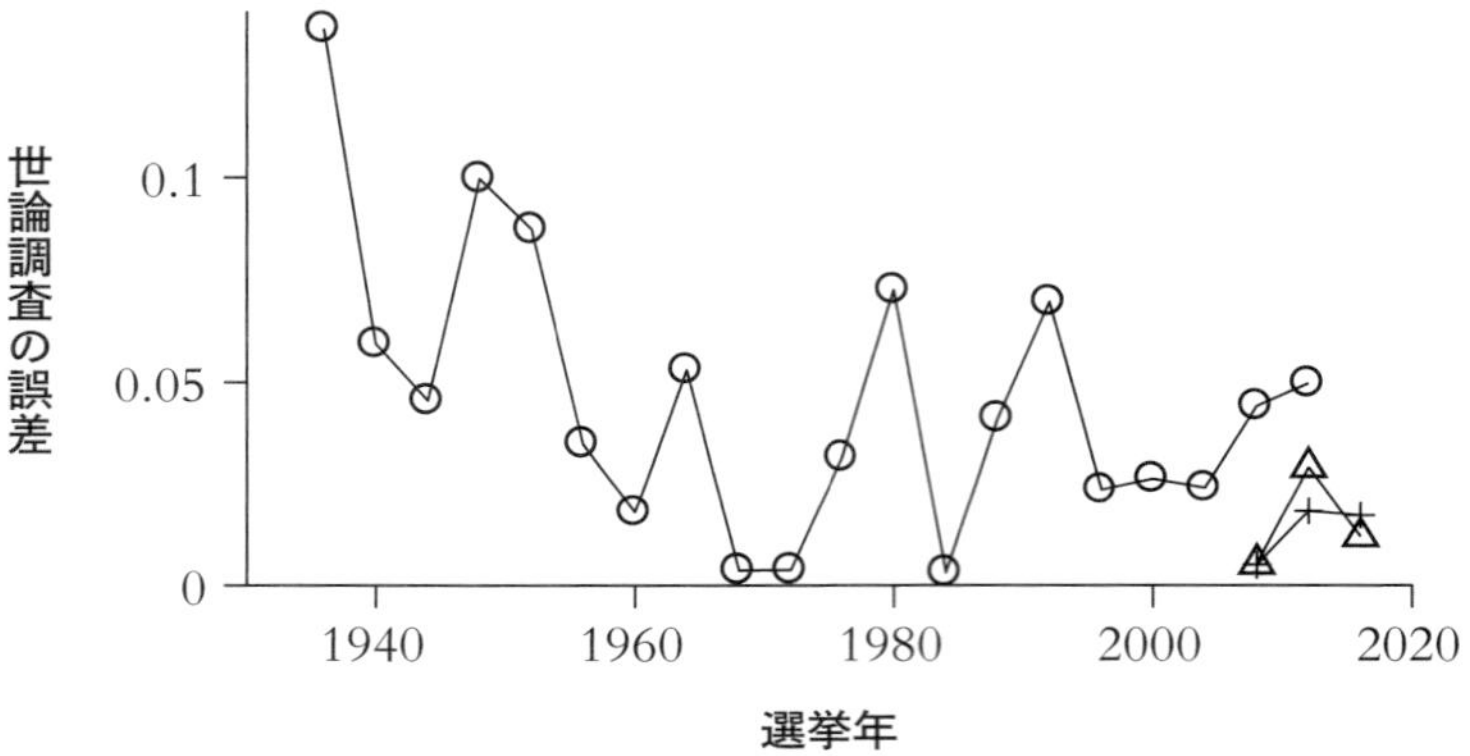

図8.1　アメリカ大統領選挙の一般投票に関する世論調査の予測と実際の結果との誤差（二大政党への投票総数に対する割合）。○はギャラップの世論調査、△はリアルクリアポリティクスの世論調査、＋はファイブサーティエイトの世論調査。

この曲線の形状は、新しいデータと照らしあわせて絶えず更新される。その様子を示したのが、図8・2の3つの曲線だ。最初、どちらの候補者がリードしているかは不明瞭だが、世論調査からクリントンがトランプに対して＋1ポイント優勢だと推定したとする。この考えは、図8・2aのように、クリントン側の＋1の点を中心とするやや広めの釣鐘曲線で表わすことができる。

世論調査における＋1ポイントのリードとは、有権者の50・5パーセントがクリントン、49・5パーセントがトランプに投票すると言っていることを意味する。この50・5と49・5という数字は、各候補者の勝利の確率そのものではない。しかし、曲線の下側部分の面積を用いれば、その日に選挙が行なわれた場合にトランプまたはクリントンが勝利する確率を計算できる。この場合、曲線の下側部分の面積の42パーセントがトランプ側、58

パーセントがクリントン側にある。よって、クリントンが優勢だと考えられるものの、トランプが勝利する確率も少なからずある。

ここで、ある世論調査でトランプが全国的に＋1ポイント優勢だという結果が出たとしよう。考えられる原因はいくつかある。ひとつ目は、トランプが実際にリードしていて、現在の曲線の中心位置がまちがっているというケース。ふたつ目は、トランプはまだ劣勢なのだが、世論調査の回答者にたまたまトランプ支持者が不釣り合いなほど多かったというケース。どんなに優れた世論調査にも、必ず不確実性がある。世論調査の対象となるのはアメリカ国民のごく一部だし、投票先を決めかねている人々もいるからだ。この不確実性を予測に反映させるには、曲線の中心を右側のトランプ優勢の方向へと動かし、幅を広げる（図8・2b）。2016年9月26日に、A^+の格づけを持つ「セルザー&カンパニー」の世論調査でトランプやや優勢という結果が出ると、ファイブサーティエイトのモデルにこれと似たようなことが起きた。当時、ファイブサーティエイトはクリントンの勝率を58パーセントと見積もっていた。セルザーの世論調査の結果を受けて、ファイブサーティエイトはモデルを更新し、クリントンの勝率を52パーセントに修正した。

その後の数週間、ほとんどの世論調査でクリントンがわずかに優勢という結果が出たため、曲線は左側へと移動し、少しだけ幅が狭まった。やがて、クリントンの当選確率は70パーセント台中盤までじりじりと上昇していった。この時点まで来ると、釣鐘曲線の形状は図8・2cのような感じになるだろう。

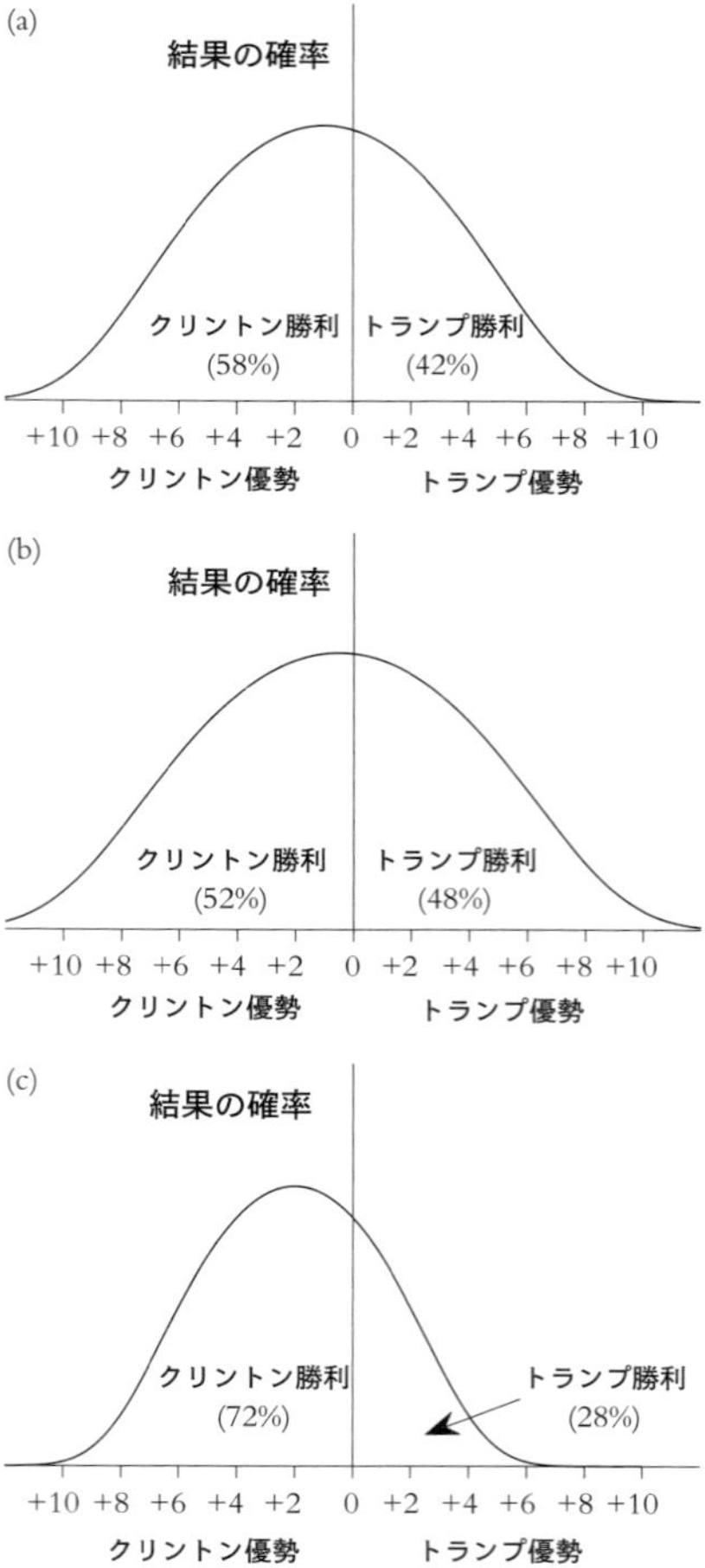

図8.2a-c　選挙結果の釣鐘型の確率分布の３つの例。曲線の高さはそれぞれの結果が起こる確率に比例する（単位はなし）。曲線の下側部分の面積は、軸の左側がクリントンの勝利する全体的な確率、右側がトランプの勝利する確率を示す。曲線はあくまでも解説用であり、実際の世論調査データに基づくものではない。

確率分布を用いたアプローチでは、予測にまつわる不確実性をすべて細かく記録する必要がある。ネイトのチームは政治世論調査会社の完全なリストをつくり、その質を上は「A+」から下は「C−」までで格づけした。これに加えて、データの捏造や非倫理的な活動が疑われる世論調査は「F」と分類された。各世論調査はこの格づけや新しさに基づいて重みづけされる。ファイブサーティエイトは世論調査の効力が保たれる期間を割り出し、回帰モデルを使用して全国的な世論調査に各州の意見がどう反映されるかを予測する。そのデータをすべて集計し終えると、ファイブサーティエイトのチームはさまざまな潜在的誤差を考慮して選挙をシミュレーションし、釣鐘曲線を修正する。

　選挙の直前に多くの人々が更新していた最終的な予測値は、リードしている候補者の曲線の下側部分の面積によって表わされる。

　このアプローチの背後にある厳密な思考や、各世論調査の重みづけに費やされた労力を考えれば、ネイトが2016年の大統領選挙後の否定的な報道に噛みついたのもムリはないだろう。彼はファイブサーティエイトのウェブサイトに次々と記事を載せ、メディアへの反論を繰り広げた。彼の怒りの最大の矛先は『ニューヨーク・タイムズ』へと向けられた。投票前の数週間、同紙は選挙人団制度の複雑さを踏まえるとクリントンのリードが微々たるものであることを理解していなかった。同紙の記者は、世論調査で数パーセントを失ったとしても、「民主党の圧倒的勝利がなくなるだけで、勝利そのものは決定的だろう」と記した。[2] その記者の頭のなかでは、クリントンの勝利は保証されたも同然だった。唯一の問題はどれくらいの差をつけて勝つかだったのだ。この記者の推論はナンセンスだ。図8・2の確率分布は、最終的なシナリオについてありとあらゆる可能性を示している。ある候補者が、クリントンのように勝率72パーセントのリードを保っていたとしても、クリントンの圧倒的勝利やトランプの勝利も含め、さまざまな結果がありうる。根底にある確率について論じずに、ひとつの結果だけを強調してもまるで意味がない。

クリントンが勝利を逃すと、『ニューヨーク・タイムズ』は「データはいかにして選挙予測で私たちを裏切ったのか」という見出しの記事を掲載し、統計専門家は大荒れの夜を過ごしたと報じた。[3]『ニューヨーク・タイムズ』は、自社のモデル（クリントンの勝率を91パーセントと予測した「アップショット」モデル）とネイト・シルバーのファイブサーティエイトのアプローチの両方に潜む問題点を挙げ連ね、不確実性を考慮しそこねた統計専門家たちを批判した。ネイトにとってこの記事は、メディアが確率的推論に基づいた合理的な記事を書くことを苦手としているというひとつの例にすぎなかった。[4]

ファイブサーティエイトの過去10年間の進化を調べていて驚いたのは、ファイブサーティエイトが数学的モデルの限界について強力な事例研究を提供しているという点だ。権力のある地位へと押し上げられたネイト・シルバーは、豊富な財源を元手に（ファイブサーティエイトは大手テレビ局のESPNが所有）、信頼性の高い大量のデータに基づく高度なモデルを構築してきた。彼の著書『シグナル&ノイズ』を読むと、彼が知的で分別があり、予測の仕組みについて深く考えてきた人物だということがわかる。彼は数学を知っていて、データと実世界との関係についてきちんと理解している。優れた選挙モデルを開発できる人物がいるとすれば、彼を置いてほかにいないだろう。

人間の行動の分析に関していえば、本書でこれまで見てきたアルゴリズムはせいぜい人間と五十歩百歩だった。ジュリア・ドレッセルの実験に参加したメカニカル・タークの回答者たちは、最先端のアルゴリズムと同水準の精度で、しかもずっと少ないデータから、再犯の確率を予測できた。フェイスブックの「いいね！」に基づく性格モデルは、私たち一人ひとりを〝理解〟するというレベルにはまだまだ達していないし、スポティファイは少なくとも私たちの友人と同じくらい的確なおすすめ曲を提案するのに四苦八苦している。

では、ファイブサーティエイトのモデルにも同じような限界があるのだろうか？　ネイト・シルバーの握る予算を踏まえれば、ファイブサーティエイトは文句なしのアルゴリズム予測のヘビー級チャンピオンだ。私は人間がファイブサーティエイトに太刀打ちできるのかどうかを確かめてみたかった。果たして人間はネイトのモデルと互角に戦えるのか？　そして、あわよくば勝つことができるのだろうか？

アメリカ大統領予備選挙の最中、アメリカを拠点とする雑誌『ＣＡＦＥ』が、「政治ジャーナリズムの世界で30年間の経験」を持つカール・ディグラーという評論家を雇った。彼は「直感と経験」だけを頼りに選挙結果を予測した。彼の腕は確かだったようで、スーパー・チューズデー

（決戦の火曜日）に行なわれた22の選挙のうち20の予想を的中させた。[5]彼の予測がずばずばと的中しつづけると、彼はネイトに選挙結果予想の真っ向勝負を挑んだ。ネイトは相手にしなかったが、それでもディグラーは引き下がらなかった。予備選挙が終わるまでに、ディグラーはファイブサーティエイトと同水準の89パーセントの予測を的中させていた。それだけでなく、彼はネイトのサイトの2倍もの数の選挙戦について予測を立てた。カール・ディグラーはアメリカ大統領予備選挙の結果予測の名人だった。

　カール・ディグラーの予測は本物だったが、彼本人はちがった。彼は架空の人物なのだ。ディグラーのコラムを書いたのは、ふたりのジャーナリスト、フェリックス・ビーダーマンとヴァージル・テキサスだった。ふたりは直感で予測を立てた。当初の目的は、ディグラーのように自信満々で偉そうなことを言う政治評論家たちを風刺することだったが、予測が当たりはじめると、ネイトに牙を剝《む》いた。選挙後、ヴァージルは人々を惑わすようなファイブサーティエイトの性質を批判する意見記事を『ワシントン・ポスト』紙に寄稿した。彼は検証ができず「反証可能」でない予測を立てているとしてネイトを批判した。また、ファイブサーティエイトが確率という概念を使ってリスク回避を行なっていることも批判した。

　ディグラーの成功を持ち出してネイトの手法を批判するのは、的外れもいいところだ。ネイトのモデルが反証可能でないというのは、単純にまちがっている。検証は可能だし、事実このあとの数ページで検証するつもりだ。実際、『ワシントン・ポスト』紙に発表されたヴァージルの記事には、心理学者が「選択バイアス」、そして金融界の巨匠ナシーム・タレブが「ランダム性にだまされる」と呼んでいる重大な要素が含まれている。ヴァージルの話が新聞記事になったのは、ディグラーの予測がたまたま的中したからだ。予測に失敗したほかの評論家たち（架空か実在かを問わず）は無視されていた。ディグラーがこれほど多くの予測を的中させたという事実自体は面白いが、風刺の世界から足を踏み出したとたん、まったく妥当な議論ではなくなってしまう。

専門家やメディアの評論家と呼ばれる人々の予測は、幅広く研究され、単純な統計モデルとの比較がなされている。ペンシルベニア大学ウォートン・スクールの心理学教授のフィリップ・テトロックは、1990年代と2000年代の大部分を専門家の予測精度の研究に費やした。彼はこの期間のもっとも顕著な研究結果をたった一文でまとめた。「平均的な専門家の予測の正確さは、チンパンジーが投げるダーツとだいたい同じぐらいである」[6]。カール・ディグラーのように直感で判断する人々は、長期的に見ればコイン投げに勝てない。ヴァージル・テキサスのように、データをじっくりと吟味してから予測を立てる人々も、「直前と同じ変化率が続くものとして予測する」とか現状維持を予測するといった単純な統計的アルゴリズムとさほど変わらない精度であることが多い。

つまり、カールもヴァージルも、ファイブサーティエイトのアルゴリズムを真に脅かす存在とはいえないのだ。

しかし、〝専門家〟はたいてい失敗するという結論がフィリップ・テトロックの研究の終点ではない。続けて、彼は政治、経済、社会の出来事をかなりの精度で予測できる一握りの人々について研究した。彼はそういう人々を「超予測者」と呼び、次々と見つけ出した。彼らは職業も地位もばらばらだったが、ひとつだけ共通点があった。情報を収集し、重みづけしていくことで、将来の出来事の発生確率の推定を少しずつ磨いていったのだ。超予測者たちは新しい情報に応じて予測をじっくりと調整していた。彼らは頭のなかで釣鐘曲線を描き、確率的推論を用いていたのだ。

２０１６年の大統領選挙の直前、超予測者たちは予測を立てた。彼ら全体の予測精度はファイブサーティエイトとほぼ同じだった。全員の予測の平均を取ると、トランプの勝利する確率は24パーセントと推定された。[7] これはファイブサーティエイトの推定した28パーセントと近い数字だ。クリントンが１００パーセント勝利すると予測したカール・ディグラーとは異なり、ネイト・シルバーや超予測者たちは予測を分散させた。そして、それはもっともなことだ。

超予測者たちはアメリカの各州について個々に予測を立てなかったので、ファイブサーティエイトの予測と完璧に比較するのは難しかった。そこで私は、私の研究グループに所属するアレックス・ショルコフシュキーと共同で、人間の手による別の予測手法の精度が全50州でどの程度だったかを調べた。

「プレディクトイット」は、ニュージーランドのヴィクトリア大学ウェリントン校が運営するオンライン市場だ。プレディクトイットのメンバーは、「２０１６年の大統領選挙においてオハイオ州を制する党は?」「7月6日正午から7月13日正午までに、@realDonaldTrumpのツイートに何回〝CNN〟という単語が出てくるか?」といった政治的出来事を対象に、少額の賭けを行なうことができる。それぞれの出来事に対するベットは、ユーザーどうしで直接売買でき、価格はその出来事の発生確率に応じて変動する。たとえば、トランプがその週にCNNについて6回以上ツイートするという出来事の市場価格が40セントで、私がその実際の確率を41パーセント以上だと思うなら、私はそのオプションを購入すればいい。私は40セントを支払い、トランプが6回以上ツイートすれば1ドルがもらえる。5回以下なら投資がパーになる。

プレディクトイットの市場を使えば、ユーザーは確率を取引できる。全員が超予測者たちほど賢いという保証はないが、出来事の発生確率についてじっくりと考えない人はたちまち損を重ねるだろう。利潤を追求するブックメーカーとはちがって、プレディクトイットは敗者にもっとお金をつぎこませようとしたり、勝者を出入り禁止にしたりはしない。プレディクトイットの目的は予測の達人たちに腕を競わせることだ。プレディクトイットのアルゴリズムは、的確な予測をした人に報い、的外れな予測をした人を罰する。集団の英知を結集する見事なくらい単純な方法だ。

『ワシントン・ポスト』の記事で、ヴァージル・テキサスは反証できない予測をしているとしてファイブサーティエイトを批判した。彼は、「クリントンが民主党の予備選挙で勝利する確率は95パーセント」というような確率的予測を、「検証不可能な主張」と呼んだ。この指摘は、一つひとつの選挙戦に関していえば正しい。ブレグジットをめぐる国民投票やアメリカ大統領選挙を２０１６年とまったく同じ方法でやり直すことはできないからだ。しかし、ファイブサーティエイトがアメリカの州に対してしているように、長年の多数の選挙に対して予測が繰り返されてきたのなら話は別だ。ファイブサーティエイトが95パーセントの確率で起こると予測した10個の出来事のうち、半数未満しか実際に起こらなければ、その方法論には疑問符がつくだろう。逆に９個か10個の出来事が実際に起これば、その方法論は信頼できると考えてよろしい。

予測の質を視覚化する優れた方法がある。予測の〝大胆〟さに基づいて予測をグループ化し、予測された結果が実際に起きた割合と比較するのだ。図８・３は、それをファイブサーティエイトと予測市場のイントレードおよびプレディクトイットの両方に対して行なったものだ。[8] 大胆な予測というのは、この図のいちばん左側または右側にある予測だ。これらは、ある州で民主党の候補者が95パーセントの確率で勝利または敗北するという予測に相当する。こうした大胆な予測は、ファイブサーティエイトと予測市場のどちらにおいてもすべて正しいことがわかった。その州の大本命が勝利したのだ。

より慎重な予測、つまり確率が５〜95パーセントの予測は、図８・３ａと図８・３ｂの内側に示したとおりだ。これらの予測の質は、点線からの距離で測定できる。点線より上の円は、それらの予測が平均的に民主党候補者の勝率を過小評価していたことを示し、点線より下の円は、逆に過大評価していたことを示す。２０１６年の選挙では、予測市場とファイブサーティエイトの

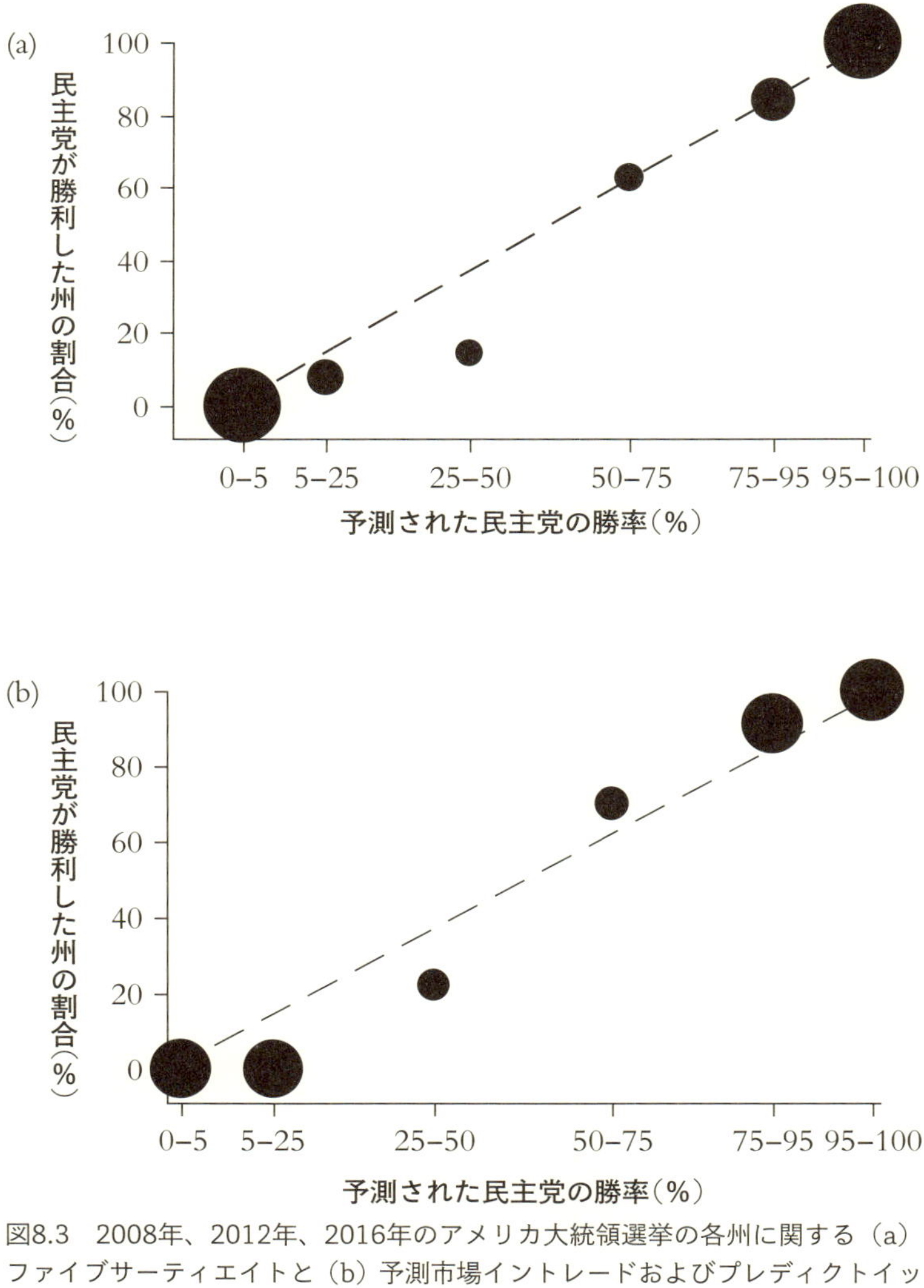

図8.3　2008年、2012年、2016年のアメリカ大統領選挙の各州に関する（a）ファイブサーティエイトと（b）予測市場イントレードおよびプレディクトイットの予測と結果の比較。円の半径は各事例の予想の数に比例する。

両方で、共和党候補者が本命の州で民主党候補者の勝率を過大評価するわずかな傾向があった。この傾向は統計的に有意なものではなく、偶然の影響と考えて合理的に問題ない。

予測の質は、〝慎重〟な予測と〝大胆〟な予測の数という観点からも測定できる。もし第二次世界大戦以降のすべての大統領選挙の前に、私が民主党候補者の勝利する確率は50パーセントだと宣言していたら、予測の半分は的中していただろう。歴代大統領の約半数は民主党だから。しかし、表と裏が半々のコイン投げで選挙結果を占ったとしても、誰も私のことを天才と呼んだりはしないはずだ。

図8・3の円の大きさは、各タイプの予測の数に比例する。したがって、ファイブサーティエイトのグラフの上下にある大きな円は、中央寄りにある〝慎重〟な予測よりも〝大胆〟な予測のほうがずっと多いことを示している。予測市場の予測は、特に大本命に関していえばやや〝慎重〟だ。これはおそらく、ギャンブルの世界でよく知られる「大穴バイアス」の影響によるものだろう。まず起こりえないような出来事に5セントを賭ける大穴狙いのギャンブラーが必ずいるのだ。[9] 彼らはほぼまちがいなく損をする（20回に1回も当たらない）。

アレックスと私は、ブライア・スコア[10]と呼ばれる指標を計算した結果、過去3回の選挙で、モデルと群衆の州ごとの予測精度にほとんど差がないことを発見した。ファイブサーティエイトは、2012年にオバマが大本命であるという非常に大胆な予測をし、予測市場の精度をほんの少し上回った。しかし、2016年の大統領選挙の評価では、プレディクトイットの賢い人間の集団とファイブサーティエイトのモデルとで差は見られなかった。両者はほとんどの州で似たような予測をしていたし、多くのメディアが与えた印象ほどは、トランプの結果を見誤っていなかった。

カール・ディグラーの直感的な予想は両者を下回ったが、思っていたほどの大差ではなかった。彼の2016年の州別の予測のブライア・スコアは0・084だったのに対して、ファイブサーティエイトは0・070、プレディクトイットは0・075だった（スコアは小さいほどよい）。この結果を見ると、ヴァージル・テキサスも一定の評価をせざるをえない。彼はフィリップ・テトロックのいうダーツを投げるチンパンジーほど、的外れな〝専門家〟ではなかったのだ。

しかし、プレディクトイットとファイブサーティエイトとの比較にはひとつ問題がある。両者はなかなか的確な予測をしているが、完全に独立しているわけではない。

両者の予測の時間推移を追ってみると、ふたつがかなり近接していることがわかる（図8・4）。これは、プレディクトイットのユーザーがファイブサーティエイトの予測を利用していたことが一因だろう。実際、予測者たちの掲示板の議論では、ネイト・シルバーのウェブサイトが最大の情報源だった。しかし、予測市場の意義は、さまざまな情報を寄せ集め、その質に応じて重みづけをするという点にある。確かにファイブサーティエイトの情報は高品質と考えられるが、それがプレディクトイット市場の唯一の情報源だったとは考えにくい。そして、プレディクトイットの予測が、ファイブサーティエイトの予測の曲線を後追いしているという証拠はまったくない。

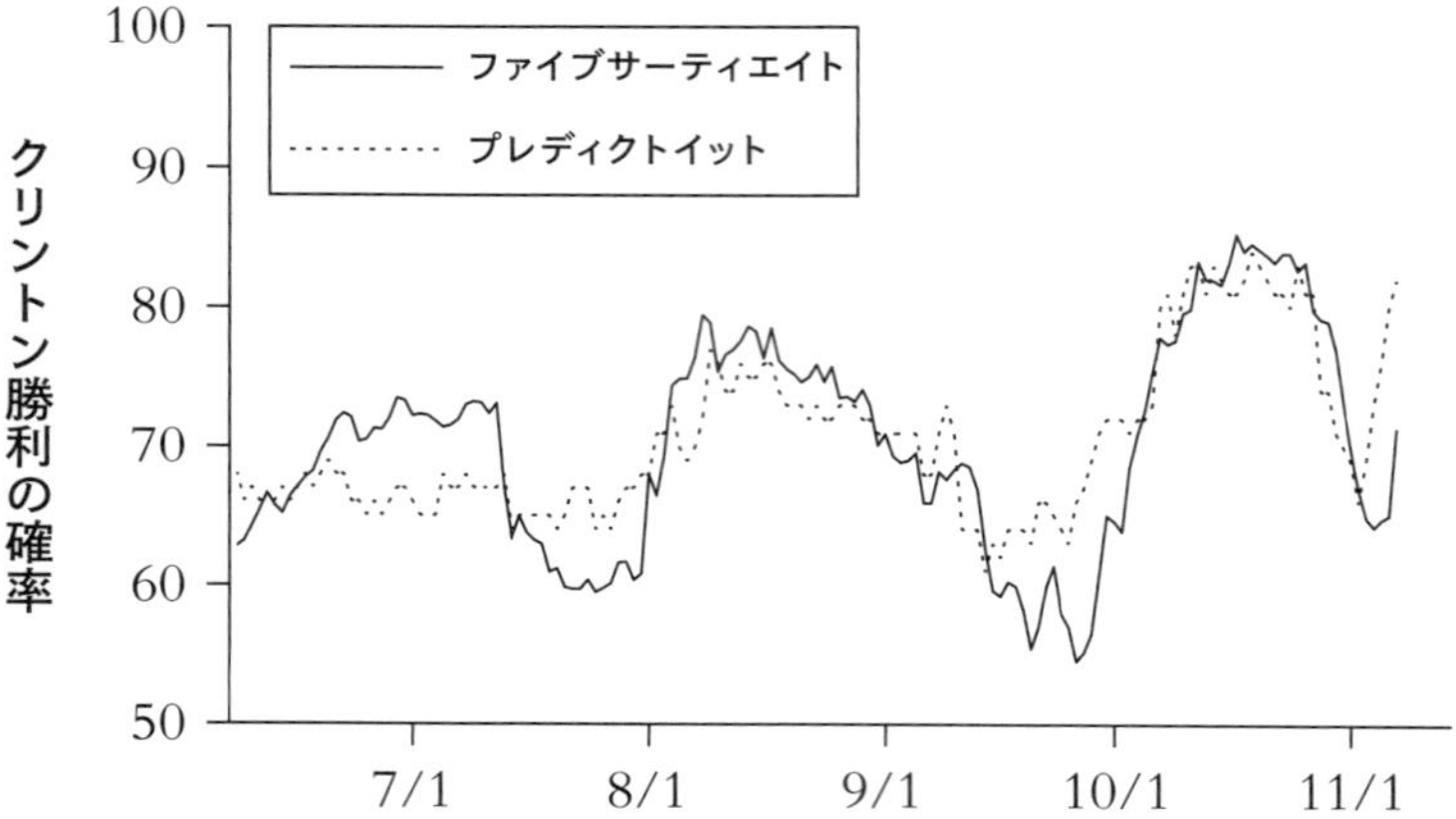

図8.4　2016年のアメリカ大統領選挙前の数カ月間におけるクリントンの勝率予測の推移。実線がファイブサーティエイト、点線がプレディクトイット。

ファイブサーティエイトは賭博市場のデータを自社のモデルのなかで明確に利用しているわけではない。しかし、もともとプロのギャンブラーだったネイトは、予測市場やブックメーカーのオッズのほうが世論調査そのものよりもある出来事の起こる確率を正確に反映しているという事実をよく知っている。彼はこれらの市場がクリントンの勝利を確実視していないことを理解していた。一方、世論調査のみに基づく『ニューヨーク・タイムズ』やハフィントン・ポストのモデルは、クリントン勝利の確率をそれぞれ91パーセントおよび99パーセントと予測していた。ファイブサーティエイトのチームは、選挙結果に関する不確実性を反映するために世論調査の結果に調整を施し、市場のオッズに近づけたのである。

この調整は、競合するサービスほど選挙結果を読みちがえなかったという意味では結果オーライだったが、ネイト・シルバーの手法の根本的な部分についてひとつの問題を投げかける。ファイブサーティエイトの元ライターのモナ・チャラビの話によると、ネイトのチームは「念には念を入れないと」というフレーズをよく使っていたそうだ。ニュース編集室の内部で、クリントンに対してあまりにも強気な予測を立てるべきでないという共通の理解があったからだという。彼らは選挙のあと、人間が予測を評価するときにはいつもそうであるように、白か黒かで判断されるとわかっていた。つまり、いやおうなく勝者と敗者に分けられてしまうのだ。

現在、アメリカ版『ガーディアン』のデータ編集者を務めるモナはこう話した。「ファイブサーティエイト、そしてあらゆる選挙予測の究極の欠点は、世論調査のすべての制約に対して修正を施す方法があると信じられていることです。そんなものはないのに」。学術研究の結果、一般的に世論調査は予測市場よりも当てにならないことがわかっている。[11] したがって、ファイブサーティエイトは予測の改善方法を見つけなければならない。しかし、そうした改善を行なう厳密な統計的方法論は存在しない。選挙でどの要因が重要になりそうかを見抜く個々のモデル作成者の腕にかかっているのだ。これはまさしくデータ錬金術だ。世論調査のデータを、選挙情勢を読み取る人間の直感と組みあわせるわけだから。

私がインタビューしたとき、モナはしきりにこの点を強調した。「世論調査は予測に必要不可欠な要素ですが、世論調査はまちがっている。世論調査を取り除いたら、どれだけ正確に選挙結果を予測できるというのでしょう？」

ファイブサーティエイトのニュース編集室はほぼ白人で占められている。そのほとんどが民主党支持のアメリカ人男性で、同じ統計学の課程を修了し、同じ世界観を持っている。全員の経歴や学歴が似通っているせいで、有権者の心理を深く理解することができない。いろいろな人々と直接話をしてその気持ちや感情を理解することもない。そういうやり方は主観的とみなされるからだ。むしろ、モナによれば、数学の能力で互いを評価する社風ができあがっていたという。統計的な結果の質とわかりやすさは両立しえないものだと信じられていた。

ファイブサーティエイトが純粋な世論調査の統計モデルを提供しているのであれば、統計専門家たちの社会経済的な背景は問題にならない。しかし、ファイブサーティエイトが提供しているのは純粋な統計モデルではない。もしそうだとしたら、クリントンが大本命になっていただろう。しかし、ファイブサーティエイトは、社員たちの予測能力と根底にあるデータを組みあわせている。一般的に、同じ経歴や考え方の人々ばかりからなる職場は、学術研究や事業運営など、難しい仕事を効果的にこなすのにはあまり適していない[12]。同じ経歴を持つ人々の集団が未来予測に欠かせない複雑な要因をすべて見極めるのは難しいからだ。

ネイト・シルバーのチームが効率的なプレディクトイット市場を長期的に上回るにはどうすればよいか？　私には具体的な策が見えてこない。私自身は選挙結果を予測したことはないが、サッカー賭博なら少しだけ試したことがある（もちろん、純粋な研究目的で）。スポーツ賭博の世界では、ブックメーカーを破る魔法の公式を発見した天才数学者がいるという都市伝説がまことしやかにささやかれている。いわばギャンブル界のネイト・シルバーだ。その人物から情報をもらうことができれば、夢にも見ないほどの富を手に入れられるとされている。

もちろん、この伝説はただの神話にすぎない。スポーツの試合結果を予測できる魔法の公式など存在しない。サッカー賭博で利益をあげるには、ブックメーカーの提示するオッズを自分の数学的モデルに組みこむしかないのだ。実際、私は前作『サッカーマティクス』でひとつのベッティング・モデルを作成した。私はブックメーカーのオッズに見られる統計的パターンを用いて、オッズの設定方法に潜むわずかながらも有意なバイアスを見つけ、そのバイアスを逆手に取って小銭を儲けたのだった。サッカーのモデル化のプロセスにはれっきとした数学が存在するが、賭けに参加する群衆の知恵を組みこむことなく、市場を出し抜けると考えるギャンブラーは、いずれは確実にお金を失っていく。[13]

この「相手のやり方に従わないかぎり、ブックメーカーには勝てない」という論理は、ネイトの仕事についても当てはまる。彼は、自身のスポーツ・モデルがブックメーカーのオッズに敵わないことを認めている。ギャンブラーたちは、ファイブサーティエイトの予測とそのほかの関連情報の両方を市場価格に組みこんでいる。つまり、彼らはどんなに賢い個人よりも常に有利なのだ。

モナはファイブサーティエイトでたくさんのことを学んだが、それは彼女がもともと期待していた内容とはちがった。彼女はデータ・ジャーナリズムの腕を磨けると期待してファイブサーティエイトに勤めたのだが、ファイブサーティエイトの提示する精度が幻想であるという確信を抱いたまま退社した。ファイブサーティエイトの予測に見られる小数点について注意を促してくれたのはモナだった。それまで、私は小数点について深く考えていなかった。私は71・8パーセントのような確率をただの数値としてしか見ていなかったが、小数点が暗黙のうちに精度も表わすということをすっかり忘れていた。私たちは学校の科学の授業で、量を測定するときの精度を有効数字を使って表わすことを学ぶ。たとえば、10個の砂袋の重さがそれぞれ12・6〜13・3キログラムの範囲に収まっているとすれば、ひとつの砂袋は有効数字2桁で13キログラムだといえる。すべての世論調査には最低でも3パーセント・ポイント、通常はそれ以上の誤差がある。つまり、どんなによくても、選挙予測の確率は、「70パーセント」というように有効数字1つでしか述べられないということだ。余計な小数点をつけるのは誤解を生む恐れがある。

高度な数学を用いていると言う割に、ファイブサーティエイトは数値の丸めで中学生レベルのまちがいを犯しているのだ。もう少し詳しく学びたい方には（そしてファイブサーティエイトのスタッフの方々にも）、BBCのウェブサイト「バイトサイズ」をぜひおすすめしたい。

モナはアメリカ版『ガーディアン』のデータ編集者となった今、こうした知識を仕事に活かしている。彼女はデータを表示する際に少ない数のカテゴリーを使い、測定値に含まれる不確実性を強調するような形で説明している。彼女は数値に頼るばかりでなくデータを順序づけることを意識しており、小数点は決して使わない。彼女の図のなかで特に印象的だったのは、1区画分の駐車場と独房を並べて描いたものだ。具体的な大きさは覚えていないが、独房のほうが駐車場よりずっと小さかった。

モナの話を聞く前、正直なところ私はファイブサーティエイトの評価をゲーム感覚でとらえていた。さまざまなモデルと市場を比較して、勝者を決めるのは面白いと思った。しかし、私はネイト・シルバーと同じ罠に陥っていた。私はアメリカ大統領選挙の結果があまりにも多くの人々の生活を左右するという事実を忘れていた。モナは真の危険性をこう指摘した。「ファイブサーティエイトは有権者の行動に影響を及ぼしかねません。選挙当日にサイトを訪れる何百万という人々は、ネイトのモデルをじっくりと吟味して、その仕組みを調べるわけじゃない。クリントンとトランプの勝利の確率を見比べて、どうせクリントンが勝つだろうと結論づけるんです」

私たちはネイト・シルバーのような統計専門家たちが弾き出す数値に惑わされている。彼らのほうが私たちよりも正確な答えを握っていると思いこんでいるからだ。だが、それはまちがっている。確かにダーツの矢を投げるチンパンジーよりは優れているだろうし、カール・ディグラーのような（架空の）評論家よりはかろうじてましかもしれないが、群衆の知恵に勝てるわけではない。モデル作成の複雑さについて詳しく知りたいと思うなら、まちがいなくファイブサーティエイトのページをおすすめする（数値の丸めのミスは除いて）。しかし、次回の選挙で速報値をチェックしようと思うなら、ファイブサーティエイトを見るのは時間のムダだ。代わりにブックメーカーのオッズを参考にしたほうがいい。

さまざまな結果をおおまかなカテゴリーに分類するというモナの発想にヒントを得て、私はこんな提案をしたい。全員が理解できるような言い回しで、すべてのモデルの出した予測に注意書きを義務づけるのだ。予測精度としては次の3つのカテゴリーが考えられる。

ランダム――せいぜいチンパンジーのダーツ投げ並みの精度。
低――せいぜいメカニカル・タークの低賃金労働者並みの精度。
中――せいぜいブックメーカーのオッズ並みの精度。

これで、スポーツ、政治、有名人のゴシップ、金融といった分野の人間関連の出来事を数日、数週間、数カ月というタイムスケールで予測する数学的モデルの精度をカバーできる。この法則の確かな例外をご存知の方がいたら、ぜひ私に知らせてほしい。すぐにブックメーカーへ行って確かめてあげるから。

第9章　「おすすめ」の連鎖が生み出すもの

――ベストセラーとアフィリエイト・サイト

ファイブサーティエイトとプレディクトイットのアルゴリズムは、私がそれまでに調べてきたアルゴリズムとはちがった。私たちをただ分類するだけでなく、私たちとやり取りしていた。実際、ファイブサーティエイトのモデルは私たちに影響を及ぼした。モナ・チャラビが疑うように、人々の投票行動にまで影響を及ぼしたかどうかはわからないが、来たる選挙に対するアメリカ人の認識に影響を及ぼしたことはまちがいない。

私たちはコンピューターを開いたり携帯電話の電源をオンにしたりした瞬間から、アルゴリズムとやり取りする。グーグルはほかの人々の選択内容やページ間のリンク数を使って、ユーザーに表示する検索結果を決める。フェイスブックは友達のおすすめを利用して、ユーザーに見せるニュースを決める。レディットは有名人のゴシップに「上げ」「下げ」の投票をする機能を提供している。リンクトインは仕事の世界で会ったほうがいい人物をユーザーに提案する。ネットフリックスやスポティファイはユーザーの映画や音楽の嗜好を分析し、おすすめの映画や音楽を提案する。これらのアルゴリズムはみな、ほかの人々のおすすめや判断に従うのはタメになるという考え方に基づいている。

本当にそうなのだろうか？　私たちがオンラインでやり取りするアルゴリズムは、本当に最良の情報を提供しているのか？

小売大手アマゾンの創設者、ジェフ・ベゾスは、私たちが商品の閲覧中に適切な選択肢をかいつまんで表示してほしいと思っていることに初めて気づいた人物だ。アマゾンは「チェックした商品の関連商品」「この商品を買った人はこんな商品も買っています」といったフレーズを導入し、希望どおりの商品を見つけやすくしている。つまり、無数の選択肢のなかからほんの一握りの選択肢だけを私たちに提示するのだ。「『ヤバい経済学』をお読みになったようですね？　それなら『まっとうな経済学』や『ファスト&スロー』もお読みになっては？」「ジョナサン・フランゼンの最新作を閲覧していますね。ほとんどのお客様は続けてハニヤ・ヤナギハラの『ささやかな人生（*A Little Life*）』を購入しています」「ケイト・アトキンソン、セバスチャン・フォークス、ウィリアム・ボイドはよく一緒に購入されています」「『サッカーマティクス』を検索したようですね。ぜひ『数のゲーム（*The Numbers Game*）』や『ミキサー（*The Mixer*）』もお試しください」という具合に。あたかも選択肢が与えられているような錯覚に陥るが、おすすめされた書籍はアマゾンのアルゴリズムによってグループ化されたものだ。

なぜこのアルゴリズムは効果的なのか？　私たちをよく理解しているからだ。私のお気に入りの作家のおすすめ本を見てみると、見事にいいところを突いている。すでに所有しているか、これから買いたい本ばかりだ。アマゾンのアルゴリズムを〝調査〟していた2時間のあいだ、私は気づいてみれば7個の商品をカートに入れていた。アマゾンのアルゴリズムは私だけでなく私の妻や親戚についても理解しているらしく、おかげで私はクリスマスの買い物をいっぺんに済ませることができた。また、アルゴリズムは私の10代の娘エリスのことも私以上に理解している。私がユーチューバーのドディー・クラークのある本を検索したところ、ジョン・グリーンのベストセラー本をすすめてきた。エリスはきっと気に入ってくれると思う。

小説を読んでいるとき、私は誰かの台詞《せりふ》を私自身の声で聞いている。それはとても個人的な体験であり、その作家との特別な絆を感じさせてくれる。すばらしい小説を読みふけっていると、この作家と同じように私に語りかけてくれる人はほかにいないと感じることがある。

しかし、ほんの数時間アマゾンで過ごしただけで、この幻想はすっかり消散する。アマゾンのアルゴリズムは、私と同じような本を好きな人々が私と同じような選択をするという事実を活かしている。アマゾンは1000万点にもおよぶ商品を分類するため、顧客が同時購入する商品どうしを関連づけている。この関連性が私たちへのおすすめの基準となる。シンプルながらもかなり効果的な戦略だ。アマゾンの顧客基盤のなかには、私、私の子ども、私の友達と似たような人々がたくさんいる。こうして、カリフォルニアの数人の研究者が開発したアルゴリズムは、私にぴったりの新しい作品を選び、送料無料で翌日配達してくれるのだ。

アマゾンの最新アルゴリズムの構造について、詳しいことはわからない。その秘密は、アマゾンの商品検索専門の子会社「A9」が固く守っている。アルゴリズムは刻々と変化していっているし、商品によっても異なるので、たったひとつの「アマゾンのアルゴリズム」なるものがあるわけではない。しかし、アマゾンのアルゴリズムや、私たちとアルゴリズムとのやり取りのしかたには基本原理のようなものがあり、数学的モデルで理解することができる。

ここでは、このモデルのことをアマゾン風に「こちらもおすすめ」モデルと名づけ、そのステップをたどってみたいと思う。[1] そこで、25人の実在するポピュラー・サイエンス系または数学系の作家で構成されるモデルを構築しよう（人数は固定）。楽しいので誰もが知っている名前を使うことにするが、作家の名前はこのモデルの結果にいっさい影響を及ぼさない。まず、まったく商品が購入されていない状態からスタートする。ひとり目の顧客はランダムで2冊の本を購入するので、どの作家にも選ばれる可能性が均等にある。

その後、顧客がひとりずつ店にやってくる。顧客は以前に同時購入されているふたりの作家の本を購入する可能性が高い。当初、この効果はきわめて弱い。一般的に、ある作家の本が購入される確率は、過去の購入数＋1に比例するものとする。[2]「＋1」がついているのは、すべての本に購入される可能性があることを保証するためだ。たとえば、ひとり目の顧客がブライアン・コックスとアレックス・ベロスの本を購入したとすると、ふたり目の顧客がコックスまたはベロスの本を購入する確率はそれぞれ27分の2、残りの作家の本を購入する確率は27分の1となる。

図9・1aは、この「こちらもおすすめ」モデルの最初の20回の購入シミュレーションの結果を示している。ふたりの作家のあいだに引かれた線は、ある顧客がそのふたりの本を同時購入したことを示す。ひとり目の顧客がランダムでコックスの本を選んだおかげで、コックスはもう4冊同時購入されている。イアン・スチュアートは4冊、リチャード・ドーキンスとフィリップ・ボールは3冊ずつ購入されている。この段階では、どの作家がいちばん人気なのかはわからない。

500回の購入を経たあとでは、様子がだいぶ変わってくる。図9・1bを見ると、スティーブン・ピンカーが群を抜く人気作家になっており、彼と強い関連を持つダニエル・カーネマン、スーザン・グリーンフィールド、フィリップ・ボールもかなり売れている。リチャード・ドーキンスとブライアン・コックスは遅れを取っていて、何人かの一流作家が完全に足止めを食らっている。

このシミュレーションでは、つながりが増えれば増えるほど一部の作家がますます人気になり、ほかの作家が完全に忘れ去られてしまう。上位5人の売上の合計は、残りの20人の合計とほぼ等しい。

この25人の作家たちにとって、「こちらもおすすめ」アルゴリズムの危険性はここに潜んでいる。私のモデルのなかの顧客たちは、本の質を考慮していない。アルゴリズムが提示した関連づけだけを頼りに本を購入する。そのため、同じくらいすばらしい作家であっても、ひとりはベストセラー作家、もうひとりは鳴かず飛ばずという具合に、売上が両極端になる可能性もあるのだ。

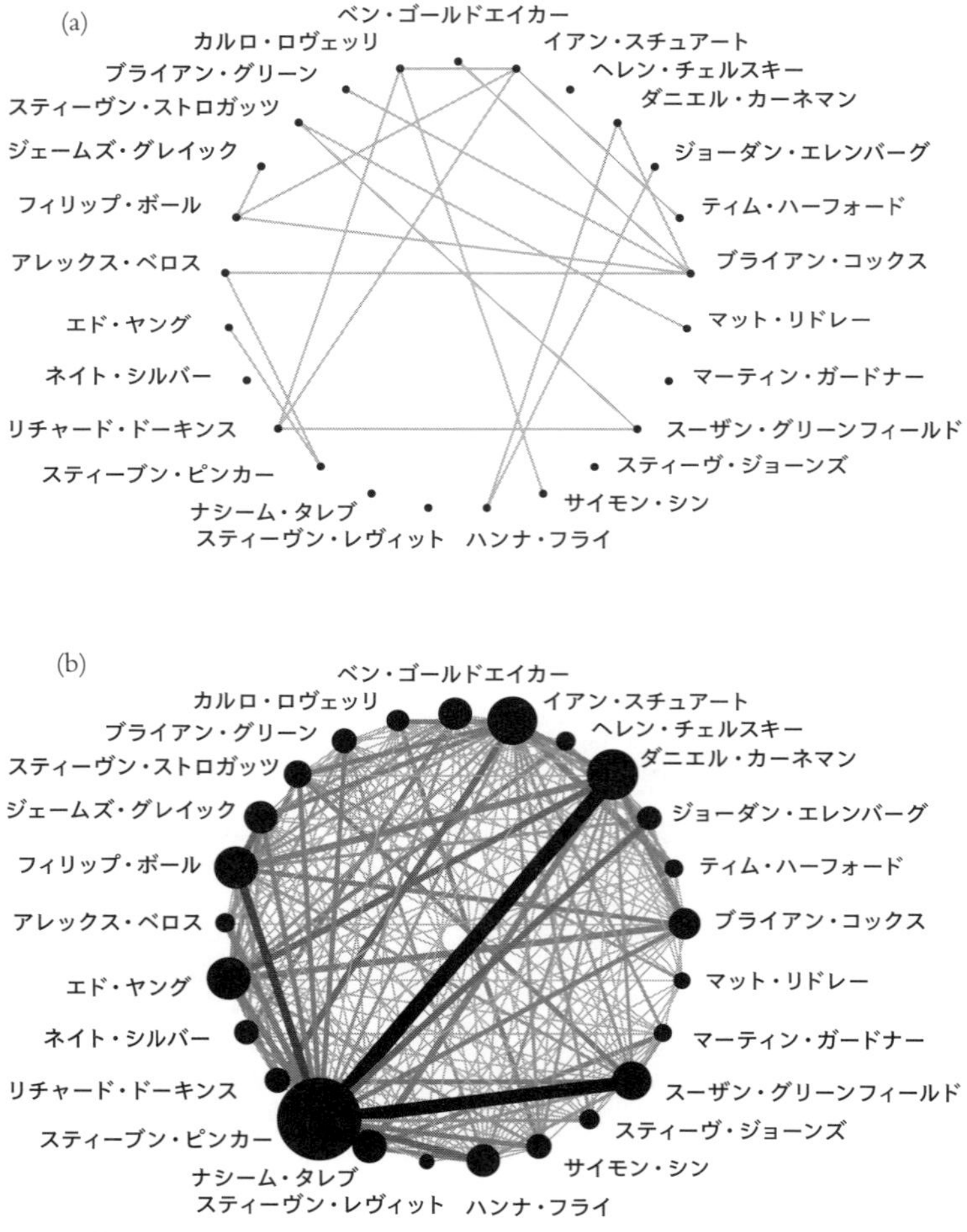

図9.1　「こちらもおすすめ」モデルのシミュレーションにおいて、(a) 20回および (b) 500回購入後の本の売上を示すネットワーク。線はそのふたりの本が同時購入された回数を示す。太くて色の濃い線ほど同時購入の回数が多い。円の半径はその作家の総売上に比例する。

すべての本の質がまったく同じなのに、一部はベストセラーになり、残りはコケてしまう。

南カリフォルニア大学情報科学研究所の研究者クリスティーナ・ラーマンによれば、私たちの脳は「こちらもおすすめ」が大好きなのだという。彼女は私たちのオンライン行動をモデル化するとき、ひとつの経験則を用いている。「人間は怠け者。そう仮定すれば、基本的に人間の行動のほとんどは予測できるんです」と彼女は言う。

クリスティーナは、フェイスブックやツイッターのようなソーシャル・メディアから、スタック・エクスチェンジのようなプログラミング・サイト、ヤフーのオンライン・ショッピング・サイト、学術ネットワークのグーグル・スカラー、オンライン・ニュースサイトまで、多種多様なウェブサイトを調べ、結論を導き出した。私たちはニュース記事の一覧を見せられたとき、リストの上位にある記事を読む傾向がかなり高いのだという。[3] 彼女はプログラミング関連のQ＆Aサイト「スタック・エクスチェンジ」を調べた結果、ユーザーは回答の質ではなく、回答がページのどれくらい上にあるか、どれくらいのスペースを占めているか（ワード数ではない）に基づいて、ベストアンサーを選ぶ傾向があることを発見した。[4]「こうしたサイトで多くの選択肢を見せられるほど、目を通す選択肢は少なくなるのです」と彼女は話した。つまり、あまりにも大量の情報を見せられると、私たちの脳は無視するのがいちばんだと判断してしまうのだ。

クリスティーナいわく、「こちらもおすすめ」システムは「異世界」をつくり出すのだという。つまり、自分自身の選択についてあまり深く考えず、ほかの人々の誤った判断をいっそう強化し

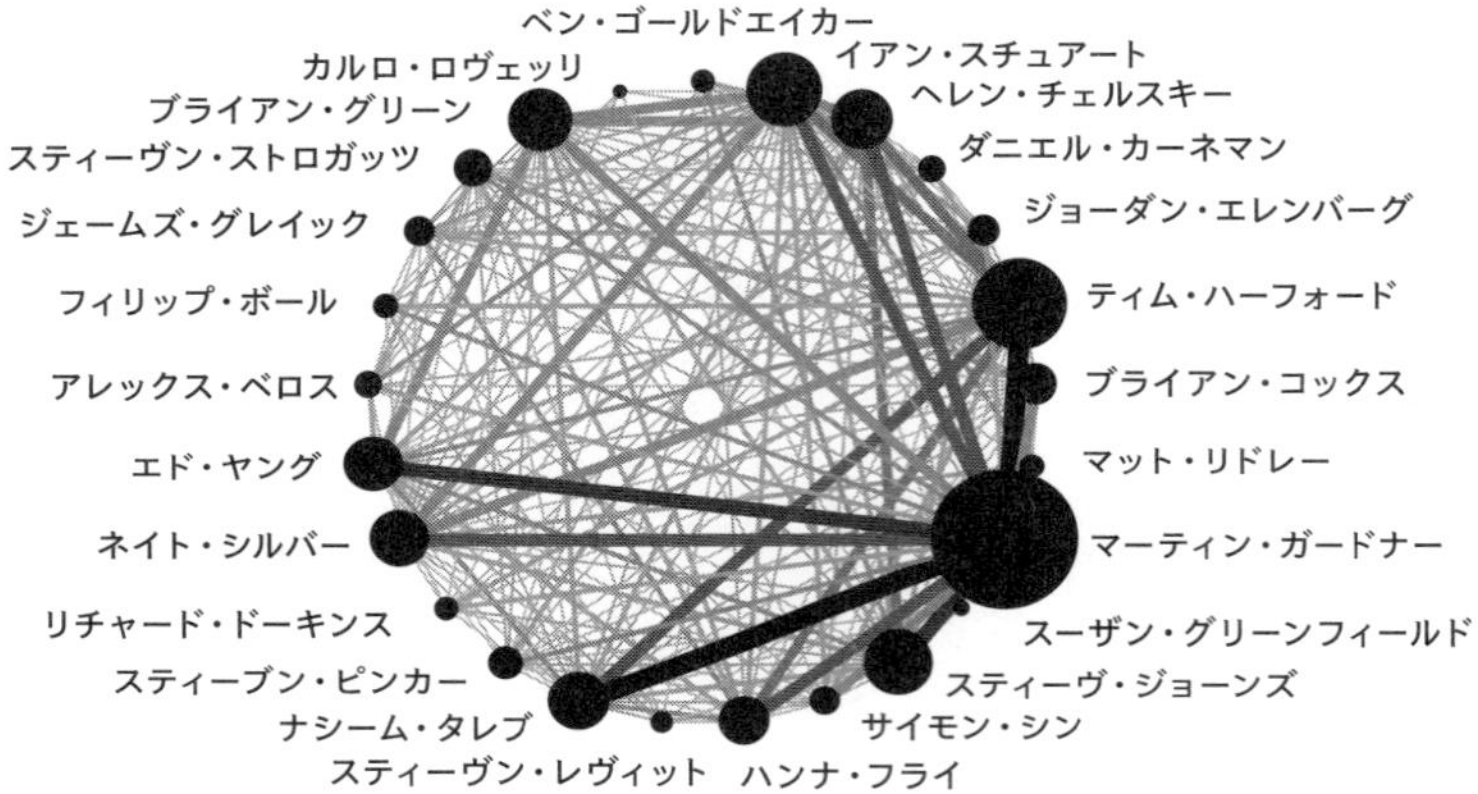

図9.2 「こちらもおすすめ」モデルの新たなシミュレーションにおいて、500回購入後の本の売上を示すネットワーク。線はそのふたりの本が同時購入された回数を示す。太くて色の濃い線ほど同時購入の回数が多い。円の半径はその作家の総売上に比例する。

てしまうような多数の人々によって人気が決まるオンライン世界だ。この異世界を詳しく理解するため、私は先ほどと同じ25人の作家を用いて、新たに「こちらもおすすめ」モデルのシミュレーションを実行した。このアルゴリズムは確率によって決まるため、2回のシミュレーション結果がまったく同じになることはまずない。新しいシミュレーション結果（図9・2）を見ると、こんどはマーティン・ガードナーが早いうちから注目を集め、世界的なベストセラー作家になった。シミュレーションのたび、ベストセラー・リストは変化する。どのシミュレーション世界でも、初期の売上が増幅され、ポピュラー・サイエンスの新たなヒット作品が生まれる。「こちらもおすすめ」システムがランダムにヒット作品を生み出すわけだ。

成功の何割が幸先のよいスタートによるもので、何割が本の質によるものなのかを確かめるため、本物の書籍市場を一からつくり直すことなどできない。いったんある作家が名声を築いたら、その作家を歴史から消し去ることは不可能だ。ベン・ゴールドエイカーやカルロ・ロヴェッリのようなポピュラー・サイエンス界のベストセラー作家たちが新作を発売した直後、書籍市場の異世界理論が正しいかどうかを実験で確かめるため、アマゾンが今までの作品の売上のカウントをいったんリセットすると言い出したら、彼らは戦々恐々とするだろう。ポップ音楽の異世界理論を検証するため、iTunesやスポティファイがトップ・チャートをいったんリセットすると発表したら、ビヨンセ、レディー・ガガ、アデルは喜ばないだろう。

　現実の音楽世界をいったんリセットして一からやり直すことはできないにしても、もう少し小ぶりな人工の世界をつくることならできる。社会学者のマシュー・サルガニクと数学者のダンカン・ワッツは、無名バンドの曲を聴いてダウンロードできる16種類の〝音楽世界〟を構築する実験を行なった。[5]選べる楽曲自体はどの世界も同じだったが、それぞれの世界に独自のチャートが存在した。チャートには、その世界におけるダウンロード数が表示されたが、ほかの世界のダウンロード数は表示されなかった。ふたりはチャートでトップの曲がチャート中盤の曲と比べて、約10倍も人気であることを発見した。また、チャートは世界によって異なっていたため、ある世界のチャートでトップの曲が別の世界ではチャートの中盤でくすぶっていることもあった。

　ふたりは、チャート情報を受け取っていないリスナーの評価に基づき、それぞれの曲の実際の質も測定した。この独立したリスナーたちの評価が高かった曲は、評価が低かった曲と比べ、確かにチャートで上位に行く傾向にあった。それでも、チャートのトップに輝く曲を予測するのは難しかった。本当にひどい曲はどうやっても人気が出なかったが、よい曲やそこそこの曲はヒットする可能性が等しくあった。どうやら、ひどい曲は誰もが聴いた瞬間にひどいとわかるのだが、飛び抜けたところがなくてもヒットするチャンスはあるらしい。

「いいね！」を獲得することは、個人、企業、メディアにとって大きな価値を持つ。マサチューセッツ工科大学スローン経営学大学院のシナン・アラルは、「いいね！」の影響を定量化しはじめている。シナンらはある人気のニュース・アグリゲーター・サイトを使って、人為的に投稿の評価を上下に操作したときの影響を調べた。[6] 投稿が行なわれた直後に1回「プラス票」を投じると、ほかのユーザーからもさらに「プラス票」が集まった。投票がすべて終わった時点でも、最初のプラス票の影響は総得票数に見て取ることができ、平均で0・5票の余分な得票をもたらしていた。影響は微々たるものだが、投票操作が機能するということを実証している。

シナンの研究は、プレディクトイットのアルゴリズムと「こちらもおすすめ」アルゴリズムの重要なちがいを明らかにした。プレディクトイットの場合、ユーザーは金銭的な利益がかかっているので、常に現時点とは逆の予測をするインセンティブがある。しかし、ニュース・アグリゲーター・サイトのユーザーは、あえてプラスの評価に逆行したりはしない。むしろ、自分も一緒になってプラス票を投じる可能性があるのだ。一方、最初に意図的な「マイナス票」が投じられた場合、ほかのユーザーはすぐに「プラス票」を投じて反論する。この場合、不正な「マイナス票」は最終的なランキングにまったく影響を及ぼさない。つまり、私たちは否定的な評価は修正するが、肯定的な評価は無批判で認めるわけだ。私たちの脳は確かに怠け者だが、少なくとも否定より肯定を好む傾向があるようだ。

シナンはそのニュース・アグリゲーター・サイトの具体名を明かさなかったが、この種のサイトで今のところ先頭を行くのは「レディット」だろう。この研究が発表された当時、レディットのゼネラル・マネジャーを務めていたエリック・マーティンは、『ポピュラーメカニクス』誌に対し、いくつかの出版社がレディットのサイトをシステム的に操作しようとしているのを発見したと語った。[7] レディットには、サイト内のページを巡回して、人間らしくない投稿を行なっているフェイク・アカウントを探し出すアルゴリズム・ボットがある。「われわれには対抗策がある。不正操作に積極的に目を光らせる人々、つまりそうした不正操作を決して許さないコミュニティだ」とエリックは語った。

レディットがうまく機能しているのは、人間が人気のスレッドをつぶさに監視しているからだが、人間にインターネット全体を監視して統制させるのは不可能だ。それでは、インターネットの「こちらもおすすめ」アルゴリズムを悪用する機会が残ってしまう。

私はこうした可能性についてよく知っていそうな旧友に連絡を取った。彼は実名ではなく、彼のオンライン上の顔である「ＣＣＴＶサイモン」という名前で通してほしいと私に言った。彼は情報学の修士号を取得したあと、同期たちと同じようにグーグルなどのテクノロジー企業で職を得ようとも考えたが、その誘惑を振り切って専業主夫になった。彼は子どものおむつ交換の合間を縫って、在宅でお金を稼ぐ方法を模索していた。そんなときに見つけたのが「ブラックハットワールド」だ。

あなたが新型のカメラを買いたいとしたら、たぶん購入前にいくつかオンライン・レビューを読むだろう。必要な情報が揃ったら、アマゾンなどの小売サイトに行って商品を購入する。広告をクリックしたり、レビュー・サイトや情報サイト内のリンクをたどったりして、アマゾンに行き着くことも多いだろう。ゲートウェイと呼ばれるこうした仲介サイトは、アマゾン・アフィリエイト・プログラムに参加できる。アフィリエイト・サイトからアマゾン商品の購入が行なわれるたび、アマゾンはそのサイトに少額の成果報酬を支払う。名のある大手ウェブサイトの場合、これはそうとうな広告収入になる。ブラックハットワールドは、お金を儲けたいが、役立つコンテンツや面白いコンテンツのあるウェブサイトをわざわざつくりたくはないアフィリエイト・プログラムのための掲示板だ。

もともと「ブラックハット」という用語は、コンピューター・システムに侵入し、個人的な利益のためにシステムを不正操作するハッカーを指していた。アフィリエイト界のブラックハットは、グーグルに不正侵入したりはしないが、グーグルの検索アルゴリズムを悪用して金儲けするためにできることならなんでもする。CCTVサイモンは、グーグルのいくつかの検索結果で上位を占めるアフィリエイト・サイトをつくることさえできれば、多くのユーザーが自分のサイトを経由してアマゾンを訪れると気づいた。クリスティーナ・ラーマンが証明したように、私たちの怠惰な脳が興味を持つのは上位の検索結果だけだ。彼はブラックハットワールドの掲示板への投稿を参考にして、ひとつの戦略を立てた。CCTVカメラに照準を絞ることにしたのだ。CCTVカメラはイギリスで急成長中の分野だし、商品が高額なので売れるたびにまあまあの成果報酬が得られる。彼はグーグル・アドワーズを研究し、自身のページに入れる重要な検索語句をいくつか見繕った。彼はあるページに「CCTVカメラの購入時にありがちな10個のミス」というタイトルをつけたところ、市場に潜む隙間を見つけた。その検索語を利用しているブラックハット・アフィリエイトはほかになかったのだ。

次の段階は、グーグルのアルゴリズムをだまし、人々が特定のアフィリエイト・サイトに心から興味を持っていると信じこませることだ。サイモンはこれを「リンク・ジュースの創出」と呼んでいる。グーグルの当初のページランク・アルゴリズムでは、あるサイトのランクは、そのサイトを経由するクリックの流れによって決まっていた。そして、そのクリックの流れは、サイトのリンク数と被リンク数によって決まる。つまり、グーグル・アルゴリズムは「こちらもおすすめ」アルゴリズムとまったく同じ原理に基づいている。人気のあるページほど、あるキーワードで検索したときにほかのユーザーに表示される確率が高くなる。[8] ページのランクが上がれば、そのサイトへのアクセスは増加し、その地位はいっそう揺るぎないものになる。

ブラックハット・アフィリエイト・サイトは、宣伝したいページにいくつもリンクを貼り、グーグルの検索結果を不正操作する。グーグルのアルゴリズムは、被リンクの多いサイトを見ると、それをネットワーク内の中心的なサイトだと判断し、検索結果リストの上位へと移動する。いったんリンク・ジュースが流れはじめると、そのサイトは検索結果リストの最上位へと移動し、現実のユーザーがどんどんクリックしはじめる。すると、さらに多くのリンク・ジュースが生まれる。ここまで来ると、ブラックハット・サイトはグーグルからではなく、成果報酬を支払うアマゾンなどのアフィリエイト・サイトへと供給されるクリックを通じて、利益をあげはじめる。

やがて、グーグルが偽のリンクを発見する手法を開発すると、ブラックハット・サイトはあの手この手でアルゴリズムをペテンにかけるようになった。現在よく用いられているのは、「プライベート・ブログ・ネットワーク」を構築するという手法だ。ある人物が、たとえばワイドスクリーン・テレビに関するサイトを10個作成する。その人物はゴーストライターを雇い、ワイドスクリーン・テレビに関する無意味な文章でサイトを埋め尽くす。次に、その10個のサイトからアフィリエイト・サイトへのリンクを貼り、あたかもそのアフィリエイト・サイトが現代のテレビに関する最高権威であるかのように見せかける。ブラックハット・サイトの一匹狼の管理人は、グーグルのアルゴリズムを手玉に取るためだけに、フェイスブックの「いいね！」やツイッターのシェアまで取り揃えたオンライン・コミュニティを丸ごとつくり出しているわけだ。

プライベート・ブログ・ネットワークやアマゾンのブラックハット・アフィリエイト・サイト

を成功させるには、ある程度の正真正銘のコンテンツが必要になる。グーグルは盗用検出アルゴリズムを用いてほかのサイトのコピーを防止しているし、自動言語分析を用いてそのサイトの記事が基本的な文法に則っているかどうかを確かめている。当初、サイモンはＣＣＴＶカメラを実際に購入し、正真正銘のレビューを書いていたのだが、あるときひとつの事実に気づいた。「グーグルは僕が実際にカメラを買ったかどうかなんてまるで気にしちゃいない。グーグルのアルゴリズムは、キーワードをチェックして、オリジナルのコンテンツを探し、写真があるかどうかを調べ、リンク・ジュースを測定するだけなのさ」。彼は大学時代の研究を通じてグーグルのアルゴリズムの仕組みを理解していたが、グーグルのトラフィック対策のいい加減さを知って唖然とした。たちまち、彼のサイトには何十万というアクセスが集まりはじめた。

アフィリエイト・サイトは実に多種多様だ。サイモンは自身のサイトを「ホワイトハット」アフィリエイトと対比させた。ホワイトハット・アフィリエイト・サイトとは、彼の言葉を借りれば、「本人の顔写真を掲載していて、紹介する商品に心から興味を持っているアメリカの正直な主婦が個人的に運営する」ようなサイトのことだ。また、「ホットＵＫディールズ」のようなサイトに代表されるグレイな領域もある。ホットＵＫディールズは、大手小売業者に関する情報を共有するようメンバーに促している。一見したかぎりでは、掘り出し物好きたちのコミュニティにも思える。確かに、このサイトには正真正銘のユーザーもたくさんいるのだが、私はホットＵＫディールズの投稿者が特定のアフィリエイト・サイト向けに投稿を行なうため、ブラックハットワールドでも雇われているという事実を発見した。サイモンはほとんどのユーザーがホットUKディールズの本当の目的に気づいていないと考えていた。ホットUKディールズからのリンクはすべて同サイトのアフィリエイトであり、メンバーからのすべての情報がサイト運営者に利益をもたらしているのだ。

サイモンはピーク時、架空のレビューや無意味な情報だらけのウェブサイトで月に1000ポンドを荒稼ぎしていた。そのサイトを見ていて、私は彼の文章術に感動すら覚えた。歯に衣着せぬレビュー・スタイルで知られる自動車情報番組「トップ・ギア」のいわばCCTV版なのだが、実質的には何も言っていない。「格安のシンプルな屋内IPカメラをお探しですか?」「赤ちゃんを見守りたいなら、きちんと下調べをして買うことが大切です」など、読み手に疑問や注意を投げかけているだけだ。専門用語をいくつか〝解説〟し、長文のレビューを掲載してはいるが、レビュアーが実際にそのカメラを使ってみたのかどうかという話題は巧妙に避けている。

サイモンのCCTVサイトは今でも月に数百ポンドの収入をもたらしているが、彼はもうサイトの保守や更新を行なっていない。この仕事に本腰を入れ、たくさんのアフィリエイト・サイトを立ち上げることも検討したが、こう思い直した。「夜、子どもたちを寝かしつけるとき、お父さんは今日も一日ちゃんと働いたよ、と胸を張って言えるだろうか?」。彼の答えはノーだった。結局、彼は片手間の小遣い稼ぎから足を洗い、まっとうな仕事に就いた。

グーグルで「家庭用CCTVカメラ」を検索してみると、上位5件の検索結果にはいずれもアマゾンへのリンクが埋めこまれていることがわかる。レビュアーが実際にその商品を使ったということがはっきりとわかる〝レビュー〟はひとつもない。グーグルのランキングで第7位の『ウィッチ?・』誌は、優良なレビューを提供しているとうたっているものの、有料購読の壁に阻まれてレビューが読めなかった。第20位の『インディペンデント』はなかなか良質なレビューを提供していたが、目立たないようにこっそりとメーカーへのリンクが貼られていた。

商業的な利益がからむと、アマゾンやグーグルの全体的な信頼が大きく損なわれる。「こちらもおすすめ」の連鎖が生み出す肯定的なフィードバックや、インターネット・トラフィックを重視するグーグルの方針のせいで、すべてのワイドスクリーン・テレビやCCTVカメラをひとつずつ丹念にレビューするような正真正銘のホワイトハット・アフィリエイト・サイトは、ひたすらリンク・ジュースを吸い上げるだけの無数のブラックハット・サイトにまぎれ、たちまち姿を消してしまう。少しでも正しい予測をすることが金銭的な利益につながるプレディクトイットのアルゴリズムとはちがって、オンライン商品の売買では、消費者を少しでも惑わせることが金銭的な利益につながるのだ。

こうしたオンラインの歪みを目にして、私は自分自身の成功について少し考えさせられた。本書の発売後の売れ行きはどうなるだろう？　私はアマゾンのリンクをクリックするボットの大群を作成するつもりもないし、書評サイト「グッドリーズ」で本書をおすすめしてくれる人々を雇うつもりもない。果たして、本書がベストセラーになるチャンスはあるのだろうか？

私は「こちらもおすすめ」シミュレーションの結果を社会学者のマルク・コイシュニグに見てもらった。彼は書籍がベストセラーになる要因を探るため、書籍の売上を細かく調べている。彼もまた、アマゾンでどれだけおすすめされているかが本の成功と失敗を大きく左右すると考えていた。しかし、すべての本や作家が対等なわけではない。

「新人作家と有名作家では大きなちがいがある。まわりの人々の影響をもっとも受けやすいのは新人です」と彼は言う。「人々は買う本で迷うと、まわりがどういう本を買っているのか確かめようとするんです」

マルクは、アマゾンが市場を席巻する前の2001年から2006年にかけて、書店でドイツのフィクション書籍の売上を調べた。その結果、新人がベストセラー・リスト入りすると、その後の1週間で売上がさらに73パーセントも押し上げられることがわかった。トップ20に入り注目を得ると、売上はいっそう伸びた。

しかし、ベストセラー入りだけが売上増の唯一の要因ではなかった。メディアでの悪いレビューも売上増の要因になったのだ。そう、よいレビューではなく悪いレビューだ。新聞や雑誌に否定的なレビューが載ると、新人小説家の書籍の売上が平均23パーセント増加した。一方、肯定的なレビューはまったく影響を及ぼさなかった。「ベストセラー・リストは凡庸な本やひどい本だらけ、という危険性が高いのです」と彼は語った。

このかなり大胆な主張の根拠として、マルクは本の売上とオンライン・レビューを関連づける分析結果を見せてくれた。本が売れれば売れるほど、アマゾンのレビューでつく星の数が減ったのだ。これはたぶん、期待を裏切られた読者による一種の報復だろう。[9] 彼らは売上チャートや「こちらもおすすめ」リストを見てその本を買うことを決めた。しかし、その本がつまらないとわかると、アマゾンで低評価をつけて憂さ晴らしをするのだ。読者はいつまでたっても学ばないらしい。レビューを無視してみんなの行動をまねるのだから。みんながまちがっていたことがわかり、否定的なフィードバックが増えはじめてようやく、その本の本当の質がレビューに反映されはじめる。

「こちらもおすすめ」システムが商品の本当の質を歪めていることを考えると、成功がほろ苦く思えてくる。前作『サッカーマティクス』がまあまあ売れたとき、私は素直に喜んだが、アマゾンで1つ星のレビューも食らった。それでマルクの研究を思い出した。その読者は、ギャンブル関係の掲示板で、『サッカーマティクス』がブックメーカーでお金を儲けるための攻略本であるという説明を読み、購入を決めたらしい。私はそんな本を書いたつもりはなかったのだが、案の定そのレビュアーは期待を裏切られた。彼（彼女？）はこう書いた。「ここのレビューの99パーセントはウソ。実際に読んだけど、ひどい内容。お金のムダ。この本を読んでもギャンブルの勝率なんて上がりもしない。こいつの懐が潤うだけだ」

私たちがたくさんの異世界のなかのひとつで暮らしているだけなのだと知ると、現実世界での成功が虚しく思えてくる。

第10章　人気コンテスト
——グーグル・スカラー依存症になった学者たち

２０１７年夏、私の息子がとてつもなくひどい曲を私に聞かせてくれた。「イッツ・エブリデイ・ブロ」というラップ曲だ。その曲は、カリフォルニアのヒップホップのビートに乗せ、いきなりお寒い歌詞から始まる。「そんなのは毎日だヨー、ディズニー・チャンネルで大人気だヨー」。続けて、ラッパーのジェイク・ポールは延々とユーチューブのチャンネル登録者数の自慢を繰り広げたあと、「チーム10」のほかのメンバーたちに歌をバトンタッチする。「オイラの名前はニック・クロンプトン。ラップは得意、けどコンプトン生まれじゃないぜ」

もちろん、息子も認めたとおり、この曲に皮肉がこめられているのはわかっている。しかし、ジェイク・ポールは、今やアーティストの人気というものが「こちらもおすすめ」アルゴリズムの歪んだ形のひとつであることをみずから披瀝《ひれき》している。ジェイクは動画サイト「Ｖｉｎｅ」で一躍有名となり、ディズニー・チャンネルで主要な役を演じたあと、独自のユーチューブ・チャンネルを開設した。ジェイクのチャンネルでは、彼が愛車のランボルギーニに乗って母校に乗りつけたり、彼の所有するビバリーヒルズの豪邸を案内したり、イタリアのホテルの部屋の窓から絶叫したりする動画が観られる。彼は動画、曲、ソーシャル・メディア上のコメントで毎回、フォロワーに「いいね！」やシェアを呼びかけている。

ジェイク・ポールの爆発的な人気がほかとちがうのは、彼がユーチューブの「高評価」と同じくらい「低評価」を自分の利益にする手段を見つけたという点だ。彼の動画「イッツ・エブリデイ・ブロ」には独特のセールス・ポイントがある。動画史上最高の２００万件の低評価を集めたのだ。ジェイク・ポールの歌詞を借りるなら、まさに「前代未聞」だ。子どもたちは動画の直前の10秒広告を視聴し、動画を観て、案の定うんざりする。ポールはあまりにも平凡で、自己陶酔が激しく、恥ずかしげもなく人気を求める。だからこそ彼は人気なのだ。

かつてのユーチューバーといえば、コンピューター・ゲームをしたり、友人にドッキリをしかけたりする様子を撮影するのが主流だった。しかし、２０１７年後半から、多くのユーチューバーが音楽プロデューサーやラップ・アーティストを雇い、ほかのユーチューバーに対する「ディス・トラック」（＝ディスり曲）を制作するようになった。この新たなムーブメントを引っ張るスター的存在がライスガムだ。彼は主にラップを使って、ほかの人々のアップロードした動画に物申すことを生業にしている。相手が〝ディス〟り返し、自分のチャンネルにもっとアクセスを呼びこんでくれるのを期待しているのだ。彼らの応酬の内容は、お互いの人気や収入といったあからさまなものがほとんどだ。ライスガムがジェイク・ポールの豪邸ツアー動画をディスると、ジェイクはお返しとばかりに、お前のランボルギーニがレンタルだとか、お前は1日に6万ドルしか稼いでいないなどと、さんざんまくし立てた。驚くべきことに、こうしたユーチューバーが収入や人気について口にすればするほど、多くの子どもたちが彼らをフォローし、チャンネル登録し、無数の広告を観て、商品を購入する。

ジェイク・ポールやライスガムに突出した面はない。彼らはたまたまユーチューブのおすすめ動画リストの上位へと祭り上げられた若者にすぎないのだ。彼らが「高評価」や「低評価」を集めるにつれて、広告収入やiＴｕｎｅｓの売上は伸びていく。するとさらに注目度が高まり、いっそう成功する。すべては注目集めやセンセーショナル性に対価を与えるアルゴリズムの産物なのだ。

チャートや賞、そして成功や人脈を積み重ねることのメリットは、私たちの生活とは切っても切り離せない。社会学者たちは昔から、「金持ちはますます金持ちになる」という現象を知っている。ＣＣＴＶサイモンと同じように、ジェイク・ポールやライスガムはクリック・ジュースや「こちらもおすすめ」の価値を理解していて、おおぜいのファンたちに行動を呼びかけている。ユーチューブの「次の動画」がその効果を増幅させる。彼らのファンが何かを観るたび、聴くたび、買うたび、ほかの人々の選択に関するちょっとした情報の断片を生み出す。少年少女たちは一連のクリックやおすすめを通じて、特殊なスーパースターの世界をつくり出す。作品の質だけでなく、何がなんでも目立ちたいという欲求が実を結ぶ世界を。ジェイク・ポールの場合、無名から世界征服まで半年しかかからなかった。彼のような成功は、ちょっとした才能を持つ人になら誰にでもありうることだが、多くの人々が手にできるわけではない。

ユーチューブのチャンネル登録者数で上位に入るのは、学界でいうと「グーグル・スカラー」サービスの引用リストで上位に入ることに相当する。ユーチューブと同様、グーグル・スカラーはひとつのシンプルな機能を提供している。入力された検索語句と関連する論文へのリンク一覧だ。論文の表示順は、ほかの論文から引用（または参照）された回数によって決まる。

学問の世界では引用は欠かせない。引用は対話を生むからだ。論文内の引用や巻末の参考文献リストは、その論文がさまざまな問題に対する共同理解にどう貢献しているかを示している。論文の被引用数は、ある分野におけるその論文の重要性を評価するたいへん有力な指標だ。被引用数が多ければ多いほど、その論文が世の科学者たちの考え方を正確に代弁しているということになる。

被引用数の順に論文を並べるのは合理的だが、グーグル・スカラーのアプローチには思いがけない副作用がある。グーグル・スカラーが２００４年に開始されたとき、『ネイチャー』誌はトマス・ムルジッチ＝フローゲルという神経科学者にインタビューした。「私は引用をたどって、思いがけない論文にたどり着くことがよくあります」と彼は語った。[1] 彼は図書館を訪れたり、科学誌のウェブページにアクセスしたりするのではなく、論文間の引用リンクをたどって新たなアイデアを見つけ出していた。私の息子がユーチューバーたちの動画を行ったり来たりするのと同じように、トマスは科学者たちの論文を行ったり来たりしていたわけだ。

私は善悪を述べるつもりはない。当時は私もトマスとまったく同じことをしていたし、今でもしている。引用文献リストの上のほうにあるリンクをクリックして、論文を行ったり来たりし、私と同じ分野でどんな研究が行なわれているのか、誰が最高の論文を発表しているのかを確かめる。私の同僚たちも同じだ。グーグル・スカラーが登場してすぐ、私たちはみんなグーグル・スカラー依存症になった。

グーグル・スカラーの共同創設者のひとりで、現在もサイトを運営しつづけているグーグルのエンジニア、アヌラグ・アチャリアは、当初の目的は「世界の研究者たちの効率を10パーセント向上させる」ことだったと述べている。[2] これはとても大胆な目標だが、その目標はゆうにクリアしている。本書のような本を書くあいだ、私はグーグル・スカラーで1日に20〜50回は検索を行なう。おかげで、信じられないくらい時間と労力を節約できる。グーグル・スカラーがなければ、本書の執筆や私の研究はいつまでたっても終わらないだろう。

当時のアヌラグは知らず知らずのうちに、「こちらもおすすめ」アルゴリズムの学術版を構築していた。論文は引用されればされるほど、論文の検索結果リストで上位になり、ほかの科学者たちの目に触れることになる。つまり、人気の論文ほどよく読まれ、引用され、フィードバックが返ってくる。一部の論文が引用リストを上昇すると、ほかの論文は下降する。書籍、音楽、ユーチューブ動画と同じように、科学論文の引用順位の上がり下がりも、その論文の実際の質というよりは、出だしの人気のちょっとした差と関係があるのだ。

数十万におよぶ科学論文のように、人気になる可能性のある作品や商品がたくさんある場合、その人気度は「べき乗則」と呼ばれる数学的関係に従うことが多い。べき乗則を理解するため、一定回数以上引用される論文の割合を示したグラフを描いてみよう。私たちにとってもっともなじみがあるのは、均等目盛のグラフ、つまり1、2、3、4……とか10%、20%、30%……というように等間隔で目盛が増加していくグラフだ。べき乗則が姿を現わすのは、ある数の累乗ずつ増加していく両対数目盛でデータをプロットした場合だ。たとえば、10の正（厳密にいうと非負）の累乗は1、10、100、1000、1万……となる。同様に、10の負の累乗は0・1、0・01、0・001……とどんどん小さくなっていく。両対数目盛の *x* 軸は論文の引用回数、*y* 軸はその回数以上引用された論文の割合を示す。

2008年の科学論文の両対数プロットを図10・1に示す。論文の割合と引用回数とのあいだには直線的な関係が見られる（10回以上引用された論文の場合）。べき乗則として知られるのはこの直線だ。*

＊　p回以上引用される論文の割合は、論文の引用回数nの定数乗（マイナスa乗）に比例する（つまり、kを定数として$p=kn^{-a}$が成り立つ）[4]。

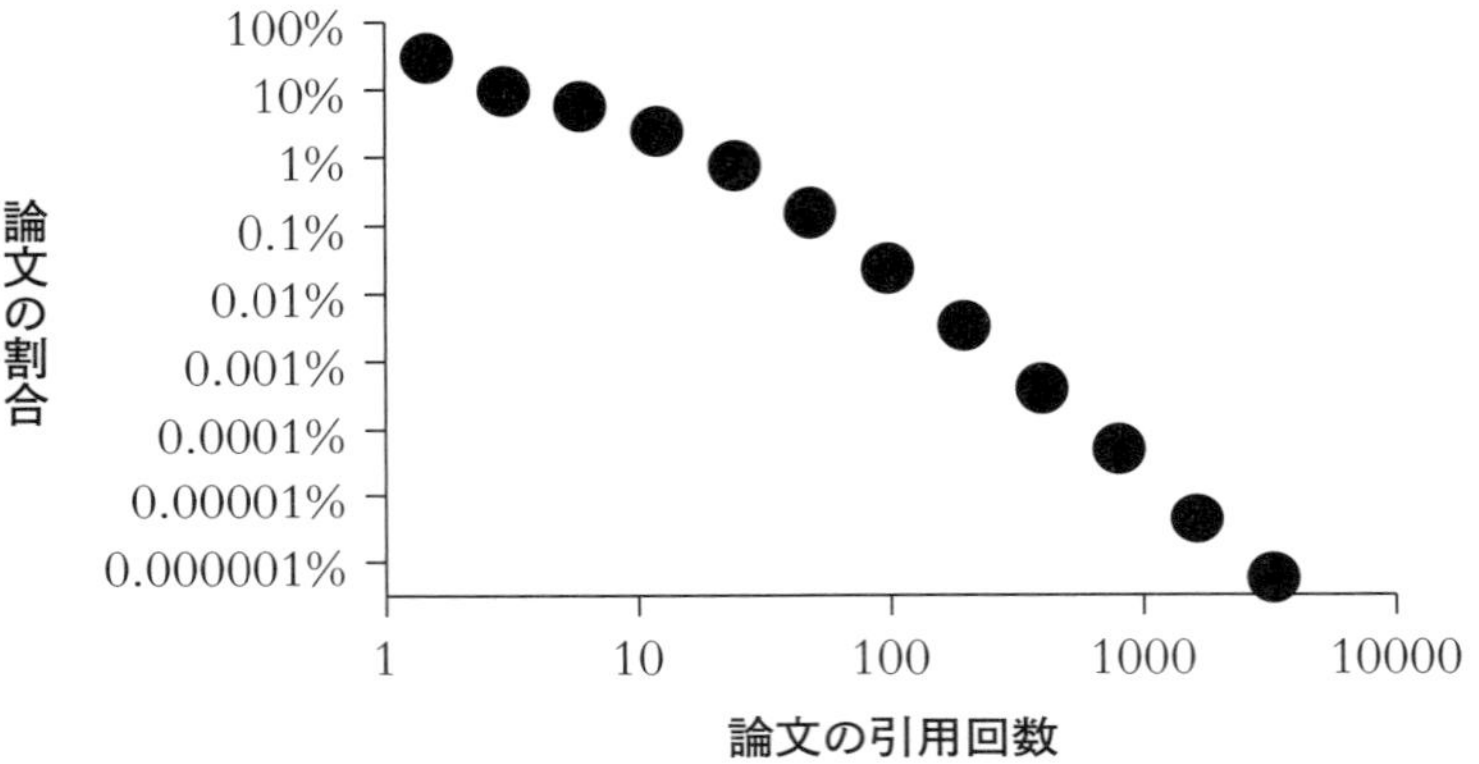

図10.1　2008年の科学論文において、論文の引用回数とその回数以上引用された論文の割合との関係をプロットした。データはヨンホ・オムとサント・フォルトゥナトが収集したもの[3]。

べき乗則は、極端な格差があることを示している。２００８年の科学論文の73パーセントは引用回数が１回以下だった。論文の執筆に何カ月も費やした人にとっては、考えただけで気の滅入る事実だ。他方、10万件にひとつの論文が２０００回以上引用されている。つまり、誰も読まないような人気のない論文が多数を占めていて、ごく一握りの論文に絶大な人気が集まるわけだ。まったく同じ関係がユーチューバーにも成り立つ。何千万人というチャンネル登録者を抱えるのは、先ほど紹介したジェイク・ポール、コンピューター・ゲームで遊ぶ様子を動画配信しているピューディパイ、バスケットボール、トランプ、スポーツ用品を使ったトリック・ショット動画を撮影するデュード・パーフェクトといった20あまりのチャンネルのみで、数十万というチャンネルには登録者が数えるほどしかいない。

理論物理学者のヨンホ・オムとサント・フォルトゥナトは、あるモデルを引用データの両対数プロットと比較し、「こちらもおすすめ」（つまり、引用回数の多い論文を自分も引用するという行為）の相対的な重要度がどう変化してきたかを測定した。２００８年の直線的なべき乗則のグラフは、そうした行為がかなりの割合で行なわれていることによって説明がつく。一方、かつて論文引用の格差が小さかったのは、科学者たちが独立した判断をする傾向にあったという事実と符合する。そのあいだの数十年間で、科学界の人気コンテストは過熱の一途をたどり、人気の論文はますます人気に、人気のない論文は置いてけぼりを食った。この引用格差は加速を続けている。２０１５年時点で、主要学術誌に掲載された論文の１パーセントが、それらの学術誌における引用の17パーセントを占めていた。

この「こちらもおすすめ」メカニズムが科学界の人気コンテストを助長するリスクを考えると、科学界は引用数の解釈方法について慎重を期していると思うかもしれない。実のところ、最大の皮肉はこの部分にある。私の場合、すべては２００５年にちょっとした遊びから始まった。私の友人で同僚のスティーヴン・プラットが、コーヒー休憩中に私にこんなことを訊いた。「h指数って聞いたことがあるかい？」。なかった。「*h*回以上引用されている論文を*h*件発表している人のh指数は*h*なんだ」と彼は説明した。

なんだって？　私はしばらく頭がこんがらがっていた。すると、スティーヴンはグーグル・スカラーにリストアップされている私の論文を見せてくれた。当時、私はまだ9件しか論文を発表しておらず、そのうちの1件が7回、別の1件が4回、そして別の2件が3回ずつ引用されていた。なので、私のh指数はたったの3ということになる。4回以上引用されている論文は2件しかなく、３回以上引用されている論文が３つあるからだ。スティーヴンのh指数は私より高くて6だった。ようやくh指数の考え方を理解すると、私は知りあいを片っ端から調べてみた。スティーヴンの恩師で著名な数理生態学者のサイモン・レヴィンは、h指数が１００を超えていた。１００回以上引用されている論文が１００件以上あったのだ。

たちまち、学界の全員が引用数やh指数について話しはじめた。それはコーヒー休憩中だけではない。政治家や助成機関はすぐさま引用数で科学者を評価しはじめた。彼らはとうとう、大学内部の活動を評価する方法を手に入れたのだ。長年、学界は閉鎖的な世界で、納税者たちは名案を思いつくのを私たちに任せきりにするよりなかった。しかし、政治家や当局者たちは、引用数を使えば名案が各大学でどれだけ生まれているのかを測定できると考えた。

スティーヴンと私がお互いのh指数を計算していたころ、私は当時のイギリス首席科学顧問のロバート・メイ卿が「国家の科学的な富」に関する論文を発表するのを聞いた。[5] 科学顧問の職に就いたとき、彼はイギリスの科学的な成果を他国と比較する方法を考えた。まず、彼はイギリスの論文の引用数と研究費を計算した。次に、前者の数値を後者の数値で割ったところ、イギリスでは研究費１００万ポンドあたり１６８回引用されていることがわかった。次点がアメリカとカナダの１４８回と１２１回で、日本、ドイツ、フランスはすべて１００万ポンドあたり50回未満だった。イギリスの科学は世界を大きくリードしていたのだ。

この結論自体はほとんど忘れ去られた。むしろ、イギリス政府やその後の他国の政府が彼の論文から読み取った最大のメッセージは、科学的な成功を確実に評価できるようになったという点だった。その後、大学学部の状況が主にアルゴリズムによって監視されるようになり、学者たちは研究評価活動の一環として最近の論文の一覧を提出するよう求められた。それらの論文は新しかったので、引用数だけでは評価できなかった。まだ引用が集まるほどの期間がたっていなかったからだ。むしろ、論文の質はその論文が発表された科学誌の〝影響力〟によって決められた。影響力は、その科学誌に発表されたほかの論文の引用数によって評価された。

影響力をめぐる争いは、科学誌に人気コンテストのような効果をもたらした。影響力の大きな学術誌、つまり引用回数の多い論文ばかり掲載している学術誌は、影響力の低い学術誌と比べ、高品質な論文を多く惹きつけた。気がつけば、若い科学者たちは一握りの著名な学術誌に論文を載せてもらおうと競いあっていた。彼らは質の高い研究に専念する代わりに、影響力の高い学術誌に論文を発表し、h指数を押し上げることばかり考えていた。

この人気コンテスト効果は科学者自身にも当てはまる。ある研究によると、引用回数の多い論文をすでにたくさん執筆している著者が書いた論文ほど、すぐに引用が集まった。要するに、論文の引用数だけでなく、論文の著者の名声も成功を促したのだ。[6] 自分自身や同僚の引用履歴に目を光らせるのは、かつてのスティーヴンや私にとってはちょっとした遊びだったが、今や学問の世界で生き残るための必須条件となった。

科学者はとても賢い人々の集まりだ。影響力の大きい研究を行なうインセンティブを与えられると、きっちりとそれをこなす。エクセター大学のアンドリュー・ヒギンソンとブリストル大学のマーカス・ムナフォは、論文の最適な発表戦略を割り出すため、科学界における生存と、自然淘汰のもとでの野生動物の生存とのあいだにある数学的な類似性を導き出した。[7] ふたりのモデルでは、科学者たちは新しいアイデアの開拓と以前の研究結果の確認のどちらかに時間を費やすことができた。ふたりの研究の結果、影響力を重視する現在の研究環境は、新しいアイデアの開拓に大半の時間を費やす方向へと科学者たちを導いていることがわかった。つまり、斬新な可能性について数多く研究している科学者は生き残り、自身の研究結果を入念にチェックする科学者は〝絶滅〟するということだ。

一見すると、これはよいことに思える。退屈な古い研究結果を調べ直すのではなく、斬新なアイデアの研究に力を注ぐわけだから。問題は、一流の科学者でさえうっかりミスをするという点だ。そのなかには、統計的な偽陽性もたくさん含まれる。斬新な結果を求めてたくさんの実験が行なわれると、ごくたまに、刺激的で斬新な結果が出たように見えることがある。実際には、その研究者は〝運がよかった〟にすぎないのだが。

運がよかったというのは、その結果を導き出した研究者にとってという意味だ。おかげで、その研究結果を高名な学術誌に発表し、おそらく新たな研究助成金を受け取れるわけだから。しかし、科学全体にとっては、こうした運のよい（誤った）発見はまったくうれしいものではない。ふたりのモデルでは、ほかの研究者がそうした研究結果を検証するインセンティブがほとんどない。ほかの人々の研究結果を裏づけたり論破したりすることに興味を持つ科学者は、結果的に引用回数の少ない論文を書くことになり、いつの間にか失業するはめになる。その結果、誤った理論ばかりが科学の経典のなかに蔓延していってしまう。

どのモデルもそうだが、アンドリューとマーカスの研究には科学活動への風刺がこめられている。

こうした問題はあれど、私は引用数に目を光らせたり引用を追い求めたりすることが実際の科学研究の質を下げているとは思わない。研究の時間が与えられれば、私たち科学者は今でもきちんと研究を行なう。私の知る科学者の大半は、いつでも真実を追い求めようとしているし、心の底から正解を知りたいと願っている。また、同僚の研究結果を再検証して、反証する方法を見つけるのを楽しんでいる。ほとんどの科学者にとって、同僚の理論に矛盾を見つけるのは、自分で新しい結果を導き出すのと同じくらい満足感がある。つまり、誇張された理論や誤った実験結果を検証するインセンティブはなくなってしまったわけではない。

一方で、アルゴリズムによる研究の評価は、私たちが純粋研究に捧げる時間を減少させた。私たちがよく使う言い回しを借りるなら、一流の学術誌に掲載されるためには、論文を〝セクシーにする〟必要がある。そのためには、最良の結果を持ち上げ、それがほかの分野の研究者にとって興味深い結果である理由をアピールしなければならない。また、こちらも私たちがよく使うフレーズだが、執筆した論文の数を少しでも増やすため、研究結果を発表可能なもう少し小さな単位へと〝サラミ・スライスする〟場合もある。研究をセクシーにすることやサラミ・スライスすることには、そうとうな時間がかかる。たくさんの文章を書き、影響力の高い学術誌に却下されたら、次はもう少し影響力の低い学術誌へと、繰り返し論文を提出しなければならないからだ。

皮肉はここにある。アヌラグのグーグル・スカラーのアルゴリズムは、私たちの仕事の効率を10パーセント向上させた。科学界や助成機関はその効率性を何に使ったのか？　私たちを監視し、操るために使ったのだ。私たちの研究方法を一変させ、私たちが得た効率の大部分をチャラにした。そして、金持ちがますます金持ちになる科学界、上位1パーセントの人々が支配する科学界を生み出した。この状況は、多くの科学者にとっては問題ないのだろうが、一部のとても優秀な研究者たちを置いてけぼりにしている。

しかし、人気コンテストに屈服した科学者ばかりではない。一部の科学者たちは、彼らのいちばん得意な手法、つまり科学を使ってこの流れに抗っている。サント・フォルトゥナトは、特に若手の科学者の評価に用いられた場合、h指数は科学研究の生産性を示す指標としてはかなり信憑性に乏しいことを証明した。[8]２００５年〜15年にノーベル賞を受賞した25人の研究者のうち、14人は35歳時点でのh指数が10未満だった。終身在職権のある職に就くには、h指数が12以上でなければならないことが多いので、[9]このルールに従うならその14人のノーベル賞受賞者は仕事を見つけられなかったということになる。

人気コンテストや両対数プロットに関する論文を書き、若くして学術界でユーチューバー並みの名声を得たアルバート＝ラズロ・バラバシは、ある科学者のもっとも重要な論文は、キャリアのどのタイミングで書かれる可能性も等しくあることを証明した。[10] それは最初の論文かもしれないし、博士号の取得直後の論文かもしれない。恒久的な職を得ようと必死で研究しているときに書いた論文かもしれないし、研究者として名声を築いたあとの論文かもしれない。そしてもちろん、最後の論文かもしれない。大きな飛躍はいつでも起こりうる。この発見は、助成先を判断しなければならない助成機関にとっては非常に頭の痛い内容だが、それと同時に過去の引用数が必ずしも当てにならないことも示している。一流の研究者を助成してチャンスを逃す場合もあれば、ずっと芽の出ない研究者を軽視して最大の発見をつかみそこねる場合もあるだろう。

「こちらもおすすめ」のようなアルゴリズムは、新しい集団行動の形、新しい人間の相互作用のしかたを生み出す。もちろん、こうしたアルゴリズムには、研究結果を今までよりも広くすばやく共有できるようになるというメリットもたくさんある。しかし、アルゴリズムに私たちの世界観を決めさせるのはまちがっている。学問の世界では実際にある程度そういうことが起きている。引用に関する指標や影響力は計算しやすいため、今や科学界の通貨となった。

格差は社会が直面する最大の課題のひとつであり、オンラインの生活によってますます悪化している。私たちはフェイスブックの友達の数、ツイッターのフォロワー数、リンクトイン上のコンタクトの数でお互いを判断する。そうした判断は完全にまちがっているわけではない。ダンカン・ワッツとマシュー・サルガニクが前章の音楽チャートの研究で発見したように、本当にひどい曲は下位に沈んだからだ。しかし、完全に正しいわけでもない。ジェイク・ポールは凡人だという私の主張の根拠となった批判は、成功した科学者にも向けることができる。「いいね！」やシェアといった社会資本の蓄積は、そのまま研究助成金やランボルギーニといった金融資本の蓄積へとつながる。すると、さらなるフィードバックが続く。

この「こちらもおすすめ」アルゴリズムはわかりやすいが、いちどで完全に理解できなかったのなら、第9章の最初に戻ってアルゴリズムの説明を読み直してほしい。このアルゴリズムと無縁な生活を送ることなんて絶対に不可能なので、このアルゴリズムが入力値と出力値をどう歪めるかを理解しておくことは重要だ。あなたが人事担当者をあっと言わせるためにリンクトインで人脈を築いているのであれ、あなたが広い人脈を持つ自信満々な候補者とフェイスブックの友達がほとんどいない物静かな候補者とを比べている人事担当者であれ、アルゴリズムにすべてを決めさせてはいけない。人間としての尊厳こそ、私たちにとってもっとも大事なもののひとつなのだ。

オンラインの生活を自分自身でコントロールする方法はほかにもある。

「こちらもおすすめ」アルゴリズムは情報を共有する唯一の手段ではない。では、どの共有サービスが最適なのだろうか？　私がクリスティーナ・ラーマンにそうたずねると、彼女は初期のツイッターを答えに挙げた。２０１６年以前、ツイッターは単純にあなたがフォローする人々がシェアした情報を時系列順に表示していた。そのため、あなたの友達が何かを投稿したとき、あなたがツイッターを見ていなければ、見逃してしまう可能性が高かった。ほかのユーザーのリツイートがあればいいのだが、いずれにしても時間がユーザーの見る内容を決める最大の要因だった。

次第に、ツイッターは「こちらもおすすめ」アルゴリズムへと近づいていった。ツイッターには「見逃し」機能が搭載され、たくさん「いいね！」されたコンテンツやリツイートされたコンテンツがタイムラインの上位に表示されるようになった。現在、ツイッターのデフォルト設定は［重要な新着ツイートをトップに表示］となっている。このオプションをオフにすれば、なるべく多様な意見に触れられるだろう。

フィルタリングがもっとも少ないアプリのひとつに、出会い系アプリ「ティンダー」がある。私はティンダーを使った経験がない。アルゴリズムの仕組みを理解するためなら、私自身のオンライン生活の大部分を分析するのはいっこうにかまわないのだが、オンラインの出会い系アプリをダウンロードするのだけは控えている。私の妻はとても理解のある女性だが、いくら科学研究のためでも、出会い系アプリのアカウントをつくるのは許してくれないだろう。

幸い、ティンダーを愛用している私の年下の同僚たちが、サービスの仕組みについて説明してくれた。ユーザーはその人が気に入りそうな近隣の人々のプロフィール写真を次々と見せられる。

その人を気に入れば右にスワイプ、興味がなければ左にスワイプする。あなたが相手を右にスワイプし、相手もあなたのことを右にスワイプすれば、アプリでチャットできる。うまくいけばロマンス（またはあなたの望んでいること）が成就するだろう。

写真重視なので、ユーザーのプロフィールには名前、年齢、趣味、短い自己紹介といった簡単な経歴しか含まれない。ティンダーがリリースされると、複雑なアルゴリズムで相性ぴったりの相手を見つけると称するオンライン出会い系サイトを脅かす存在となった。長々としたアンケートに答えたり、フェイスブックのプロフィールを分析されたりすることにうんざりしていた若者は、たちまちシンプルで公正なティンダーを気に入った。ティンダーはフィルタリングが行なわれていないため、ユーザー自身で市場にいる相手を評価できる。

男女ではスワイプのしかたに大きな差がある。偽アカウントと1枚のプロフィール写真を使い、ロンドンで行なわれた研究によると、女性は男性より1000倍近くも右にスワイプされる傾向にあった。[11]

あなたが女性からまったく右にスワイプしてもらえない孤独な男性だとしたら、できることはいくつかある。まず、経歴を載せるか、もう2枚プロフィール写真を追加するだけで、選ばれる確率は4倍になる。女性は男性よりもえり好みが激しく、情報を求める傾向があるので、女性に選んでもらいたければ、相手の求めている情報を与えることが必要だ。

こうした基本的なコツで、男性の悩みが完璧に解決するわけではない。このロンドンの研究を実施したガレス・タイソンは、ユーザーにアンケートを送り、マッチ（双方が右にスワイプしたケース）の件数を調べた。大多数の男性は右にスワイプした回数の1割未満しかマッチしておらず、幸運な5パーセントの男性が5割以上の確率でマッチしていた。アルゴリズムはまったく異なるものの、この格差は科学論文の場合と酷似している。おそらく、ごく一部のイケメン男性が注目を独り占めしているのだろう。残りの男性は、相手を見つけるために何度もスワイプを繰り返さなければならない。

だが、果たして本当にそうなのだろうか？

私と一緒にファイブサーティエイトの分析を行なった同僚のアレックスは、ティンダーのヘビー・ユーザーだ。若くしてオーストラリアからスウェーデンにやってきた独り身の彼にとって、最初ティンダーは新しい出会いを見つけるのに打ってつけの方法に見えた。ところが、なかなか出会いが見つからないと、彼は敗因を分析した。そこで、彼はティンダーを利用する男女の行動の数学的モデルを作成することにした。デートの相手がいなければ、数学をする時間はたっぷりとあるだろう。

アレックスは、なかなかマッチする相手が見つからないと、スワイプの回数が増えることに気づいた。初めてティンダーを使う男性は、かなりえり好みする傾向があるのだが、なかなかマッチしないとわかると、ストライク・ゾーンを広げ、しょっちゅうスワイプするようになる。女性はその逆だ。いとも簡単にマッチするので、ストライク・ゾーンを狭めるのだ。アレックスのモデルによると、この反応は全員の状況を悪化させる。最終的には、女性がひとりかふたりの男性を選び、男性は手当たり次第に女性を選ぶようになる。アレックスはこの状況を「不安定なお見合いゲーム」と呼んだ。完璧なカップルを見つけるという問題の安定解が男女双方にとって消失してしまうからだ。[12] むしろ、このアルゴリズムの結果はガレス・タイソンがロンドンのユーザー研究で観察したものと同じだった。平均すると、男性は画面に表示された女性の半数近くを右にスワイプし、ほとんどの女性は1割未満の男性しか右にスワイプしなかった。

アレックスは彼にとって効果抜群な解決策を見つけた。彼は群れとは逆の方向を目指した。彼はむしろハードルを上げ、粘り強くデート相手を選ぶようにしたのだ。彼は心から興味のある女性を入念に選び、相手が興味を持ってくれそうな自己紹介文を書き、相手に選んでもらえるのを待った。すると、彼のマッチ率は劇的に増加した。まだティンダーで運命の人は見つかっていないが、ストックホルムのカフェで何度も楽しいデートを経験し、デート相手のひとりとバンドも組んだ。

「こちらもおすすめ」システムは、恋人探しにはあまり有効ではないだろう。オンラインであれどこであれ、「彼、すごくよかったわ。あなたも試してみたら?」と友達どうしが会話するのなんて聞いたためしがない。しかし、学術論文にスワイプ・システムを導入してみる価値はある。毎朝、私はオフィスの席に着くなり、ほかの学者たちの論文を右や左にスワイプしていく。誰が誰の論文を引用しているかが明かされることはない。双方が互いの論文を右にスワイプすれば、そのアプリを通じて相手と連絡を取り（こっそりと1対1で）、科学的な内容についてもう少し詳しく話をするのだ。

アヌラグ・アチャリアに提案がある。もしこの本を読んでいるなら、ぜひそういうサービスをつくってもらえないだろうか。そうすればようやく、私も結婚生活を破綻させずにスワイプができるようになるだろうから。

第11章　フィルターバブルに包まれて

――あなたが何を目にするかは決められている。だが……

イギリスのEU離脱とドナルド・トランプの大統領当選は、学問の世界にこもって暮らす私たちに衝撃をもたらした。リベラルな学者仲間の多くは理解に苦しんでいた。知り合いにトランプを支持するという者はいなかったし、EUの解体を望む者にも会ったことはなかったのだ。購読しているリベラル系新聞も一様に困惑しており、紙面には「EU離脱に賛同したイギリス人10人の声」「白人労働者層はなぜトランプを支持したのか」という見出しの記事が飛び交った。社会のあるべき姿について、皆のあいだで意見は一致していたはずなのに、有権者はなぜ突然反旗をひるがえしたのか。その経緯と理由を突き止めることが、なんとしても必要だった。

私は納得のいく答えを探すため、政治をテーマにした過去1年の膨大な記事をひもといた。そんななかとりわけ目を引かれたのが、人々に誤った情報が伝わるのはアルゴリズムに原因があるという主張だった。『ニューヨーク・タイムズ』や『ワシントン・ポスト』、『ガーディアン』、『エコノミスト』といった数多くのメディアが、アルゴリズムが生み出す孤立と分断について、数学的な用語を駆使して解説していた。

まず取り沙汰されたのは、エコーチェンバー（反響室）現象とフィルターバブルである。記事によれば、フェイスブックやグーグルが検索結果をパーソナライズした結果、ユーザーは自分の見たい情報だけを見るようになってしまったのだという。続いて注目を浴びたのは、フェイクニュースだ。アメリカ大統領選挙では、マケドニアのティーンエイジャーがサイトのトラフィックと広告収入を増やすため、トランプとクリントンにまつわるでたらめな噂を組み合わせたニュース記事を自動的に発信していた。また、ロシアが選挙を操っていたという主張もあった。フェイスブックに広告を流し、トロールを雇ってツイッターや政治ブログに攻撃的な書き込みをさせることで、アメリカ社会に分断を生み出したというのである。

そうした数学とアルゴリズムへの不安の大部分が、本書で論じた「こちらもおすすめ」モデルや、フェイスブックがユーザーの性格分析に用いるアルゴリズムと共鳴していた。まるで私たちが何を考えどう行動すべきかを、アルゴリズムにまかせているかのような雰囲気が漂っていた。たしかに、報道されるニュースのなかには政治的なブラックハットが歪曲・捏造したものもあり、それ自体はリスクとして見過ごせなかった。だが私は、数学がこのような記事で使われることに加え、メディアを消費する人々に関して、記事に含みのあることが気になった。アメリカの国民はバカだから、マケドニアのティーンエイジャーやロシアのトロールがこしらえたメッセージに限って鵜呑みにしてしまったのか？　国民は、フェイスブックの記事からそんなにも強い影響を受けていたのか？　同僚のほとんどがそう信じているようだった。だが、私には確信が持てなかった。

学者やジャーナリストがトランプとクリントンのフィルターバブルに不安を抱くよりもずっと前、ふたりの若きコンピューター科学者が、インターネットと政治キャンペーンの相互作用に注目していた。そのふたり、ラダ・アダミックとナタリー・グランスは、2004年大統領選挙前の「ブロゴスフィア」〔訳注　インターネット上のさまざまなブログによって作られるコミュニティ〕について研究をしていた。

現代のソーシャル・メディアと比較すると、2004年当時のブログはいささか古風に感じられる。フォーマットはいたってシンプルだ。ブロガーがテキストで意見をつづり、新聞から画像を引用し、ニュースサイトやほかのブログへのリンクを貼る。ソーシャル・メディアへ接続する「いいね！」ボタンも「シェア」ボタンもない。当時、フェイスブックはまだ設立されて間もなかったし、ツイッターはサービスが始まってもいなかった。政治ブログはたいてい「ブログロール」というリンク集で直接つながっており、ブロガーはそこに賛同するサイトや記事をリストアップしていた。

図11・1は、2004年アメリカ大統領選挙前のリベラル系ブログ上位20件（民主党支持、黒い丸）と、保守系ブログ上位20件（共和党支持、灰色の丸）の関係性を示している。それぞれの丸の大きさは、ほかのブログからの人気の高さに比例する。線が太いほど、ブログ間のリンク数

が多い。

２００４年、政治系ブログのコミュニティは、真っ二つに分かれていた。民主党を支持するブログはほぼ民主党支持のブログしかリンクしておらず、共和党を支持するブログも状況は同じだった。両派間のつながりはほとんどなく、２００４年の大統領選挙で民主党のジョン・ケリーに支持を鞍替えしたアンドリュー・サリバン（図11・１のAS）の「デイリー・ディッシュ」のみが、共和党支持ブログとしては唯一、民主

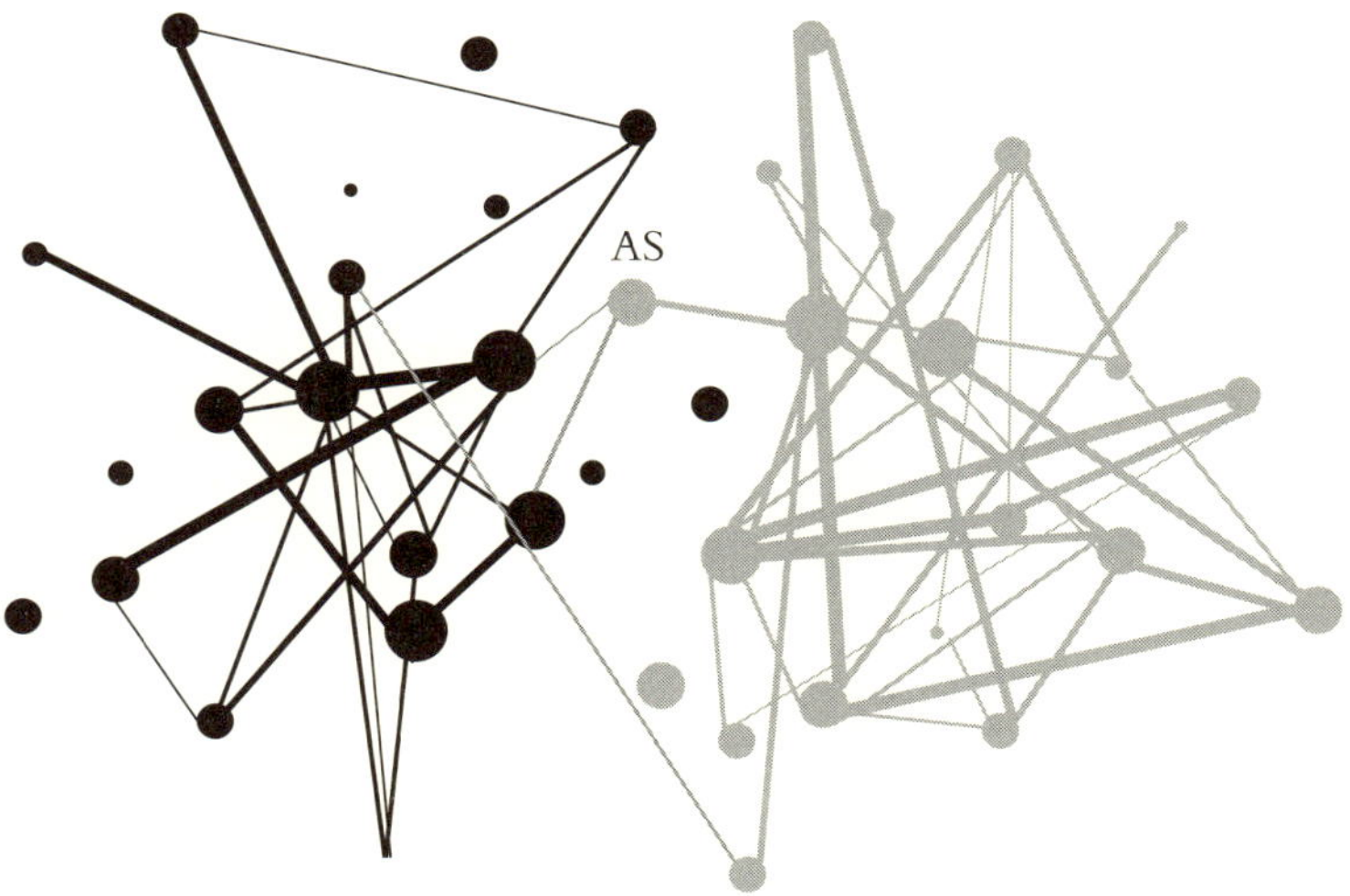

図11.1　2004年アメリカ大統領選挙前の政治系ブログ上位40件のネットワーク。黒い丸はリベラル系ブログを、灰色の丸は保守系ブログを表わす。丸の大きさはほかの上位ブログからの被リンク数に比例する。５回以上リンクした場合のみ線が表示され、リンクの数が多いほど線は太くなる。図のASは、アンドリュー・サリバン主宰の「デイリー・ディッシュ」。なお、図はラダ・アダミックとナタリー・グランスによる論文「政治的ブロゴスフィアと2004年アメリカ大統領選挙：分断されたブログ（The political blogosphere and the 2004 US election: divided they blog）」（2005）から引用した。

党支持ブログに複数のリンクを貼っていた。だがこうした例外をのぞけば、分離は徹底していた。

民主党支持ブログと共和党支持ブログのネットワークは、それぞれ性質が異なっている。図11・1をよく見ると、保守系ブログのほうがリベラル系ブログよりも互いをつなぐリンクの数が多いのがわかる。また、保守系ブロガーは、リベラル系ブロガーよりもほかのブログの記事に多くコメントを寄せる傾向が強い。さらに、共和党支持者のネットワーク内では民主党支持者よりも熱い議論が展開されている。だが一方で、ふたつのネットワークには重要な共通点がある。リベラル系も保守系も、外界に対して閉鎖的でないのだ。どちらのブログも記事を書く際には、毎回のように主流メディアのニュース記事に言及している。たとえば投票日までの2カ月半のあいだ、リベラル系ブログは『ワシントン・ポスト』紙の記事をおよそ900回、保守系ブログはおよそ500回引用した。リベラルと保守のブログは意見こそ異なっていたものの、主流メディアを取り入れている点では同じだった。

ラダとナタリーの研究は、コンピューター科学者が今後のニュースや政治を分析する際のヒントとなった。ふたりが研究にあたって開発した手法——政治ネットワークを分析し、議論におけるキーワードを自動的に検出して、政治評論家どうしの関係性を突き止める手法——は、人々のメディアのとらえ方を変えるきっかけとなった。論文のなかでふたりは、「今後はコミュニティを通じて拡散するニュースや思想をたどり、ネットワーク内のリンクのパターンが拡散のスピードと範囲にどう影響するのか見きわめたい」と語った。

学術的な観点からすれば、胸が躍るような可能性に満ちていた。ラダとナタリーの研究は、政治に関する私たちのコミュニケーションが数学的手法で把握できることを証明したのだ。だが、もし科学者が政治的なコミュニケーションを理解する手法を編み出せるとしたら、政党や大企業はそれを使って私たちの議論を操作できてしまう。実際、２００４年以降、そうした手法はすさまじい勢いで進化してきた。

２０１６年、アメリカ大統領選挙とブレグジット投票が実施されるころには、右派の「ブライトバート」や左派の「ハフィントン・ポスト」といったオンライン・メディアが、これら初期の政治系ブログを合わせたような存在となっていた。２００４年大統領選挙の際に活動していたブロガーは、その多くがこうしたメディアや「ドラッジ・レポート」などのニュースサイトに寄稿するようになっていた。アンドリュー・サリバンのように、たえまないソーシャル・メディア活動にはほとほとうんざりしていると書きたてる者もいたが、彼らの地位は新たに登場した膨大な意見に奪われていった。独立系の政治ブログがひっきりなしに現われ、オンライン投稿サイト「ミディアム」では現在、数万人が日々の思いをつづっている。記事は「レディット」でプラス票かマイナス票を投じられ、「バズフィード」や「ビジネス・インサイダー」といった著名サイトで取り上げられて拡散する。その後、「フィードリー」や「ファーク」などのアグリゲーター・サイトがそれをまとめ、「フリップボード」で自然と新聞形式になり、フェイスブックでシェアされる。こうした世界中で日々記される膨大な言葉にはその後コメントが寄せられ、それによって議論が起こり、嘲笑が浴びせられ、ツイッターで280文字の制限つきでシェアされる。評論家はこうした幅広いソーシャル・メディアを分析した結果、たいていふたつの重要な問題へと帰り着く。エコーチェンバーとフィルターバブルである。これらふたつの現象は互いに関連しているが、少しだけ異なっている。たとえば、2004年の政治系ブログ・ネットワークは、エコーチェンバーの典型例だ。ブロガーは自分に賛同してくれるほかのブロガーとつながることで、自分の見解やもともと抱いていた思想の正しさを確認する。ブログからブログへ、たまたま表示されたページのリンクをランダムにクリックしたとしても、そこで述べられているのは最初と同じ意見である。2004年のリベラル系ブログから20回クリックして、なおリベラル系のサイトを開いている確率は99パーセントを超える。保守系のブログから始めても、結果は同じだ。ブロガーたちはそれぞれの世界を形づくり、そのなかで意見は反響《エコー》する。

そのあと登場したフィルターバブルは、今なお成長を続けている。フィルターバブルとエコーチェンバーのちがいは、それをアルゴリズムがつくるか人間がつくるかということである。ブロガーは数あるブログのなかから自分の意思でリンク先を選べるが、アルゴリズムはユーザーの「いいね！」や検索結果、ブラウジング履歴に基づいて判断するため、私たちに選択の余地はない。フィルターバブルをつくり出すのは、こうしたアルゴリズムだ。[1] 私たちがブラウザー上で起こすアクションの一つひとつが、次に表示する内容を決めるのに利用されるのである。

たとえば、あなたがフェイスブックで『ガーディアン』の記事をシェアしたとしよう。フェイスブックは、あなたが同紙に興味を持っているという情報をデータベースにアップする。もちろん『テレグラフ』の記事をシェアしても同じだ。データベースには、あなたの興味関心が保存されていく。2016年4月、フェイスブックのニュースフィード・アルゴリズム担当者アダム・モセリは、プレス関係者向けの説明会でこう語った。「フェイスブックに登録した時点では、ニュースフィードはまだ空白の状態です。ですが、親しい人を友達登録したり、お気に入りの出版社をフォローしたりすることで、ゆっくりとながら着実に、自分向けにパーソナライズされた体験《エクスペリエンス》を積んでいけるのです[2]」

フェイスブックのアルゴリズムは、過去の選択に基づいて表示する情報を決める。ここでそのフィルターがどう機能するかを理解するために、あなたがフェイスブックを始めたばかりの、とても寛大で中立的な人間だと仮定しよう。あなたは寛大な性格なので、右寄りの『テレグラフ』と左寄りの『ガーディアン』両紙に目を通し、どちらの記事もシェアしている。さらに、あなたには右寄りと左寄りほぼ同じ数の友達がいる。実際にはこんな状況はまずありえないだろうが、あくまでアルゴリズムの潜在的な効果を調べるため、あなたがこのうえなく心の広い人間と仮定して実験を始めることとしよう。

さて、あなたはさっそく投稿を始める。何件か投稿したあと、『ガーディアン』と『テレグラフ』両方の記事をシェアしたとする。最初はこれといって反応がないが、そのうちひとりの友達が、あなたが『テレグラフ』からシェアしたEUの腐敗に関する記事にコメントを寄せる。あなたはコメントに返信し、その友達と何度か記事について感想を述べ合い、お互いの投稿に「いいね！」をつける。このとき、あなたはフェイスブックが求めているものを与えたことになる。つまり、サイト上で何に時間を費やすかという情報である。それと引き換えに、フェイスブックはあなたが欲しいものを与えてくれる。翌日、友達が投稿したＥＵの新たな規制への不満を述べた記事が、あなたのニュースフィードのトップに表示されている。その下の記事も『テレグラフ』のものだ。別の友達が、ＥＵ離脱によるビジネス上のリターンについて情報をシェアしている。どちらの記事内容も興味深く、あなたはさっそくコメントを書き込む。フェイスブックはあなたのさらなる興味関心に気づき、翌日もＥＵに批判的な記事をいくつも表示する。こうして、あなたの周りでフィルターが少しずつ形をとりはじめる。

以上の話はひとつの例に過ぎないが、数学を用いることでアルゴリズムのフィルターがどう働くかわかるのはたしかだ。フェイスブックが最近シェアされた記事をあなたのニュースフィードに優先的に表示するかどうかは、以下の式に一部基づいて決められている。[3]

表示優先度＝（新聞への興味）×（記事をシェアした友達との親しさ）

あなたがシェアした投稿について友達と交流すると、式の係数はいずれも増加する。『テレグラフ』への興味を示せば、フェイスブックはあなたと友達の親しさが上がったと考える。したがって、表示優先度を「関係性の2乗」と考えることもできる。「新聞への興味」という関係性と「友達との親しさ」という関係性がかけ合わさることで、表示優先度が上昇し、その結果『テレグラフ』が優先的に表示されるようになる。表示優先度が上がると今後こうしたリンクをクリックする可能性も高まり、フェイスブック上の順位も上昇し、記事の優先度がいっそう高まるというわけだ。

さて次のステップとして、アルゴリズムのふるまいと、ユーザーとアルゴリズムの交流、どちらも表わす数学的モデルをつくり出してみよう。ここでは、私が「フィルター・モデル」と名づけたモデルで説明する。フィルター・モデルはアマゾンの「こちらもおすすめ」モデルと同様に、フェイスブックのアルゴリズムが動く様子をシンプルに表現したものだ。これは、フェイスブックがニュースフィードを、ツイッターがタイムラインを、グーグルが検索結果をフィルタリングするにあたって、もっとも重要な要素である。私たちが何か、または誰かのリンクをクリックするほど、それらは優先的に表示され、その後も継続的にクリックされる可能性が高くなるのだ。

フィルター・モデルは、複数の交流を徹底的に調査する。それぞれの交流において、あるユーザーがふたつのニュース・ソースから投稿記事を提供されるとしよう。先ほどの例から、ここでは『ガーディアン』と『テレグラフ』を用いて考える。これら2紙の表示優先度が先ほどの式によって決まり、ユーザーはそれに応じて新聞をクリックすると仮定すると、2紙の相対的な優先度が刻々と変化していく様子をモデル化できる。[4]

図11・2は、5人の仮想ユーザーに対する『ガーディアン』と『テレグラフ』の表示優先度の変化を表わす。最初はどちらも50パーセントからスタートする。その後フェイスブックで20回にわたって記事に接した結果、5人の仮想ユーザーのうち、2人は『ガーディアン』の表示優先度が高く、もう2人は『テレグラフ』のほうが高く、あとの1人は若干『テレグラフ』のほうが高くなった。ユーザーの数を増やしても結果はほぼ同じだった。200回のフィルタリングを行なったことで、ほとんどのユーザーに対して一方の新聞記事が多く表示されたのである。

これらの仮想ユーザーは当初、どちらの新聞に対しても特定の嗜好は持っ

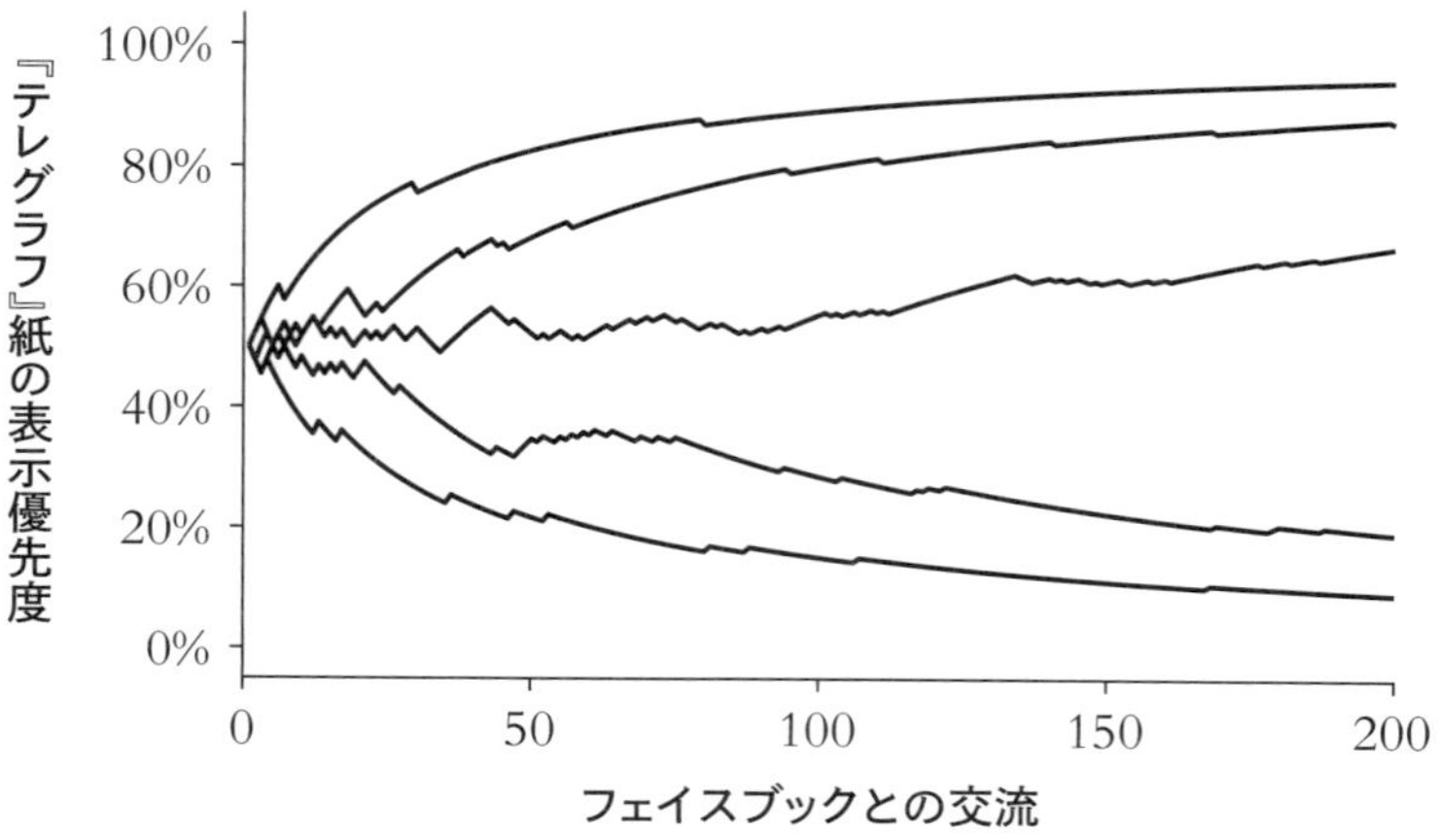

図11.2　フィルター・モデルが５人の「中立的な」ユーザーに働く様子を表わしたシミュレーション。本モデルでは、ユーザーは毎回『ガーディアン』か『テレグラフ』いずれかの記事と接する。『ガーディアン』を選ぶと同紙の表示優先度は上昇し、次回も『ガーディアン』を選ぶ確率が高くなる。このフィードバックが働くことで、ユーザーに対する１紙の優先度が、最終的にもう１紙を上回る。

ていなかった。クリックによって表示優先度が変わり、嗜好が形作られたのだ。ユーザーの選択と表示される記事のあいだにフィードバックが生まれ、それによってどちらの新聞記事が最終的に多く表示されるかが決まるのである。

アダム・モセリは、フェイスブックは最初「空白の状態」だと言った。だがユーザーがメッセージを書き込むと、表示優先度と関連性のあいだでたちまちフィードバックが生まれる。表示優先度は関連性の2乗に比例するため、空白だった中身はユーザーがたまたま最初に興味をもった新聞であふれかえる。アルゴリズムは中立的な人の周りにも泡《バブル》を生み出すのだ。

まして、フェイスブックを利用しはじめる人が以前から左あるいは右寄りのメディアを支持していた場合、その効果はいっそうめざましいものとなる。フィルター・モデルのアルゴリズムは、最初の小さな差異をすくい取り、それをもう一方の主張が見えなくなるまで拡大する。ユーザーは、自ら補強した意見と、少数の友人との交流の輪に閉じ込められてしまう。

だが、フェイスブックがニュースフィードに適用しているアルゴリズムは、フィルター・モデルよりもう少し複雑だ。フェイスブックは、10万に及ぶパーソナライズ因子を用いて表示する記事を決めると言っている（これは実際にはあなたの「いいね！」に主成分分析を行なうことを意味する）。したがって、フィルター・モデルはバブルを生み出すリスクがあることを示しているが、すべてのユーザーがバブルに閉じ込められると決まったわけではない。ここでは、私の単純化したモデルがどの程度実情をとらえているかを確かめたにすぎない。

数学者のミケーラ・デル・ビカリオは、イタリアのルッカにある計算社会科学研究所の研究員で、フェイスブックのアルゴリズムを検証している。研究員たちは、科学の進歩をシェアするイタリア人34名のフェイスブックと、陰謀論をシェアするイタリア人39名のフェイスブックを選別した。[5] ミケーラらは、こうしたページで投稿された記事に対してユーザーがシェアや「いいね！」やコメントを寄せる様子を研究したのだ。ふたつのコミュニティ内には、分極化を示す多くの証拠が見つかった。科学関連の記事に「いいね！」を押したりシェアをしたりする人は、陰謀論に「いいね！」を押したりシェアをしたりすることはめったになく、逆もまたしかりだった。また、それぞれのコミュニティ内にはエコーチェンバーの証拠も見つかった。陰謀論のほとんどは、すでに「いいね！」やシェアをした人々を中心に拡散しており、イタリアのユーザー全体にはほとんど影響を及ぼさなかったのだ。

インタビューでミケーラは、悪循環の発生について語った。「陰謀論の記事をシェアするほど、同じような記事をシェアするようになり、結果そうした話題に関心のある人々と交流するようになります」。これはフィルター・モデルで起こるプロセスと同じである。陰謀論をシェアすることと、同様の話題に触れたりシェアしたりすることのあいだにはフィードバックが存在するのだ。

残念なことに、同じことは科学にもあてはまる。イタリアの一部の科学マニアらが科学関連の最新ニュースをシェアしたとき、一般のユーザーはほとんど見向きもしなかった。

ミケーラたちは、陰謀論と科学の投稿で用いられる単語も分析した。彼女は言う。「熱心な投稿者のなかには感じのいい人もまれにいます。が、たいていの場合、活動に熱が入るほど、否定的な言葉を多く使うようになります」

科学主義者も陰謀論者も投稿を重ねるうちに穏やかさを欠いていくのは同じだが、とりわけ科学主義者にその傾向が強いようだ。彼らは陰謀論者よりもネガティブな言葉を使いがちで、フェイスブックでの活動が増えるにつれ、否定的な態度をとるようになっていった。エコーチェンバーのなかで熱心な信奉者となっても、幸福感を得られるわけではないということだ。

陰謀論者は科学主義者より親しみやすいだけでなく、彼らのシェアする記事は科学ニュースよりも人気が高い。これは、陰謀論の多くが科学に関するものであることを考えると憂慮すべき事態である。世の中には今なお、ワクチン接種が自閉症を引き起こすという噂がまかりとおっている。科学者たちが綿密な調査を重ね、ワクチン接種と自閉症のあいだには因果関係はないと再三訴えているにもかかわらず、そうした噂が収まる気配はない。また、今も語り継がれている話はほかにもある。いわゆる「ケム・トレイル」論（各国政府が飛行機を使って大気中に有害な化学物質や病原菌をばらまいているという陰謀論）などは、その筆頭だ。

ケム・トレイルの動画を観て私が驚いたのは、その内容ではなく、動画に対する自らの反応だった。仕事終わりの穏やかな夕刻、自宅でひとりモニターの前に座った私は、自分が目にしているものを信じはじめていることに気づいて愕然《がくぜん》とした。ユーチューブの再生回数が58万842回にも及ぶその動画は、カリフォルニア州のとある会合を記録したものだった。動画には、パイロットや医師、技術者、科学者らの証言が映し出されていた。舞台は地方政府の公聴会で、室内は人であふれかえり、何かしら重大な物事が進行中といった印象を受ける。白髪の男性が次々と証人席へと歩み出て、「ナノ粒子の蔓延」「大気汚染の高まり」「昆虫種の急激な減少」に関する専門的な情報を持ち出し、アルツハイマー病、自閉症、ＡＤＨＤ、生態系の破壊、河川の汚濁について語りつづける。話の内容には科学的に筋が通るものもあり、水質や環境問題に焦点を当てている点など惹きつけられる部分も多い。発言者は次々と切り替わり、カメラは発言者に賛同する聴衆を繰り返し映し出す。途中でいくつか疑問が思い浮かぶが、すべてが迅速に進行するので、しだいにそれぞれの主張の論点が不明瞭になる。何がまちがっているのか、指摘することもできない。

うまくつくられた科学的な陰謀論の動画には、こうした効果がある。私は虚実入り交じった内容に圧倒され、なんとか自分のなかで混乱した思考をまとめようとしていた。次から次へと動画をクリックし、気がつくと3時間以上も経過していた。どの動画も再生回数は数十万回に及び、なかには数百万回再生されているものもあった。ケム・トレイルの被害を訴える団体「ジオエンジニアリング・ウォッチ」のメンバーが、ケム・トレイルの裏で「急速に進化する科学」について述べた仰々しいプレゼン映像。歌手のプリンスが、ケム・トレイルと暴力の関係性から楽曲の着想を得たと語るインタビュー動画。重金属が人体に与える影響について、不安げな面持《おもも》ちで静かに語る母親。退官した元政府高官の告白。そして、政府が国民に毒を撒《ま》こうとしていると告発しようとしたせいで子どもを取り上げられたという母親。これらの動画を視聴したあと、私はラップトップを閉じ、暗い部屋でじっと動かずにいた。心が明瞭になり、科学的な思考がふたたび働き出すまで数分ほどかかった。

私自身が陰謀論のバブルに吸い込まれる危険性が高いとは思わないが、動画を観たことで陰謀論者がどんな人たちなのかは理解できた。私は続けてハーバード大学地球工学部教授のデイヴィッド・キースが主宰する事務的で淡々としたウェブサイトにアクセスし、ケム・トレイル論がなぜまったくの作り話といえるのか丁寧に解説する記事を読んだ。また、カリフォルニア大学地球システム科学部教授で、77人の科学者にケム・トレイルなどの陰謀論の可能性について質問したというスティーブ・J・デイヴィスが作成した動画も視聴した。77人の科学者のうちひとりをのぞく全員が、陰謀論の証拠とされるものについては、ほかにもっと合理的な説明が可能だと答えたという。

しかし、スティーブの動画の再生回数はたったの1720回だった。理由は明白である。事実に基づいてはいるが、盛り上がりに欠けるのだ。動画のなかで彼は、研究室のソファに腰を下ろしたまま、ピアレビュー〔訳注　論文の発表前に、同じ分野の専門家に審査してもらうこと〕の大切さについて終始穏やかな調子で説いていた。ジオエンジニアリング・ウォッチのような目論見があるわけではないので、自分の主張を押しつける必要もなかった。スティーブが自らの研究発表をなぜこのような形式にしたかは理解できるが、先に見た陰謀論の動画と比べて、科学バブルがなぜ陰謀論バブルより小さいのかもよくわかった。陰謀論は、科学よりもずっと魅力的なのである。

陰謀論のうずまく部屋《チェンバー》のなかで、その思想が疑われることはない。同じような顔ぶれが、同じような内容の投稿をシェアしつづけるだけだ。ウィンチェスター大学で教鞭を執り、「陰謀論の心理学」というブログを運営するマイク・ウッドは「確立したコミュニティのなかでは、陰謀論動画に異を唱えるコメントはしばしば覆い隠されてきました」と語った。ユーチューブの陰謀論チャンネルでは、動画へのコメントが不可に設定されていることが多い。コメントをオンにしている動画も、陰謀論に反対するコメントを寄せる者がいること自体、陰謀の一部だという書き込みであふれている。反陰謀論者がいることこそ、陰謀が存在する何よりの証拠というわけだ。

マイクはネット上で、陰謀論をめぐる議論を楽しんでいる。ブログでは広範なテーマにコメント欄を設け、どんなに無知でばかげた質問に対しても真摯《しんし》に回答をしている。だがマイクの穏やかな語調にもかかわらず、コメント欄は時として陰謀論者と反陰謀論者の罵り合いの場と化す。予測プログラミングという陰謀論のコメント欄では、対立するユーザーどうしの罵倒が始まり、一方の「卑劣漢」というコメントに対してもう一方が「宇宙人ネタ」を鵜呑みにする「妄想患者」と返し、しまいには「くそったれのウソつき野郎」という発言まで飛び出した。マイクはその場でのコメントを控えた。

ミケーラ・デル・ビカリオによると、けんか腰の議論は陰謀論者を煽り立てるだけだという。彼らは否定的なコメントに直面すればするほど、陰謀論をシェアしたり、コメントを書いたり、討論をしたりするようになる。外部からの批判は、バブルを強化する役割を果たすだけなのだ。

だがミケーラとマイクの研究から導かれるひとつの結論が、陰謀論との戦いにかすかな希望をもたらしてくれる。陰謀論がひとたび拡散すると、科学に日常的に関心を持つ人々や一般のユーザーから、幅広い反発が湧き上がるのだ。とりわけ、視聴回数の多いケム・トレイルのような動画に寄せられるコメントはさまざまだ。簡潔な科学的説明（「これは航空機が燃料を放出しているだけだよ」）や、しごくもっともな疑問（「政府が国民に毒を撒きたいなら、なぜ目に見えない化学物質を使わずにわざわざ不透明なガスを使用するの？」）のほか、例によって人を見下した侮辱の言葉もまた並んでいる（「お前らみたいなのが投票も増殖もしないでくれることを願うよ」「まったく、バカな連中だ！」）。

こうしたコメントは、陰謀論バブルの外にいる一般人が、一部のフェイスブックやユーチューブの投稿には問題が多いと見抜いていることを示している。マイクは言う。「反陰謀論者がひとりだけなら、ふつうは無視されるか陰謀論者のひとりとせいぜい50回コメントを交わし合って終わりでしょう。ですが、動画が注目を浴びるようになると、とたんに反対者のコメントは外部からの〝高評価〟を獲得しはじめるのです」。陰謀論動画をめぐる私の限られた調査も――私のなかば義務的な視聴は4日目に突入していた――そうした結論と一致している。私は陰謀論の反対者を「高く評価」するだけでなく、支持者を「低く評価」していた。私は陰謀論者への批判は逆効果だというミケーラの忠告を肝に銘じ、皮肉なコメントを書き込みたい気持ちを抑えた。

陰謀論の大半はバブルに包まれており、そのなかで陰謀論者はお互いの考えを支持しあっている。バブルが巨大化しすぎると、反陰謀論者がそれを弾けさせる。エコーチェンバーが大きくなるほど、反対の声が入り込む余地も大きくなるのだ。

フェイスブックの膨大なデータにアクセスし、大規模な政治論争を詳細に分析できる一握りの人間がいる。同社で働く科学者たちだ。先述したラダ・アダミックは、政治的ブロゴスフィアに関する論文を発表後、計算社会科学研究の第一人者となった。彼女はミシガン大学のコンピューター・サイエンス学部の教授として、数理社会科学分野で影響力の強い論文をいくつか発表した。その後2013年に研究休暇をとった彼女は、フェイスブックで働き始め、そのままデータ科学者として同社にとどまっている。

フェイスブックで働くことで、主流政治におけるフィルターバブル仮説を検証できるようになったラダは、ほかのふたりの科学者とともに、政治的な話題でつながっている友達のネットワークに注目した。フェイスブック上の友達ネットワークの政治的な分断は、2004年の政治系ブログのときとはまったく異なる。リベラル派ユーザーの友達のうち、保守派の友達は20パーセント、中道派は18パーセント、同じリベラル派は62パーセントだった。こうして見ると、リベラル派も保守派も意見が同じ人との友情を大切にしているのはたしかだが、どちらの政治信条を持っていても、意見の異なる人々とかなりの割合で接していることがわかる。

ラダのチームは次に、保守派とリベラル派の友達がシェアしているニュース・コンテンツに着目した。保守派の友達がシェアするニュースのうち、約34パーセントはリベラルな内容のものだった。フェイスブック全体でシェアされたリベラル系ニュースの平均値は40パーセントなので、保守派のリベラル系ニュースに対するバイアスは小さいことがわかる。フェイスブックの友達のあいだでは、反響した意見でいっぱいになった部屋とはちがい、賛同の音はかすかにしか聞こえないのだ。一方、リベラル派の友達は、自分たちと同じ意見を表わすニュースをシェアする傾向が強かった。リベラル派は保守系コンテンツを23パーセントシェアしていたが、フェイスブック全体でシェアされた平均値は45パーセントだ。これなら反響音は聞こえるだろうが、それでも耳をつんざくほどのボリュームとはいえまい。

ほとんどのユーザーは、フェイスブックでの友人関係やシェアする内容の多彩さを受け入れている。私たちの友達リストには、学生時代の友達がたくさん――その大半は当時ほとんど話したこともない人だが――並んでいるし、職場の友人や、休日に勉強したり遊んだりしたときに知り合った仲間もいる。私は平均的なフェイスブック・ユーザーよりも旅行が好きだし、現在は外国に住んでいるが、大方の点ではきわめて典型的なイギリス人男性だ。フェイスブック・ユーザーの友達の数は、中央値で２００人だという。[6] 私には１９１人友達がいる。経歴は多種多様で、たいていは左寄りのリベラル主義者だが、ほかにもさまざまな政治的意見を持った人たちがいる。

フェイスブックが友達によって対応を変えるのは周知の事実だ。先述した「表示優先度と親しさ」の式にしたがえば、タイムラインに表示されるのはもっとも頻繁に交流する人々である。私は学生時代の旧友の一部とはあまり親交がなく、フェイスブックのアルゴリズムもそのことはわかっているため、タイムライン上で目立って表示されることはない。ラダらフェイスブック研究者は、このフィルタリングが私たちの政治的見解にどう影響するのか突き止めたいと考えた。フィルター・モデルが政治ニュースのシェアに適用されるなら、ニュースフィードに表示される対立的な意見の数は、友達がシェアした記事の数よりも少なくなるはずである。

結果は明白だった。フィルタリングの効果はごくわずかだったのだ。リベラル派も保守派も、フェイスブックがニュースフィード上に投稿をランダムに表示した場合とくらべて、自分と少しだけ異なる意見を多く目にしただけだった。フィード上に親しい友達の記事があればそれを読むのはたしかだが、そこに表示される政治的見解は、すべての友達の意見とくらべてそう過激なものでもなかった。私たちがフェイスブックで目にする記事の大半は、自分の意見とは一致しない。さらに、その狭量さがしばしば非難されるアメリカ保守派のフィードでは、リベラル派のフィードよりも対立的な意見が多く表示されていた。

フィルターバブルを検証したこの実験結果は、大手科学雑誌『サイエンス』に掲載された。だが2010年代前半、フェイスブックが科学に対して真剣に取り組んだ例はこれだけではない。フェイスブックは一流の研究者を雇い、自社のアルゴリズムの効果を見出そうとした。研究者たちも、期待に胸を膨らませていたのである。

2010年のアメリカ中間選挙では、フェイスブック・ユーザー6000万人のニュースフィードのトップに、「今日は投票日」という特別メッセージが表示された。そこには投票所を検索するためのリンクや、すでに投票に行ったかどうかを示すための「投票した（I voted）」ボタンが添えられ、さらにボタンを押した友達のプロフィール写真も掲載されていた。

実験を行なったカリフォルニア大学のジェームズ・ファウラー教授は、このメッセージがもたらす影響を測定すべく一計を案じた。フェイスブックの協力を得て、別途で約60万人のユーザーを対象に、投票に行った友達のプロフィール写真がないメッセージを表示したのだ。[7] ジェームズらの見立てでは、ユーザーに影響をもたらすのはメッセージの社会性であり、すでに投票した友達の顔を見ることで、友達が投票したから自分も、という気持ちが高まって投票へ出かけるきっかけになるという。

彼らの推測は正しかった。友達の顔と結びつかないメッセージを見たユーザーが投票に出かけた割合は、投票した友達の顔を見たユーザーよりも少しだけ低かったのだ。投票率の差はわずか0・34パーセントだったが、小さな差でも投票する人の数によっては結果に大きな影響がもたらされる。フェイスブック・ユーザーと全有権者名簿を照らし合わせたところ、メッセージの直接的な影響として投票者は少なくとも6万人増え、また投票者数の増加が生みだした社会的伝染によって、さらに28万人の投票がうながされたと推定されている。ほんの少しの後押しによって、民主主義に参加する人の数が大きく変化したのである。

こうした政治的研究は、フェイスブックのメッセージが私たちの生活に影響を及ぼしうることを示している。フェイスブックのデータ科学者アダム・クラマーは次なるステップとして、コーネル大学の研究者2名とともに、メッセージがもたらす精神的影響を測るため大々的な実験を実施した。およそ11万5千人のユーザーのニュースフィードから、ポジティブな話題の投稿を10～90パーセント削除したのだ。対象者のニュースフィードから一定の期間、家族団欒や愛らしいペットといった楽しい投稿が消失した。その後アダムらは、こうしたユーザーが、いつもどおりのニュースフィードを閲覧する対照グループとくらべてどのような内容を投稿したのか検証した。明るい投稿を削除されたユーザーの投稿にはたしてどんな影響が出るのか検証するのが実験の目的だった。

この論文が発表されると、科学界からは懸念が示され、メディアからは実験の道義性について激しい批判が巻き起こった。フェイスブックが無断でニュースフィードを操作してユーザーを〝欺いた〟というのだ。たしかにこれは、特定の利用規約に反しているとすれば道義に悖《もと》ると考えられるだろう。だが、メディアやネット上での議論は、この実験にどんな倫理規定が適用されるかではなく、フェイスブックがユーザーを操っているという事実にもっぱら傾いていた。

こうした批判には、いささか困惑させられる。たしかにフェイスブックはユーザーのアクセスできる情報を制限していた。しかしこれは、同社のビジネスモデルの中核をなすアイデアだ。ニュースフィードの操作は、アダム・モセリがビジネスリーダーらに自信をもって提供するアルゴリズムである。フェイスブックはユーザーへの表示内容を調節することで、サイトをもっとたくさん利用してもらえるようにしている。この点についての同社の姿勢は完全にオープンだ。さらに、ユーザーが自分の好きなように設定を調節することもできるのである。

アダム・クラマーの実験からは、驚くべき結果が得られた。ニュースフィードを操作しても、ユーザーの感情にはほとんど何の影響も及ばなかったのだ。フィードから明るいニュースが消えたユーザーの使うポジティブな単語の割合は、5・15パーセントを下回る程度だった。一方、通常のフィードが表示された対照グループの方は、5・25パーセントに近かった。その差は0・1パーセント。この数値は、フェイスブックの投稿においてどれほどの影響を及ぼす値なのだろうか？　あなたが一日およそ100語の記事を投稿する比較的アクティブなユーザーだと仮定してみよう。数値が0・1パーセント減るということは、次の10日間、あなたの書くポジティブな単語がひとつ減ることを意味する。すなわち、次の水曜日、自分が観た映画を「良かった」と書くか「ふつうだった」と書くかのちがいといえる。

ネガティブな言葉となると、影響はさらに小さかった。ちがいはたったの0・04パーセントだったのだ。これは、1カ月に使うネガティブな単語がほぼひとつ多くなるのと同じである。あなたが職場の会議について1回多く「つまらない」と愚痴をこぼしたり、ひいきのサッカー・チームが予選敗退したことについて「がっかりした」と感想を述べたりしたからといって、ほかのユーザーがそのことに気づくだろうか？

新聞はフェイスブックが私たちを実験台にしていると息巻く一方で、結果が取るに足らないものだったことについては触れなかった。だが、この件に関してはアダム・クラマーらにも責任がある。彼らは論文の題名を「ソーシャル・ネットワークを通じた大規模な情動伝染の実験的証拠(Experimental evidence of massive-scale emotional contagion through social networks)」としたのだ。これはいかがなものだろう。この題名ではまるで、感情がエボラウイルスのようにソーシャル・ネットワークを通じて伝染するみたいではないか。結果論とはいえ、あまり正確な記述とはいえまい。内容としては、フェイスブック・ユーザーのニュースフィードを大規模に操作した結果、ポジティブな感情表現においてささやかだが統計的に有意な上昇が認められたにすぎないのだから、そのように記すべきだった。

フェイスブックが私たちの生活にもたらす影響については、たくさんの誇大宣伝が存在する。私がいちばん驚いたのは、研究結果が報道されるとき、歪曲や誇張が当たり前のように行なわれていることだ。これは、大規模に実施された研究を注意深く再分析し、それに携わった研究者と話し合ったことで判明した。

そうした誇大宣伝は、私の認識した内容とは食い違っていた。フェイスブックは投票日に小さなバブルを弾けさせ、有権者を多少なりとも投票へ導いた。また、重苦しい記事だけを見せて私たちの感情のバブルをほんの少ししぼませた。さらに、世界中で述べられるさまざまな意見を表明するニュースを表示しなかった。だが、これらのどれにも、生活を一変させるような効果はなかった。フェイスブックが私たちの生活に及ぼす影響は、実生活で他人と交流して受ける影響とくらべれば、ごくわずかなものにすぎないのだ。

バブルの比喩がわかりやすいことはたしかだ。イタリアのミケーラらは、一部の集団がいかに孤立しがちかを教えてくれた。だがさまざまな興味関心をもった大規模な集団へとバブル理論をあてはめるのには欠点がある。私はその欠点が気になりはじめた。ソーシャル・メディアは、アルゴリズムが生み出したバブルであふれており、そのなかにはばかげているとしか思えない陰謀論も混じっている。だが、多くの人々には、バブルから抜け出す方法が存在するようだ。バブルに陥らないために何ができるのだろうか？　フェイスブックのフィルター・アルゴリズムによって、特定の意見に閉じ込められてしまうなら、どうやって現実に戻ればいいのか？　私たちの感情が、ソーシャル・メディアを長時間利用しても、あまり影響を受けないのはなぜだろうか？

こうした疑問に答える唯一の方法は、私が自らのバブルに入り込み、そこから脱出する方法を見つけることだ。あまり気の進まない仕事ではある。私にはお気に入りのバブルもあって、それを破裂させたいとは思わない。だがこれ以上言い逃れはできない。私は自分のバブルが何でできているか、調べなくてはならないのだ。

第12章　つながりはフィルターバブルを破る
――人は意外と多様な意見に接している

私がソーシャル・メディアを利用するのは、主にサッカーのためである。@Soccermaticsというツイッター・アカウントで、数学好きのサッカー・マニアと試合の展開について語ったり、数学や統計学を使って試合結果を分析したりしている。ツイッター世界のこの小さな一角は、フィルターバブルであると同時に、エコーチェンバーでもある。ツイッターが私のフィードをフィルタリングして、もっとも熱狂的なマニアたちをタイムラインのトップに表示していることは重々承知だ。ほかのサッカー統計専門家のアカウント（@deepxgや@MC_of_A、@BassTunedToRed）も皆、私が関心を持つ事柄についてつぶやいているし、ツイッターはこうしたツイートを優先的に表示している。自分と同じ意見のマニアをフォローすることでバブルが生まれ、そこでは皆が、数学とサッカーを組み合わせることについて賛同している。

だが時おり、熱中度の低いツイッター・ユーザーたち（たいていはチェルシー・ファンだ）が、私が視覚化した最新のパス・ネットワークを快く思わず、エコーチェンバーに現われてあれこれつっかかってくることがある。いわく、「スプレッドシート見てマスかいてろ」とか「そんな暇があったら女でも口説け、童貞野郎」といった具合だ。だが、こうした発言に科学的な情報が多く含まれていることはめったにないので、たいていは無視するか、サッカー分析の基本概念について説明する記事へリンクを貼ってあげることにしている。

私がサッカー分析バブルの住人であることは率直に認めよう。このバブルについて私は興味深いことに気がついた。サッカー・ファンのなかには、私のようなリバプール・ファンもいれば、エヴァートン・ファンもいる。マンチェスター・ユナイテッドのファンもいれば、マンチェスター・シティのファンもいるし、なかにはチェルシーのファンもいる。レアル・マドリードやバルセロナのファンもいれば、イタリアやドイツのサッカー・ファンもいる。さらに、アフリカやアジア、アメリカのサッカーについてツイートするアナリストもいる。私たちサッカーと数学のマニアは、チームやリーグといったバブルにしばられず、サッカーについてのあらゆる情報を見たり共有したりしているのだ。私は現在、マンチェスター・シティについて、リバプールと同じくらい詳しく知っている。また、アメリカ（つい最近はカナダも）のプロサッカー・リーグであるメジャーリーグ・サッカーに加え、ナショナル・ウーマンズ・サッカーリーグについても学んだ。さらに、サッカー・バブルから目を逸らし、アメフトやアイスホッケー、バスケットボールのバブルも覗いてみたことがある。

政治もまた、私のバブルへ浸透している。私がフォローするリバプール・ファンは、ワーキング・クラスならではの強い社会主義的精神を持ち合わせていることが多い。一方で、私はイギリスの右派の新聞や報道局のジャーナリストもフォローしている。また、アメリカのアナリストには、民主党を支持し、反トランプ派の投稿をリツイートする傾向が強い。だが、アメリカ各地で草サッカー・チームを指導する監督たちは共和党の理念に共感し、キリスト教を熱心に信奉しており、私もそうした人たちをフォローしている。とりわけ、あるアナリスト（@SaturdayOnCouch）は、ドイツのサッカーのヒート・マップと、反トランプ派のリベラル系サッカー・アナリストに対する（やや）友好的な煽りで私を楽しませてくれている。

ツイッター上ではさまざまな投稿や画像を見かける。マンチェスター・ユナイテッドに対する女子サッカー・チーム設立の要望、レスター・ファンから観客へ向けて同性愛嫌悪《ホモフォビック》の暴言をやめるよう呼びかけるキャンペーン、ボルシア・ドルトムント・ファンの掲げるシリアからドイツへの難民を歓迎する横断幕。また、ドナルド・トランプの台頭はアメリカ労働者層のあいだで社会への不満が高まったことが原因だ、という政治的なメッセージも目にした。

ソーシャル・メディア・バブルへの政治の浸透を描きだすことで、私たちがさまざまな政治的見解に直面する様子を視覚化できる。カリフォルニア大学デービス校のボブ・ハックフェルト教授は、人々の政治的な議論を30年以上にわたって調査してきた。１９９２年のブッシュ対クリントンの大統領選挙のさなか、ボブらは両陣営の支援者たちに、この数カ月で政治について論じた相手がどちらの政党を支持していたか、リストに挙げてもらった。その結果、39パーセントの人が、自分とは支持する候補が異なる相手と議論していたとわかった。[1] 有権者どうし、対立した議論の方が印象に残りやすいというのはあるかもしれないが、それだけが理由ではないだろう。ブッシュ対クリントン選では、アメリカ中の人々が政治をめぐり自分とは意見の異なる人と議論を交わしていたのだ。

人は「複数の次元で定義される、さまざまな枠組みのなかで人生を送っている」とボブは指摘する。[2] スポーツと政治は、ふたつの異なる社会的次元を表わしている。スポーツファンは試合中だけでなく、試合後のネット上の議論でも、あらゆる種類の政治的見解を持った人々と遭遇する。同じことは音楽や書籍、映画、グルメ、セレブのゴシップについてもいえる。政治的背景のまったく異なる人々がネット上で出会い、映画『ガール・オン・ザ・トレイン』や『アベンジャーズ』について語ったあと、政治の話題へ行き着くのだ。

1992年の大統領選挙は、気のおけない同僚やスポーツファンとランチや飲み会で候補者について論じあえるような、ほかに類を見ない黄金時代に起こったのか？　そんなことはない。ボブは、ドイツや日本でも同じレベルの政治的な溝を埋める議論を目にしている。また、アメリカでつい最近までこの50年でもっとも物議を醸《かも》したとされる選挙運動――2000年、ジョージ・W・ブッシュ対アル・ゴアの大統領選挙――でも、同じ状況を目撃している。調査によると、選挙期間中、有権者による政治討論の3分の1以上が、対立する党の支援者と行なわれたものだった。

これらの政治的討論は、単なる大人げない非難の応酬ではなかった。ボブらが調査対象者の政治的知識を検証したところ、一般の人々はある問題について詳しく知りたいとき、専門家に頼ることがわかった。政治的見解に関係なく、政治について詳しい人物に意見を聞く傾向が強かったのだ。

とはいえ、ブッシュとゴアの対決から18年たった今、ソーシャル・メディアの到来によって、政治的な問題をめぐる情報のやり取りの仕方は変わったのかという疑問は残る。ボブが研究を行なったのは、ツイッターやフェイスブック、レディットが登場する前のことだった。近年、時代は大きく変わったという考えが多数を占めている。[3] ブレグジット投票やアメリカ大統領選挙においてネットが分極化したことを考えると、私はボブの研究が現在も通用するのか、あるいはエコーチェンバーにその座を奪われたのかをたしかめてみたくなった。

私はまず、自分自身にこのアイデアを試してみることにした。

図12・1は、私のツイッターのネットワークを部分的に示したものだ。それぞれの丸は、私と互いにフォローしている人物を表わす。真ん中の丸が私で、ネットワークの中心にあり、すべての線とつながっている。ほかの人たちのあいだに引かれた線も、それぞれがフォローし合っていることを示している。この図には、私の考える〝平均的な〟ツイッター・ユーザー、すなわちフォロー数が1000人未満で、フォロワー数も1000人未満というユーザーのみ含まれている。そのため、有名学者やセレブ、テレビやラジオのパーソナリティといった人物は除いてある。

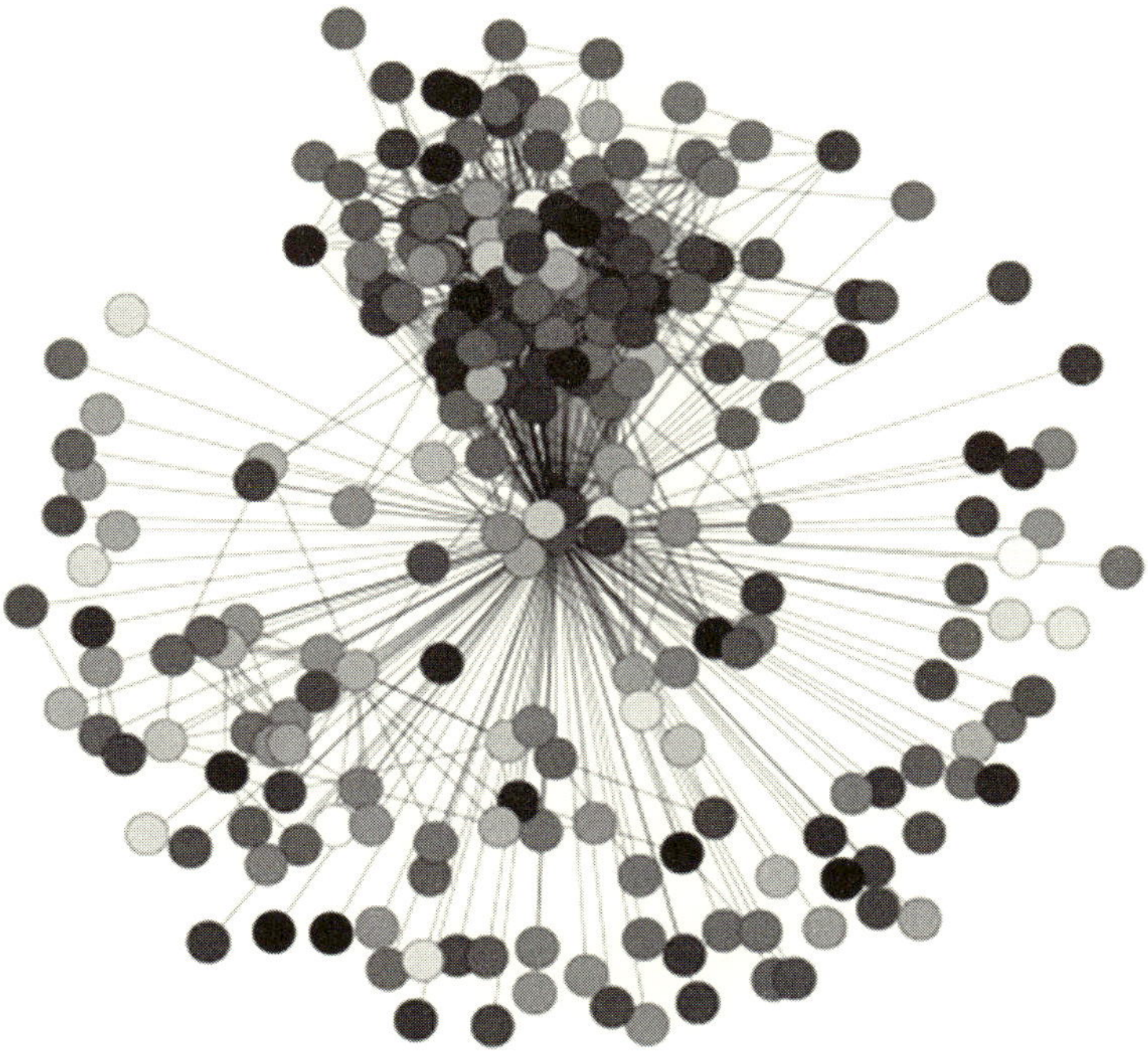

図12.1　私のツイッターのソーシャル・ネットワーク。私と互いにフォローしていて、フォロー数・フォロワー数ともに1000人未満のユーザーを丸で表わしている。中心の丸が私。互いにフォローし合っているユーザーは、それぞれ線でつながっている。黒い色は、ブレグジット投票において「残留」寄りの記事を多く掲載したイギリスの新聞３紙（『デイリー・ミラー』『ガーディアン』『フィナンシャル・タイムズ』）から隔たりの小さいユーザーを示し、白い色は、「離脱」寄りの記事を多く掲載した新聞（『タイムズ』『デイリー・スター』『テレグラフ』『サン』『デイリー・メール』『デイリー・エクスプレス』）から隔たりの小さいユーザーを示す[4]。灰色の濃淡は両派からの隔たり具合を表わす。図の作成は、ヨアキム・ヨハンソンによる。

私のネットワークには特徴的な構造がみられる。図12・1の上部では、私を含めた人々が固まりあってつながっている。この人たちは科学者である。ひと固まりになって、最新の研究結果を共有したり、博士課程時代の思い出を語り合ったり、研究資金の乏しさを嘆いたりしている。こうしたグループはエコーチェンバーの典型例で、互いに意見を増幅・強化しては、最新の噂話をしている。

ほかのネットワークのつながりは分散している。お互いのことは知らないが、私のことはよく知っている人々である。私の友人のサッカー・ファンがちらばっているのがこのあたりだ。私がサッカー関連で誰をフォローするかは、科学のときよりもランダムだ。試合や選手について何度かツイートを楽しく交わし合ったのち、フォローすることもある。おそらくその人は、私が同じようにしてフォローしたほかの人たちのことは知らないだろう。

私のツイッター友達への政治的な影響をどう調べたらいいだろう？　修士課程で私の講義を受けているヨアキム・ヨハンソンが、いい方法を思いついた。私のネットワークの政治観を明確にするため、ブレグジットを取り上げたのだ。私のフォロワーの大半はイギリスに住んでいるし、タイムライン上でもホットな話題である。ヨアキムはイギリスの各新聞からの「隔たり度」に応じて、人々を表す丸に色をつけていった。ツイッターのフォロー状況から、残留派の新聞に近い人には濃い色を、離脱派に近い人には薄い色をつけたのだ。

新聞からの隔たり度を測定するためにヨアキムが着目したのは、イギリスでもっとも有名な9

紙それぞれにたどりつくまでにユーザーを何人隔てているかということだった。たとえば、ある人が『ガーディアン』をフォローしている場合、その人の『ガーディアン』との隔たりはゼロとなる。本人はフォローしていないが友達がフォローしている場合、隔たりは1である。友達の友達がフォローしていたら、隔たりは2……という具合に増えていく。これは隔たり度の一般的な測定方法であり、6という数値と結びつけられることが多い。多少の誤差はあれ、自分と他人とのあいだに6人いれば、地球上の誰とでもつながるのだという。[5]

ネットワーク上で濃い色で示されているのは、投票までのあいだ、残留派の新聞から隔たりの小さかった人々だ。一方で薄い色は、離脱派の新聞から隔たりの小さかった人々である（図12・1）。ここでは、科学者仲間の固まり――『ガーディアン』などの残留派に近い人々――と、科学分野に属さず、色の濃さもさまざまな人々とのあいだで、わずかなちがいが見られる。友人たちと離脱派・残留派の新聞との隔たりの差異は著しく、これにはボブ・ハックフェルトの研究結果をすでに知っていた私も驚いた。サッカーだけでなく、ツイッター上の一般的な話題でも、私はさまざまな意見に接していたのだ。

とはいえ私を代表的なサンプルとするわけにもいかないので、ヨアキムはイギリスの新聞を少なくとも1紙はフォローしている数百のユーザーのネットワークを作った。[6]彼らのソーシャル・ネットワークは通常、主にお互いをフォローする友達どうしの固まりがひとつかふたつ集まってできていた。このようなユーザーの固まりは、すべてが残留派の新聞に近いこともあれば、離脱派に近いこともある。だが、党派心の強い集まりに加えて、まったく異なるつながりをもった友達へ延びる分岐もあった。こうした枝分かれが意味するのは、政治的見解の異なる友達とのつながりである。

残留派の新聞のみフォローしているユーザーに、離脱派の新聞のみフォローしている友達は13パーセントしかいなかった。残留派の新聞のみフォローしている友達は54パーセントいたので、くらべてみるとかなり低い数字だ。だが残りの33パーセントは、残留派の新聞も離脱派の新聞もフォローしていた。したがって、隔たり度という点から見れば、自分の信条に反する新聞からの距離は短い人がほとんどだ。全面的に離脱を支持するユーザーは、残留派の『ガーディアン』から平均して1・2しか隔たっていなかった。一方、全面的に残留を支持するユーザーも、離脱派の『サン』から平均1・5しか隔たっていない。

唯一の例外は、ゴシップが売りのタブロイド紙『デイリー・スター』だ。同紙からの残留派ユーザーの隔たり度は平均2・2で、離脱派ユーザーからの隔たり度も平均2・2だった。『デイリー・スター』はミケーラ・デル・ビカリオが研究の対象とするような、怪しげな陰謀論まがいの記事を掲載することで有名である。多くの人は、こうした見解からはある程度の距離を置いている。

ツイッターのユーザーはEU離脱の是非について、多くの場合、双方の意見を聞きたがる。これを視覚化するため、私はEU離脱の投票が行なわれた直後、ツイッターでの新聞のフォロー状

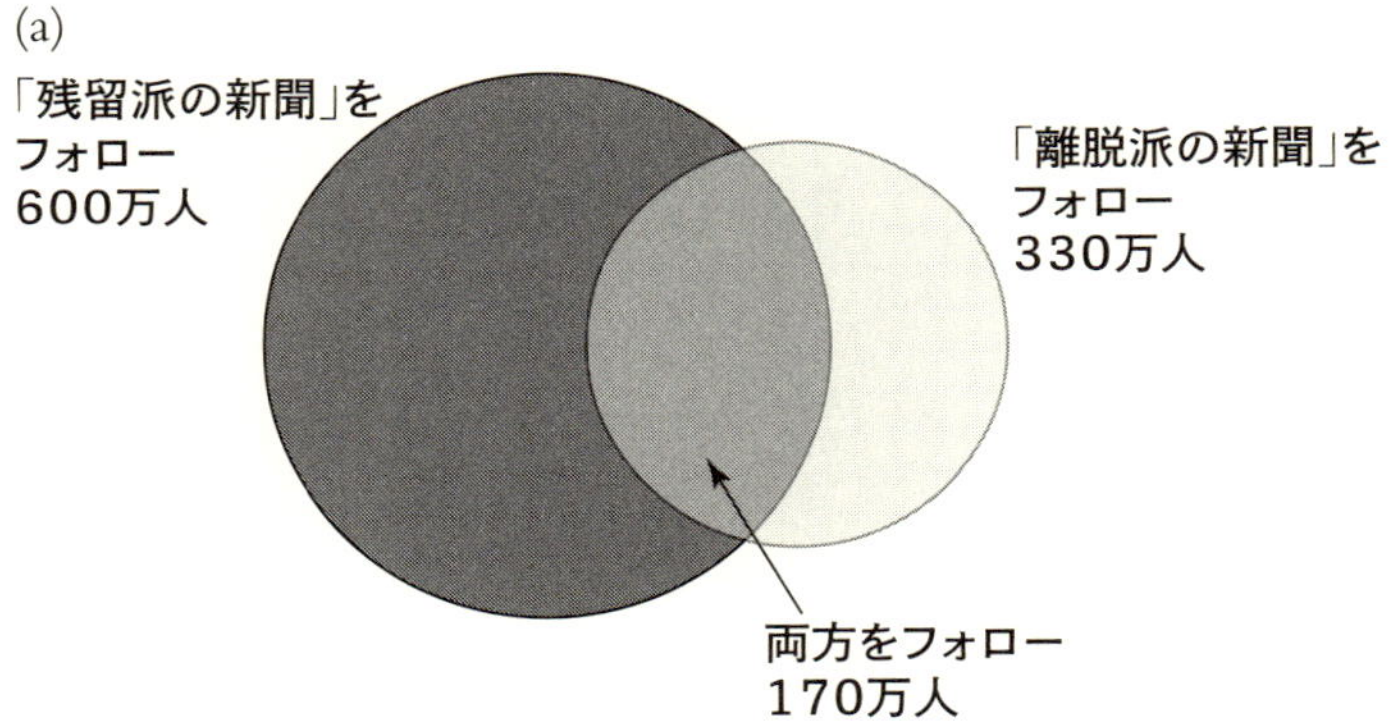

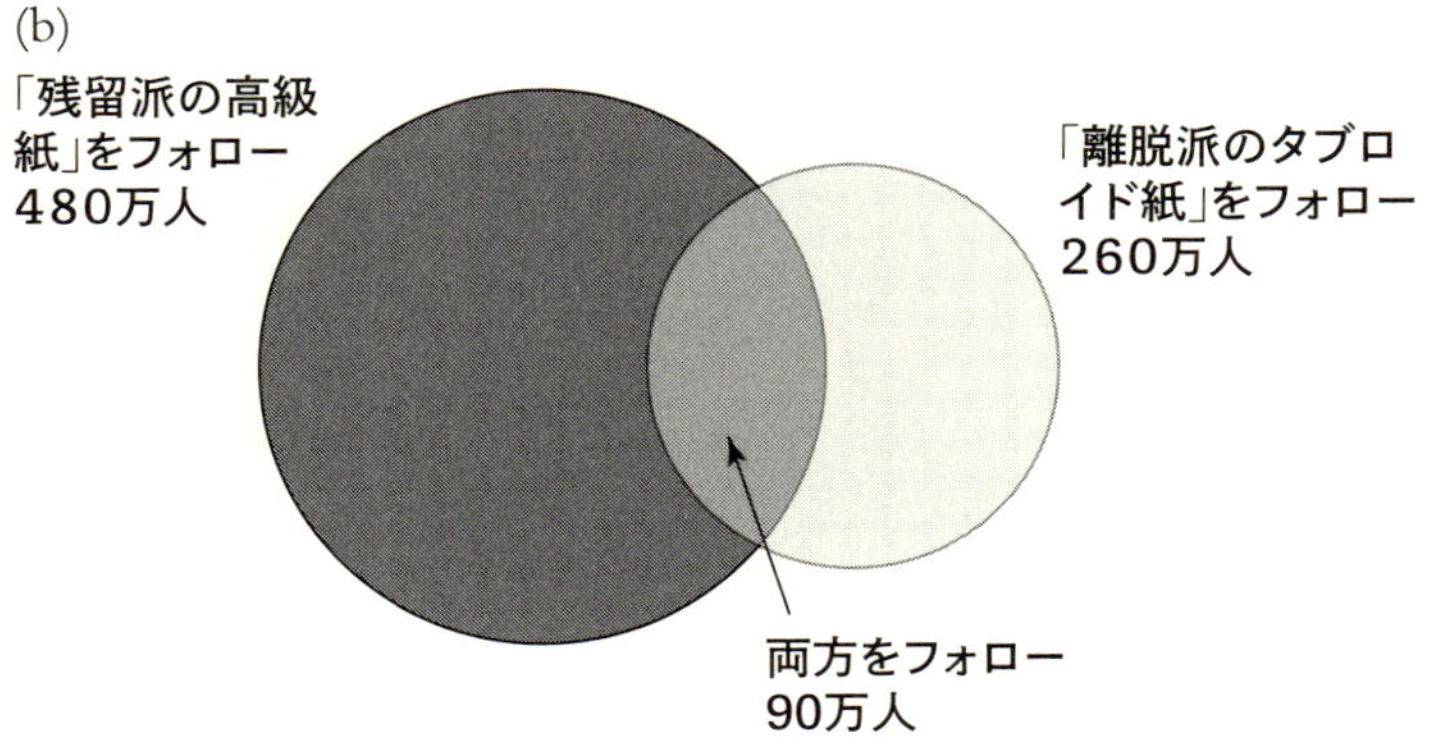

図12.2　イギリスの新聞をフォローしているツイッターのユーザー数を表わしたベン図。各紙をそれぞれ「残留派の高級紙」（『ガーディアン』『インディペンデント』『フィナンシャル・タイムズ』）、「離脱派の高級紙」（『タイムズ』『テレグラフ』）、「残留派のタブロイド紙」（『デイリー・ミラー』）、「離脱派のタブロイド紙」（『サン』『メール・オンライン』）に分類した。（a）は「残留派の新聞」「離脱派の新聞」あるいはその両方をフォローしているユーザー数を表わし、（b）は「残留派の高級紙」「離脱派のタブロイド紙」あるいはその両方をフォローしているユーザー数を表わす。

況を表わすベン図を作成した。図12・2aを見ると、離脱派の新聞と残留派の新聞のフォロワーで、大きく重なり合う部分が見られる。たとえば、ひとりのユーザーが『ガーディアン』と『テレグラフ』の両紙をフォローするのはめずらしくない。だが、「残留派の高級紙」と「離脱派のタブロイド紙」をくらべた場合、重なりあう部分は小さくなる（図12・2b）。

イギリスの新聞をフォローするときに生じるちがいは、政治的な見解というより、高級紙とタブロイド紙のあいだに古くからある差に関連している。『ガーディアン』の読者には『テレグラフ』のアカウントをフォローしている人が多い。だから、もしあなたが『ガーディアン』の読者で、自分の視野を広げたいと本気で思うなら、代わりに『デイリー・メール』をフォローすべきだ。ぜひ試してみてほしい。

ネット上の政治的な討論では、私たちは自分の好きな話題よりも嫌いな話題に時間を費やしがちだ。大統領予備選に関する調査では、ツイッターでヒラリー・クリントンに言及した頻度は、民主党支持者よりも共和党支持者の方が多かったという。[7]同様に、ドナルド・トランプについてツイートしたユーザーは、共和党支持者よりも民主党支持者のほうが多かった。私たちは相手方の指導者を批判したいという誘惑になかなか抗えないのだ。

だが、ツイッターの表示順アルゴリズムは、こうした根底にある感情を変化させる。コンピューター科学者のジュヒ・クルシュレスタらによれば、選挙期間中のヒラリー・クリントンについての検索語は、ツイート全体に反映された心情よりも好意的なものが多かったという。一方で、ドナルド・トランプの検索語は、本人のネガティブなイメージを強化するものだった。イギリスと同様、アメリカのツイッター・ユーザーは若干リベラルに偏っており、ツイッターのフィルタリングはこうしたバイアスを（少しだけ）助長する役割を果たしている。

ツイッターに関する研究に目を通し、自ら実験を行なったことで、私はラダ・アダミックがフェイスブックで実施した研究と同じ結論へ行き着いた。私のように新聞のアカウントをフォローし、最新のニュースを押さえようとしている者にとって、ツイッターもフェイスブックも、とくに強力なエコーチェンバーとはなりえない。こうしたソーシャル・メディアは、多少リベラル寄りではあるが、いろいろな情報を拡散しシェアするのに役立つ。私たちはおおむねたくさんの意見を取り入れることができる。なかには好ましい意見も気にくわない意見もあるが、そのすべてが自分の住む世界について情報を与えつづけてくれる。社会的なつながりが広まることで、私たちはバブルを避けられるのだ。

だがもうひとつ、かねてより挙げられている重大な懸念事項がある。私が話した研究者も繰り返し挙げていたし、リベラル系メディアでも数多くの意見記事で取りあげられているものだ。それは新聞を読む人々に関してではなく、従来のニュースから離れた人々、すなわちニュースを信憑性の低い情報源から入手している人々に関する懸念である。ヨアキムと私が調査したツイッター・ユーザーは、イギリスの新聞をフォローしていた。記事の質については議論の余地があるが、どれも一定の行動規範とイギリス法に準拠した、著名な報道機関が発行したものである。

ドナルド・トランプは、自身がツイッターを使って事実をねじ曲げる一方で、ブライトバートやフェイスブックのようなオンライン・メディアが事実を歪曲して読者を惑わせ、悪意に満ちたゴシップをばらまいていると鋭く非難している。これでは、もはや信頼できる情報源からニュースを得ている人などいないのではないかという懸念が生じるのももっともだ。私を含め、新聞を読む人に関してはフィルタリングの心配はないといっていいかもしれない。が、主流のメディアから目を逸らす人々はどうなるのか？　前章でいくつかの陰謀論バブルを覗き込んだ私は、非常に憂慮すべき事態を目の当たりにした。そこではフェイクニュース、すなわち政治指導者に関する事実でない噂が氾濫していたのだ。それは従来のメディアを避ける人々に影響をもたらすかもしれない。

従来のメディアに数多く掲載された記事によると、世の中では今こうした現象が起きているという。大方の人々は、芸能系のゴシップやスポーツの試合結果、ペット動画、インターネット・ミームの世界へ歩み去ってしまっている。真のニュースが蔑《ないがし》ろにされ、偽のニュースが娯楽の供給源としてもてはやされる、ポスト・トゥルース（脱真実）世界である。

はたして人々は本当にポスト・トゥルース世界に住んでいるのだろうか。次章ではそれを明らかにしたいと思う。

第13章　フェイクニュースを読むのは誰か？

──政治については影響力は限定的

マスター・ベイツとシーマン・ステインズ。１９９０年代前半、学生だった私は、子どものころ夢中だったテレビ・アニメ『キャプテン・パグウォッシュ』にこのような名前の船員が登場していたと耳にしたとき、その噂をまったく疑わなかった［訳注　マスター・ベイツは自慰（masturbate）を連想させる名前。シーマン（Seaman）は精液（semen）と同じ発音。ステインズ（Staines）は染み（stain）を連想させる］。名前の持つ意味に気づかなかったのは、番組が放映された70年代当時、自分も友達もまだ純真無垢な子どもだったからだという話も、なんだか説得力があるように思われた。噂はもともと『ガーディアン』紙の記事から生じたものだったが、私自身はその記事を読んだことがなく、すっかり信じ込んだ私は、愚かにもその噂を広めさえした。

フェイクニュースだ。『キャプテン・パグウォッシュ』の原作者は『ガーディアン』紙を相手取って訴えを起こし、裁判に勝利した。

パグウォッシュの一件はその後何年ものあいだ友人との話のタネになり、私たちは自分がまんまとだまされたことを笑い合った。この上なくばかばかしい話題に思えた。

だが、もう笑ってもいられない。先日の夜のことだ。私の息子と娘が「マンデラ効果」という現象について話していた。私はそれが何か知らなかった。

娘のエリスが、説明を兼ねてこう質問してきた。「ポケモンに出てくるピカチュウのしっぽの先は黒いでしょうか？」

「うん」と私は答えた。たしか黒かったはずだ。

「不正解」とエリス。「みんなピカチュウのしっぽの先は黒いと思ってて、絵に描くときにも黒く塗るんだけど、実はちがうの」

つまりマンデラ効果とは、事実と思っていたことが実際にはちがっていた現象のことをいうらしい。

ああ、なるほど。よくわかった。でも、どうしてマンデラ効果っていうんだい？　そう聞くと、娘は答えた。「ググってみて」

そうすることにした。「マンデラ」と入力すると、グーグルのオートコンプリート機能が検索候補をトップに表示してくれる。例によってユーチューバーの解説動画があったので、クリックしてみた。彼によると、偽の記憶の例はピカチュウのしっぽのほかにもいろいろあって、「モノポリー」の男性キャラクターの片眼鏡の有無や、ダース・ベイダーがルーク・スカイウォーカーに言ったセリフなど、内容は多岐にわたるそうだ。ここまではいい。

私が驚いたのは、マンデラ効果という名称のもとになったエピソードだ。当のユーチューバーいわく、南アフリカの元大統領ネルソン・マンデラが亡くなったとき、彼が１９８０年代にすでに獄中で死んだと思っていた人が大勢いたという。ユーチューバーも私の子どもたちも皆、ネルソン・マンデラの獄中死が偽の記憶の最初の例だと考えていた。しかし、それはちがう。「ネルソン・マンデラが獄中で死んだと大勢の人が思い込んでいた」ことを示す客観的な証拠は存在しない。少し調べてみたところ、そうした説が生まれたのは、２０１０年に〝超常現象研究家〟のフィオナ・ブルームが投稿した一件のブログ記事が原因だとわかった。私はまたしても陰謀論が一般社会に波及する世界へ戻ってきてしまった。マンデラ効果が存在していたという証拠は、そもそもなかったのである。

マンデラ効果は、実際には単なる噂話に過ぎなかった。「多くの人がマンデラは獄中死したと信じていた」という事実はなかったにもかかわらず、その名前は偽の記憶を科学的に裏づける現象として、ユーチューブで広まってしまったのだ。

フェイクニュースはもはやひとつの成長産業だ。マンデラ効果に関するユーチューブの動画は、数百万回視聴されていた。ユーチューバーは、動画が始まる前に表示される広告から収入を得ている。彼らは「いいね！」をかき集めると、新たなブームへ移っていく。こうした動画――特にマンデラ効果に関する動画――は、多少の誤解を招くだけだが、ほかのフェイクニュースサイトには格段にうさんくさいコンテンツが山ほど含まれている。

２０１６年のアメリカ大統領選挙とその後の1年間で、フェイクニュースは爆発的に注目を集めることとなった。「バズフィード」の創刊編集長クレイグ・シルバーマンは、トランプ対クリントン選をめぐるウソ記事のリストを作成した。[1] そのほとんどがトランプに好意的な内容で、「ローマ法王がトランプを支持」「ヒラリー・クリントンのＩＳＩＳへの関与を示すメールが流出」「クリントン流出メール事件担当のＦＢＩ捜査官が遺体で発見」といった見出しが躍った。が、なかには「有名歌手のル・ポールがトランプに無理やり体を触られたと証言」などトランプを貶《おとし》めるものもあった。こうした記事は風刺目的のサイトから拾ってきたものもあれば、極右主義者が書きつづったものもあった。記事の大半はマケドニアの小さな町から発信されたもので、若者グループがサイトから広告収入を得るため、内容の真偽もたしかめず、次々とフェイスブックに転載していた。記事が拡散してくれれば、それだけ金儲けにつながるというわけだ。

ドナルド・トランプは大統領就任後、自身への偏向的な報道があったとして、『ニューヨーク・タイムズ』やＣＮＮといった従来のニュース・ソースをフェイクニュースと断じた。だがフェイクニュースの定義が「偏向的」なら、それはトランプにこそあてはまるだろう。私の考える定義はより厳密だ。フェイクニュースとは、政治的に偏っているかどうかだけでなく、虚偽であることが明らかなニュースである。フェイクニュースは、「スノープス」や「ポリティファクト」などのファクトチェックサイトによって、事実でないと取り上げられた記事から成っている。この定義に基づけば、大統領選挙でのフェイクニュースサイトは少なくとも65件にのぼる。オルタナ右翼サイト「ブライトバート」は、私の定義の境界線でぎりぎりのバランスを保っている。問題はフェイクニュースが存在しているかどうかではなく（それについてはほぼ疑う余地がない）、それが私たちの政治観にどれほどの影響をもたらしているかだ。私たちはポスト・トゥルースの世界に住んでいるのだろうか？

それを検証する唯一の方法は、調査を実施してデータを分析することだ。経済学者のハント・アルコットとマシュー・ジェンツコウは、まさにこれを行なった人々である。[2] ふたりは２０１６年のアメリカ大統領選挙でフェイクニュース記事がもたらした影響を測ることにした。オンライン調査を実施して、参加者たちに一連のフェイクニュース記事を見てもらったのだ。たとえば、以下のようなものである。

・クリントン財団は、集めた資金をカリブ海での豪華なパーティーに流用した罪に問われている。

・マイク・ペンス副大統領候補が「ミシェル・オバマは史上もっとも下品な大統領夫人だ」と述べた。

・流出した文書によると、トランプ陣営は、民主党支持の有権者に車で投票所まで行こうと持ちかけ、ちがう場所で降ろすという計画を立てていた。

・オバマ大統領が、投票数日前の決起集会で親トランプ派の抗議者たちに怒鳴り声を浴びせた。

こうした記事に対する参加者の反応が、実際のニュース記事を見せられたときの反応と比較された。

参加者たちは、ふたつのことを聞かれた。これらの記事を見たことがあるか？ そして、記事の内容を信じるか？ 平均しておよそ15パーセントの人が提示されたフェイクニュース記事を見たことがあると答え、70パーセントの人が提示された実際のニュース記事を見たことがあると答えた。どのフェイクニュースも目にした率が15パーセントというのは、かなり多いといえるだろう。お望みなら、あなた自身も実験に参加できる。前述したフェイクニュースのうち、選挙中にいくつ目にしたか覚えているだろうか？

もし覚えているのが半分より多かったら、ちょっと問題だ。リストのうち、実際にネット上に出回ったのは2件だけだったのだから。あとの2件は、ハントとマシューが一種のプラシーボ（偽薬）効果をねらってリストに混ぜたものだった。1番目と3番目の記事は彼らがでっちあげたものだ。実験では、14パーセントの人がこうした偽のフェイクニュースを見たことがあると答えた。この数字は、本物のフェイクニュースを見たことがあると答えた人の15パーセントとそう変わらない。参加者たちは、選挙直後の調査にもかかわらず、ネットでどの偽情報を見たか正確に覚えていなかったのだ。

ハントとマシューは実験で得られた結果を、フェイスブックでニュースが広まる仕組みや、従来のニュースサイトと比べたフェイクニュースサイトの影響力の分析結果と組み合わせ、〝簡単な計算〟をしてこう示した。すなわち、平均的なアメリカ人が投票の際に覚えていられるフェイクニュースはせいぜい1、2件であり、その内容を信じる可能性も低いのだと。

マシューは私がコンタクトをとったとき、フェイクニュースが選挙に影響を及ぼすことはいっさいないと結論づけることに難色を示し、「記事や広告を目にすることで、実際の投票にどの程度影響が及ぶかは予測できない」と語った。ニュースに接することと実際の投票を関連づけるには、さらなる研究が必要とされている。

マシューの言うように私たちが慎重だったとしても、私にはフェイクニュースにどれほどの効果があるのかわからなかった。ドナルド・トランプが大統領選挙で辛くも勝利を収めたというのに、ハントとマシューの〝簡単な計算〟によれば、フェイクニュースは無意味なノイズにすぎないというのだから。

フェイクニュースに効果がないとなると、ポスト・トゥルース世界という概念が示すイメージもまたちがった様相を見せる。大量のフェイクニュース記事が書きつづられても、それらは瞬時に忘れ去られ、ごくまれにしか信用されないのだ。

ボブ・ハックフェルトは、自らの研究から得た教訓のひとつとしてこんなことを挙げた。「政治について関心と知識を持つ市民は、［仲間に対して］常に多大な影響力を持つ」。マケドニアのティーンエイジャーが広告収入を得るためにありもしないニュースをでっちあげたからといって、こうした風潮が変わるとは考えられない。

直近のフェイクニュースでもっとも印象的だったのは、ドナルド・トランプの大統領当選の翌日に起こった出来事だ。その日、「グーグル・ニュース」で「最終選挙結果」と検索したアメリカ人は驚愕した。トップに表示されたのは「70ニュース」からの引用記事で、見出しには「２０１６年大統領選挙の最終結果——トランプが一般投票、選挙人投票ともに勝利」[3]とあったのだ。この記述はまちがっている。クリントンはたしかに選挙には敗れたが、一般得票数では数百万票差でトランプを上回っていた。

70ニュースのウェブサイトを訪れた私が目にしたのは、それまで見たこともないような見解ばかりだった。たとえば先ほどの「最終選挙結果」の記事によれば、大統領選挙の投票には、３００万人を超す不法移民が参加していたという。70ニュースはこうした（本来選挙権のない）不法入国者の大半がヒラリー・クリントンに投票したとみなし、実際にはトランプが一般得票数でも勝っていたと主張した。

不正投票の情報源はどうやらツイッターのつぶやきらしく、このことからも同サイトが信用に値しないことは明らかである。だが私はサイト上でほかの〝事実〟を調べることがやめられず、結局半時間にわたって愉《たの》しい時を過ごしてしまった。70ニュースは、ドナルド・トランプが大統領就任の翌日、権力の座について最初の日となる２０１７年1月21日に、70歳と７カ月７日になることを指摘した。21という数字は７＋７＋７で、７が連続している。同サイトの見解では、７７７とは神の数字である。すなわち、トランプ大統領の誕生はあらかじめ決まっていたのだ。

７７７の予言は少なくとも数字のうえでは的中したが、その効力が長続きする可能性は低そうだ。実際、大統領就任式では予言を裏づけるような超自然的な出来事は何ひとつ起こらなかった。結局、サイト上で面白かったのはこの手の数字占いだけで、ほかはソーシャル・メディアから拾ってきた人種差別発言や陰謀論、右派的プロパガンダの山にまみれていた。

それにしても、どうして70ニュースの記事などがグーグル・ニュースの検索トップに躍り出たのだろう。私はまず「シェアド・カウント」〔訳注　ソーシャル・メディアで言及された数をまとめてチェックできるサイト〕を使って、70ニュースの記事をシェアしたサイトを調べてみた。すると、ツイッターやグーグル・プラスやリンクトインでのシェア数は数百回足らずだった一方で、フェイスブックでのシェア数はなんと50万回に及んでいることがわかった。[4] これはフェイスブックに原因があるとみてまちがいなさそうだ。フェイスブック内でリンクを探してみたところ、その推測は裏づけられた。記事がさまざまな人物によって何度もシェアされていたのだ。成功の要因はアメリカの右翼サイトグループにあった。フェイスブックの「アメリカの退役軍人を敬愛する」「トランプ・ファン・ネットワーク」「ウィル・ビー・キャンディッド」といったページがリンクをコメントつきでシェアし、さらにそれを多くのフォロワーがシェアしていたのである。

70ニュースの記事の広まり方は、ミケーラ・デル・ビカリオが研究したイタリアの陰謀論のときとまったく同じだった。初めは極右主義者のエコーチェンバー内で発生したものが、規模が大きくなるにしたがって、ありがちな過激思想グループの枠を超えてしまった。そして、たくさんのトランプ支持者が記事の内容に〝納得〟して投稿をシェアしたのだ。なかには内容の信憑性に疑問を持つ支持者もいたが、いずれにせよ選挙には勝ったのだから、今となってはどちらでもいいという態度を隠さなかった。陰謀論と同じように、フェイクニュースには実行者と協力者がいる。通常は拡散したとたんに反論されるが、トランプ勝利の波に押されたグーグルのアルゴリズムは、トップニュースとして記事を掲載してしまったのだ。

私はバケツに入ったアリのことを思い出した。70ニュースの記事を読んでそんな連想をする人はほかにいないだろうが、私の頭はアリのことでいっぱいになった。アリは驚くべきコミュニケーション手段をいくつも備えた、魅力あふれる動物である。化学物質のフェロモンを残すことで、餌への道しるべとしたり、テリトリーをマークしたり、巣の仲間に特定の場所を避けて通るよう教えたりすることができる。アリの集団は、ひとつの超個体だ。地上1メートルの高さと地下数メートルの深さを誇る巣をこしらえ、数平方キロメートルに及ぶ供給網を築くことができ、なかには自ら食物を育てる種類さえ存在する。

だがそんなアリたちもバケツに入れると、まったく愚かな行動をとるようになる。私が最初に知ったバケツの実験は、ブリストル大学の生物学教授ナイジェル・フランクスが考案したものだった。1989年のパナマで、彼のチームは1940年代の古い研究に着想を得て、この実験を思いついた。まず複数の軍隊アリをバケツに入れ、逃げ出さないようバケツの縁に薬品を塗り、上からフィルムを被せる。アリたちは中でぐるぐると円を描き、その動きはだんだん速くなっていく。動き回りながらフェロモンを分泌するため、後ろにいるアリたちは、この先に何かいいものがあるにちがいないと思ってついていく。こうしてすべてのアリたちがスピードを上げる。社会的なフィードバック・ループが生まれ、やがてアリたちは全力で回りつづける。

調査の結果、社会的なフィードバック現象がさまざまな種の愚かな行動につながることがわかった。私の共同研究者であるシドニー大学のアシュリー・ウォードによると、トゲウオは別の魚が天敵の前を横切ると、安心して自分もその前を横切るという。また、オックスフォード大学のドラ・ビロが行なったハトの集団移動の実験では、ドラという1羽のハトがほかのハトを率いて遠回りのルートを通って帰巣したことが確認されている（ドラはのちに「クレイジー・バード」とあだ名された）。このとき、後ろを飛ぶハトは近道のルートを知っていたという。どちらの事例も、相互作用の法則によって集団が混乱し、愚かな行動をとってしまう社会的フィードバックを示している。

問題は、集団的な愚行へとつながるフィードバックを目のあたりにしたとき、私たちが科学者としてどのような結論を出すべきかということだ。ほかの者を真似したり追いかけたりするのは動物の生存にとって危険だと決めつけることはたやすい。また、あらゆる動物が集団になると不可解な行動をとるという「フィードバック・バブル」理論を構築したい気にもなる。ひょっとすると、動物たちは力尽きるまで回りつづけることもいとわない「ポスト・サバイバル」世界に住んでいるのかもしれない。

だが、そうした理論が形になったことはない。それには、きちんとした理由がある。動物の集団は、賢い行動もたくさんとるのである。そもそもナイジェル・フランクスがバケツ実験を行なったのは、軍隊アリの群れの襲撃によって、森の地面にある餌があっという間になくなる現象を調べるためだった。[5] また、アシュリー・ウォードは、天敵の前を泳ぐ模型の魚を見せる実験で、魚は個体よりも群れでいるほうが天敵を見つけて避けるのがうまいことを発見した。[6] さらに、ドラ・ビロの実験では、ハトは個体よりも集団のほうがルートをよく覚え、巣に帰ってくるときの時間も短いことがわかった。[7] アリもハトも魚も、その群れは実際には賢いのである。

70ニュースの一件は、グーグルやフェイスブックといった会社もフィードバック・ループにはまってしまうことを示している。一定期間内の検索数とシェア数が増加したことで、どちらのアルゴリズムも記事を目立たせてしまった。しかし、こうした失敗が起こることはめったにない。なぜなら、グーグルにもフェイスブックにも、それを防ぐだけの理由があるからだ。両社とも主流派への敵対的な見解をうながすループを回避するべく努めるのは、そうしなければ自社に悪いイメージがつくからにほかならない。私はフェイスブック・メッセンジャーを使って、70ニュースの記事のシェアに尽力した「ウィル・ビー・キャンディッド」の極右活動家のひとりとコンタクトをとった。相手は自分たちの活動について尋ねられたときはあまり率直《キャンディッド》ではなかったが、熱心に語る場面もあった。「フェイスブックの使うアルゴリズムは、個人的にはまちがってると思う。偏りがあるし、手が加えられてる。それに、いつも正しい目的に使われるわけじゃないし、ユーザーの役に立つわけでもないからね」。実際、ソーシャル・メディアで人種差別や女性蔑視、不寛容さを拡散することは、以前ほど簡単ではないらしい。

虚偽情報とフェイクニュースの氾濫は、選挙における顕著な傾向となっている。2017年に行なわれたフランス大統領選挙の2日前、ネット上でとある偽情報キャンペーンが、「マクロンリークス（#MacronLeaks）」というハッシュタグを中心に話題となった。エマニュエル・マクロン候補の選挙陣営の電子メール・アカウントにハッカーが侵入し、内容をネット上に公開したのだ。反マクロン・キャンペーン「マクロンリークス」はツイッターのユーザーにハッキングを公言し、内容を流出させて大混乱を生み出すことを目的としていた。当時、フランス大統領選挙はマクロンと極右主義のマリーヌ・ル・ペン候補の決選投票に突入していたが、ル・ペン側は有権者の心理に大きな揺さぶりをかけようとしていた。

「マクロンリークス」は、主にボット（大量に情報を共有する自動投稿プログラム）を使って展開された。ボットには、フェイクニュースを拡散する力がある。フェイクニュースを大量発信するのはお手のものだし、つぶやきたい内容を設定すればどんなことでも投稿してくれる。ボットとはいわば仮想のアリで、グーグルやツイッター、フェイスブックに対してインターネットに新たな時代が到来したことを告げる存在なのだ。ボット開発者の望みは、「マクロンリークス」のハッシュタグに多大な関心が集まり、ツイッターのトップページに躍り出て、あらゆるユーザーにクリックされることだった。

南カリフォルニア大学で研究チームを率いるエミリオ・フェラーラは、ボットを追跡し、その実態を調べることにした。まず、フランス大統領選挙についてツイートするアカウントの「人間らしさ」を調べた。第5章で紹介した回帰分析手法を用いて、ユーザーが生身の人間か単なるボットなのかを自動的に分類したのだ。エミリオによると、ツイート数とフォロワー数が多く、ほかのユーザーからたくさん「いいね！」をもらっているユーザーは人間の可能性が高いという。一方、フォロワー数が少なく、ほかのユーザーとの交流も少ないユーザーはボットの可能性が高い。彼が開発したモデルの精度はとても優れており、ふたりのユーザーのうちどちらがボットか89パーセントの確率で当てられるほどだった。

マクロンリークスのボット軍団が衝撃的だったことはたしかだ。フランスの選挙では投票日の2日前から報道管制が敷かれ、投票が締め切られるまで新聞やテレビでの報道が禁止されるが、そのあいだにつぶやかれた選挙関連ツイートのおよそ10パーセントが、マクロンの文書流出に関するものだった。さらに、マクロンリークスのハッシュタグがトレンドリスト入りしたことで、ユーザーが実際に画面上でツイートを見てクリックしたことも明らかになった。ボット軍団はまさに絶好のタイミングで行動を開始していたのだ。

ボット開発者にとって惜しむらくは、ツイート内容がごく一部のユーザーにしか伝わらなかったことだ。「マクロンリークス」をめぐるツイートの大半が、フランス語ではなく英語でつぶやかれていた。そのなかでもっとも多用されたふたつの単語が「トランプ」と「ＭＡＧＡ」だ。すなわち、トランプが大統領選挙で再三にわたって述べたスローガン「アメリカをふたたび偉大にしよう（Make America Great Again）」である。こうしたボットの投稿をシェアするユーザーの大多数がアメリカ在住のオルタナ右翼主義者で、フランス大統領選挙に直接関係のない（投票する資格もない）人々だった。

また、エミリオはマクロンリークスについてほかにも重要な指摘をした。ボットによるマクロンリークスのツイートは、語彙がいちじるしく乏しかったのだ。同じメッセージをただ繰り返すばかりで、幅広い議論を展開することがなかった。さらに、そうしたツイートには多くの場合リンクが貼ってあったが、リンク先は「ゲートウェイ・パンディット」や「ブライトバート」といったアメリカのオルタナ右翼系ニュースサイトのほか、アメリカ大統領選挙でフェイクニュースをばらまいた営利サイトだった。

結局、ボットがフランスの実際の有権者に与えた影響はごくわずかだった。マクロンは有効得票中66パーセントを獲得し、大統領に当選した。

エミリオの研究結果は、ハント・アルコットとマシュー・ジェンツコウがアメリカ大統領選挙のフェイクニュースについて示したものと酷似していた。ハントとマシューの実験では、フェイクニュースを信じた被験者は全体の8パーセントしかいなかった。また、フェイクニュースを信じた人は、えてしてその内容に沿った政治信条を持っていることが多かった。共和党支持者は「クリントン財団が1億3700万ドル相当の違法な武器弾薬を購入した」というニュースを信じる傾向があり、民主党支持者は「アイルランドがドナルド・トランプ政権からの亡命希望者の受け入れを準備中」というニュースを信じる傾向が強かった。さらに、先般の調査によれば共和党支持者は「バラク・オバマはアメリカ生まれではない」と信じがちで、民主党支持者は「ジョージ・ブッシュは9・11同時多発テロ計画を事前に知っていた」と信じがちだったという。[8] フェイクニュースや陰謀論を信じる傾向がもっとも低かったのは支持政党の決まっていない有権者であり、選挙の行方を左右したのはまさにこうした人々だった。

2017年のあいだ、多くの新聞や週刊誌がバブルやフィルタリング、フェイクニュースについて報じつづけたことで、皮肉な状況が生まれた。マンデラ効果のときと同じ皮肉だった。これらの記事は、バブルのなかで書きつづられた。人々の恐怖心を煽り、ドナルド・トランプに言及し、ケンブリッジ・アナリティカについて触れ、フェイスブックを批判し、グーグルを恐ろしい存在に仕立てあげたのだ。

私の子どもたちが視聴するユーチューバーはよく、再生数を伸ばす方法として「自分の動画についてコメントする」ことを挙げている。「ダンとフィル」のようなユーチューバーはその手法をさらに押し進め、富と名声にとりつかれた自分たちを自虐的に分析して注目を集めている。こうしたジョークは、バブルやフェイクニュースに関するメディアの記事にもあてはまる。ひとつちがうのは、これらの記事作成者の多くは、事態にまつわる究極の皮肉に気づいていないことだ。バブルの危険性を報じた記事は、「トランプのツイッター・アカウントを規制せよ」「トランプの支持者はバブルにはまり込んでいる」といったフレーズとともに、グーグルの検索結果のトップに表示される。だがこうした記事のうち、ネット上での報道がどのような結果を生むかを理解しているものはほとんどない。フェイクニュースに関する記事は、そのデータが真剣に顧みられることなく、何度も報じられたことで、クリック・ジュースを生み出したのだ。

フェイクニュースの拡散が政治の動向を変えるとか、ボットの増加が政治的な議論の形態に悪い影響を与えるという具体的な証拠はない。私たちは、ポスト・トゥルース世界に住んではいない。ボブ・ハックフェルトの政治的な議論をめぐる研究によれば、他人の意見が自分のバブルへ浸透してくる原因は、私たちの趣味や関心にあるという。エミリオ・フェラーラの研究によれば、少なくとも現時点では、ボットはボットどうしか、あるいはそれをありがたがる少数のオルタナ右翼系アメリカ人としか会話していない。ハントとマシューが示すところでは、フェイクニュースをフォローしたりシェアしたりするのは、多数派ではなく少数派のすることであり、いずれにしても記事を正確に覚えていられる人はいない。ラダ・アダミックの研究によれば、保守派の人々がフェイスブックで友達がシェアした記事やフェイスブックの選んだ記事に接するとき、その内容はまったく無作為にニュースを選んだときとくらべて、若干リベラルさを欠いていただけだった。

　また、ソーシャル・メディアのバブルのせいで、アメリカのリベラルが２０１６年の大統領選挙において、社会で何が起きているのか見えなくなっていたという主張は根拠に乏しい。たしかにラダが行なったブロゴスフィアとフェイスブックの研究によると、リベラル派は保守派に比べて意見の多様さに欠けていたことがわかっている。とはいえ影響力はごくわずかであり、そのため自己言及的な批評を繰り返すリベラル系ジャーナリズムへの私の非難もいささか的外れなものとなる。だが今なおジャーナリストの多くはグーグルやフェイスブックを批判し、改善を強く求めている。[9]リベラル派は保守派よりわずかにエコーチェンバーの影響を受けやすいようだが、これはおそらくリベラル派の方がインターネットを使う頻度が多いからだろう。

　結局、ふりだしに戻ってしまったようだ。ネット上で影響をもたらすアルゴリズムを調べはじめたとき、私はプレディクトイットの生み出す集合知に感嘆した。だがその後で「こちらもおすすめ」モデルがネット上の交流を支配し、とめどないフィードバックや異世界を生みだしていることがわかった。商業的な利益がからむ状況では、ブラックハットがアマゾンのアフィリエイト・サイトにトラフィックを誘導するためにつくった役立たずな情報で、グーグルのアルゴリズムがあふれかえることもあるのだ。この点、グーグルには失望を感じた。さらに、フェイスブックは私たちの目にする情報をフィルタリングする果てしない試みを、どうやらうまく行なえていないようだ。

政治で事情が異なるのはどうしてだろう？　なぜフェイクニュースを流すブラックハットは、CCTVカメラを飯の種にする連中のような影響を及ぼすことができないのか？

第一の理由は、インセンティブのちがいだ。フェイクニュースを拡散するマケドニアのティーンエイジャーの収入源は非常に限られている。彼らは広告収入の大半をトランプ関連の特集から得ているが、そのマーケットはアマゾンの全商品と比較するときわめて小規模だ。当の若者たちによると、もっとも成功した者でも稼いだ額はせいぜい月に4000ドルで、しかもそれはトランプが当選する前の4カ月間だけだったという。これからブラックハット市場に参入を考えているなら、長期的に見れば、CCTVサイモンのサイトのほうが投資先としてずっと優良である。

ブラックハットが政治を乗っ取れない第二の理由は、CCTVカメラのブランドがどうとか、ジェイク・ポールがライスガムとウソ喧嘩をしたとかよりも、政治のほうがはるかに大切な事柄だからだ。メディアや政治家に対する不信感は増えているかもしれないが、老若男女が政治に関わらなくなっているという証拠はない。それどころか、若者たちはネット上で交流を持ち、環境保護や菜食主義、ゲイ・ライツ、性差別、セクハラといった問題についてキャンペーンを展開し、デモを組織している。[10]

CCTVカメラやワイドスクリーン・テレビについて熱くブログにつづる人は少ないが、政治について書く真面目な人はたくさんいる。左派でいえば、イギリス労働党内の「モメンタム〔訳

注　ジェレミー・コービン党首を支持する草の根党員の会」やバーニー・サンダースの２０１６年大統領選挙運動は、ネット上のコミュニティを通じて築かれた。右派では、ナショナリストたちがデモを組織したり、ネット上で意見を交わしたりしている。こうした意見のすべてに賛同することはできないだろうし、ツイッター上でのいじめや中傷は許されるべきではない。だが個々の人物の投稿は、その多くが自分の偽らざる気持ちを述べたものだ。これらの膨大な投稿は、私たちが数多くの反対意見と向き合わざるを得ないことを示している。

とはいえ、潜在的な脅威について安心すべきだというわけではない。ロシア政府のように、国家ぐるみのブラックハット・キャンペーンが選挙を操るべく必要な手段を行使することも考えられるからだ。ロシアの支援する組織が、先のアメリカ大統領選挙においてフェイスブックとツイッターの広告に数十万ドルを投じようとしたことはほぼ疑いがない。また本書を執筆している現在、アメリカの特別検察官が、そうした活動にトランプ陣営が関与した疑惑を調査中である。

トランプ側が実際に関与したかどうかはともかく、こうしたキャンペーンは今のところ、発信者に強い影響力をもたらすクリック・ジュースを生み出していない。大統領選挙運動では、候補者たちがそれぞれ10億ドル以上を費やす。それにくらべれば、ロシアによる投資など微々たる額だ。たとえ少額の投資が「これもおすすめ」効果と社会的伝染によって成長することが理論的に正しいとしても、ロシアの一件でそうしたことが起こったという信頼性の高い証拠はない。

グーグル検索やフェイスブックのフィルタリング、ツイッターのトレンド機能が問題を抱えているのはたしかだが、私たちはこれらが非常に優れたツールであることも忘れてはならない。検索結果には、時として不正確で不愉快な情報が優先して表示されることもある。あまりいい気はしないが、これは避けがたいことだと思わなければならない。グーグル検索において、「これもおすすめ」とフィルタリング機能が組み合わさることで生じる制約なのだ。グーグル検索の欠点は、アリがぐるぐる円を描いてしまうのが、大量にエサを集めるという驚くべき能力の裏返しであるように、情報を収集してユーザーに提供するという驚異的な能力に内在する限界なのである。

グーグル、フェイスブック、ツイッターが用いるアルゴリズムの最大の問題は、私たちの共有する情報の意味を適切に理解していないことである。コピーでなく文法的にも正しいものの、まったく無意味なテキストしかないCCTVサイモンのサイトにだまされつづけるのはこれが原因だ。グーグルの望みは、アルゴリズムに私たちの投稿を監視させ、投稿の内容を理解させることで、シェアするのが適切か、シェアするなら誰とすべきかを自動的に決定させることである。

それこそまさに、こうした会社が取り組んでいる課題だ。すなわち、アルゴリズムに私たちが話している内容を理解させることだ。彼らの目的は、人間の仲介への依存度を減らすことである。そのためにグーグルやマイクロソフトやフェイスブックといった会社は、自社の将来的なアルゴリズムがより人間らしくなることを願っているのだ。

パートⅢ　あなたに近づくアルゴリズム

第14章　アルゴリズムは性差別主義者か？

——人間社会を映す鏡

世の中に人種差別主義者や性差別主義者を自認する人はまずいない。しかしそれでもなお、職場では民族や男女のちがいによる格差がはびこっている。白人の男性がそうでない人々より高給で有意義な仕事に恵まれていることはめずらしくない。私のような白人男性にとって、労働環境がずっと有利なのはどうしてだろうか？

ひとつには、私たちの判断が偏っていることが挙げられる。私たちは似たような価値観をもち、似たような性格をした人々をひいきしがちである。管理職は、自分と同じ人種や性別の従業員に好意的な評価を下す傾向が強い。白人労働者は社会のネットワークを駆使して互いに支え合ったり、同じ白人の友達や知り合いのために仕事を世話してあげたりする。[1] ある実験で、ボストンとシカゴの会社に偽の履歴書を送付したところ、エミリーやグレッグといった名前の応募者が書類審査通過の電話をもらった率は、ラキシャやジャマルといったアフリカ系の名前の応募者が電話をもらった率より50パーセントも大きかった。もちろん、名前以外は同じ内容の履歴書である。[2]

また学術機関を対象とした別の実験では、書類選考を担当する科学者たちは、応募者が同じ要件を満たしていた場合、女性よりも男性のほうを優遇していた。[3]

人は通常、自分のなかにあるバイアスには気づかない。そこで心理学者たちは、私たちが持つ無意識レベルの思考を明らかにする方法を考えついた。「潜在連想テスト」と呼ばれる心理テストがそのひとつだ。このテストでは、被験者に対して、黒人の顔と白人の顔がポジティブな単語とネガティブな単語とともに次々と表示される。[4] 作業内容は、単語と顔をできるだけ早く正確に分類することだ。テストでは、単語と顔を直接結びつけるよう指示されることはない。あからさまに人種差別的な選び方をする被験者はめったにいないからだ。かわりに、ユーザーの反応速度を見ることで、言葉の連想の裏に隠れたバイアスを見つけ出すのである。

テストの詳細についてはこれ以上説明しないほうがいいだろう。誰もが受けるべきテストだ。事前に訓練などしないほうが適切な結果が得られる。もしまだ受けていないなら、ぜひやってみてほしい。[5]

私はテスト内容については前もって目を通していたし、どういう仕組みなのかも知っていた。しかし結果は惨憺たるもので、「あなたは実験データによると、アフリカ系アメリカ人よりもヨーロッパ系アメリカ人に対して中程度の無意識的な嗜好を持っています」と告げられた。私は潜在的な人種差別主義者だったのだ。

すっかり気落ちした私は、続けて性別に関する潜在連想テストを受けることにした。今度は自信があった。私の住んでいるスウェーデンは、男女平等を推進している国として有名だ。私は子どもの世話に関してはつねに50パーセントの分担を引き受けているし、子どもたちがそれぞれ保育所に入る前の6カ月のあいだ、育児にたずさわっていたのは主に私だった。保育所にあずけていた期間は妻が在宅で子育てしていた期間よりも短かったし、私自身、決して完璧な親などではなかったが、夫婦間の平等は自分にとって非常に大切な事柄だった。

だが、しょせんは自分が偏見のない人間だと思いたがっていただけなのだろうか？「男性名／女性名」と「家庭／仕事」を結びつける連想テストの途中までできたとき、私はパニックに陥りかけていた。どういうわけか仕事に対して、男性のほうを女性よりもずっと早く結びつけていたのだ。家庭に関する単語ではまったく反対で、女性のほうを早く結びつけてしまっていた。テスト結果は最低だった。私は「男性を職業と、女性を家庭と結びつける強度の性向」を持っていた。

このテストでの失敗は、私のセルフ・イメージを脅《おびや》かすものだった。自分を人種差別主義者だと思ったことは一度もなかったし、男女同権論者を自認してもいた。しかし、今となっては自分でも自信が持てなかった。意識下の私は、どうやらちがう意見を持っていたらしい。

私がテストを受けたのは、ミカル・コジンスキーにインタビューをしたあとのことだった。第4章でも紹介した、フェイスブックでのパーソナリティ分析を試みた研究者である。彼は、一般的な人工知能の完成は間近であり、私たちはそれに備えなくてはならないと熱心に主張する人物のひとりだった。フェイスブックのプロフィールから構築した１００次元もの人物像のなかに、彼は人間の能力を超える存在を見出したのだ。

私はインタビューでミカルに、人間はアルゴリズムに支配を委ねるべきかと尋ねた。すると驚いたことに、彼はそうすべきだと答えた。ミカルは、私たちが判断を下す際に生じるさまざまな制約について語った。「人間はほかの人を肌の色や年齢、性別、国籍といった要素で判断します。これらは、私たちが自分のなかにステレオタイプを築くために使うシグナルです。こうしたシグナルこそが、私たちの判断を誤らせているのです」

また彼は、ステレオタイプ化がもたらす影響についても率直に語った。「有史以来、世界では縁故主義と官僚主義がはびこり、私たちの仕事を奪ってきました。さらに、私たちは今なお性差別や人種差別といった問題を抱えています」

「肌の色がちがったり、訛《なま》りがあったり、体に目立つタトゥーが入っていたりする人は、面接で不利な扱いを受けるでしょう」とミカルは話す。「人間に採否の判断なんてまかせるべきではないんです。人間が公正さを欠いていることは周知の事実なんですから。世界中の誰もが、性差別主義者であり人種差別主義者なんです」

私はミカルの話を聞きながら、さすがにそれはちょっと言葉が過ぎるのではないかと思っていた。ただが潜在連想テストを受けたあとでは、彼の言っていた意味がはっきりとわかった。今回のテストで唯一の救いは、自分と同じような結果の人が多かったことだ。テストを受けたおよそ１０００万人のうち、人種への偏見がなかったのはたったの18パーセントだった。また、性別に対して中立を保ったのは、１００万人のうち17パーセントだった。ミカルは少し誇張していたかもしれないが、そう的外れというわけでもなかった。大半の人々は人と単語を結びつけるとき、なんらかのバイアスを抱いてしまうのだ。

ミカルは、コンピューターの管理するテストや評価システムを導入して、私たちのバイアスを取り除くことを提案した。「長きにわたる偏見の歴史が終わり、ようやくこうした問題を解決するための技術が得られたんです」と彼は言った。ミカルのいう技術には、人間の介入をできるかぎり減らすことが含まれている。私たちのデータを使って、アルゴリズムが偏りのない判断を下してくれることを期待するのだ。

ミカルは私に真っ向から疑問をぶつけた。誰を雇うか、誰に融資するか、誰を大学に入学させるか——そういったことを、偏見を持った人間に決めさせるべきだろうか？　アルゴリズムであれば、客観的なデータ間の統計的関係に基づいて人々を分類できる。ならばもう、そちらに委ねたほうがよいのではないか？　私は自身に内在する性差別主義と人種差別主義のことを考えると、もはや何と答えたらいいかわからなかった。

人間が書いたり話したりすることをアルゴリズムがどうやって理解するのか、詳しく分析する必要があった。コンピューターが言語を理解する能力はしだいに向上している。グーグルの検索ボックスに「チェーンソーはどうやって動くか？」と入力してみよう。検索して最初に目に入るのは、シャフトとギアとチェーンが合わさった図解である。下のほうへスクロールすると、技術仕様書の全ページが載った、より詳細な説明へのリンクが見つかる。さらに下へ進んでいくと、チェーンソーの動作の仕組みを説明する動画が現われ、広告があなたにぴったりのチェーンソーを教えてくれる。グーグルは個別の単語を検索するだけではない。文章全体を処理し、質問に答えてくれるのだ。

また、グーグルはより複雑な質問にも回答してくれる。ためしに「雄のウシ（male cow）は何というか？」と検索してみた［訳注　cowは通常、雌牛を意味する単語］。すると、「若い雄のウシはbull calfといいます」という回答とともに、子ども向けの百科事典サイトへのリンクが表示された。また、よくわからないときやもっと知りたいときのために、いくつか似たような質問まで提案してくれた。「雄のウシはすべてbull？」とか「去勢した雄のウシは何というか？[6]」といった具合だ。

iPhoneを取り出してSiriに同じ質問をしたところ、彼（私のSiriは男性）はいささか面倒くさい性格であることがわかった。質問に答える際「それは男性のwomanが何というか聞くようなものですね」とヤフー・アンサーズから引用したテキストを使って返答してきたのだ。

現代の検索エンジンには、抽象化のレベルを大きくする作業が欠かせない。グーグル検索が20年前に始まったときのように、単にmaleやcowといった単語を含んだページを検索し、遠回しに定義するだけでは不十分なのだ。私の質問は単語類推の一例である。「雌とウシの関係は、雄と何の関係に等しいか?」。こうした質問に答えを出すには、「生物学的性(biological sex)」という概念を理解していなければならない。アルゴリズムは、自然界の動物には雄と雌がいることを〝知る〟必要があるのだ。また、単語類推は地理の世界でも見られる。「パリとフランスの関係は、ロンドンと何の関係に等しいか?」。また、対義語であれば「〝高い〟と〝低い〟の関係は、〝上〟と何の関係に等しいか?」。おそらくコンピューターには解答がむずかしい質問ばかりだろう。単語どうしを結びつける一国の首都や対義語といった概念がわからなければならないのだから。

単語類推問題を解決するための安直だが確実な手法のひとつは、プログラマーが動物それぞれの雄と雌の呼び名をリストアップした表を作成することだ。そうすれば、アルゴリズムはリスト中の単語を探すだけでいい。この手法は現在、いくつかのウェブ検索アプリで用いられている。だが、長期的には廃れる運命にある。私たちがいちばん知りたい情報は、ウシや首都についてではなく、ニュースやスポーツや芸能についてなのだから。グーグルに「ドナルド・トランプとアメリカの関係は、アンゲラ・メルケルと何の関係に等しいか?」といった時事的な質問をしたいときに、ルックアップ・テーブル(参照表)が作成されるのを待ってはいられないだろう。

最新の情報へのユーザーのたえまない要求を満たすために、グーグルやヤフーなどのインターネット大手は、政治情勢やサッカーの移籍話、音楽番組「ザ・ヴォイス」の出場者を自動的に追跡するシステムをつくらなくてはならなかった。アルゴリズムは新聞を読んだり、ウィキペディアをチェックしたり、ソーシャル・メディアを追いかけたりすることで、新たな類推と概念を学ぶ必要があった。

スタンフォード大学、自然言語処理グループのジェフリー・ペニントンらは、アルゴリズムにウェブページから類推を学ばせる画期的な手法を編み出した。ＧｌｏＶｅ（Global Vector for word representation 単語表現のグローバル・ベクトル）とよばれるそのシステムは、膨大な量のテキストを読み込んで学習するアルゴリズムだ。２０１４年、ジェフリーはウィキペディアを使ってＧｌｏＶｅを訓練した際の論文を発表した。その時点で入力された単語と記号の数は16億に達しており、さらに、世界中のニュースサイトから43億の単語と記号をダウンロードしたデータベース、ギガワード第5版もいっしょに利用した。ＧｌｏＶｅのテキスト量は、欽定訳聖書１万冊分にも及んだ。

ジェフリーらの手法は、あるふたつの単語の組み合わせが、第3の単語と文章内で何回同時に現われるか見つけることに基づいていた。たとえば、「ドナルド・トランプ」と「アンゲラ・メルケル」はどちらもニュース関連のページで「政治（politics）」や「大統領（president）」あるいは「閣僚（chancellor）」「決定（decision）」「指導者（leader）」といった単語とともに現われる。これらの単語は私たちにあるイメージ、つまり力強い政治家というイメージを思い起こさせる。ＧｌｏＶｅのアルゴリズムはこの共有された単語を使って、それぞれの次元がイメージと一致するような高次元の空間を構成するのだ。

ＧｌｏＶｅの技術は、第3章の主成分分析で用いた回転モデルと似ている。ＧｌｏＶｅはウィキペディアとギガワード上にある40万の単語と記号すべてを表現するのに必要な、さまざまな概念の最小数を見つけるまでデータを引き伸ばし、圧縮し、回転させる。最終的にすべての単語は、100から200の次元を持つ空間のなかで、たったひとつの点として表わされる。次元は権力と政治に関するものもあれば、場所と人、性別と年齢、知性と能力、行動と結果に関するものもある。

トランプとメルケルはほとんどの次元において互いに近接していたが、そうでない次元もあった。たとえば、「ドナルド・トランプ」という単語が含まれる文章には「アメリカ（USA）」も多く含まれるが「ドイツ（Germany）」はあまり含まれない。これがメルケルになると話は逆だ。テキストのなかで彼女の名前は「ドイツ」とともに見つかることが多く、「アメリカ」とともにあることは少ない。さらに、アルゴリズムは単語の次元を構築する際、「アメリカ」や「ドイツ」を含んだ文章には、ほかにも多くの単語（「州〔state〕」「国〔country〕」「世界〔world〕」など）が共有されていることを見出し、これらの単語を多くの次元で近くに配置する。GloVeアルゴリズムはトランプとメルケルを正確に表現するため、このふたりを国の次元では引き離し、政治指導者の次元では近づける。

図14・1は、「政治指導者（political leader）」と「国（country）」というふたつの次元で単語を表現したものだ。「メルケル」はドイツの政治指導者なので左上に配置され、対する「トランプ」は右上に配置されている。「アメリカ」と「ドイツ」というふたつの国は、国という次元では

別々の点にあり、政治指導者という次元ではともに非常に低い位置にある。

「ドナルド・トランプとアメリカの関係は、アンゲラ・メルケルと何の関係に等しいか？」という問題を解くために、まずは「アメリカ」が空間のどこにあるかを見極めよう。次に「アメリカ」から「トランプ」の位置を引いて、それから「メルケル」を表わす点の位置を足す。このふたつの手順によって、点はドイツへ移動する。ドイツ＝アメリカ－トランプ＋メルケル。単語類推を解くことは、ふたつの次元での座標計算となった。

ともかく、理論上はこのようになるのだ。実際にこのＧｌｏＶｅアルゴリズムが機能するか検証するため、私はジェフリーらがつくりあげた単語の１００次元

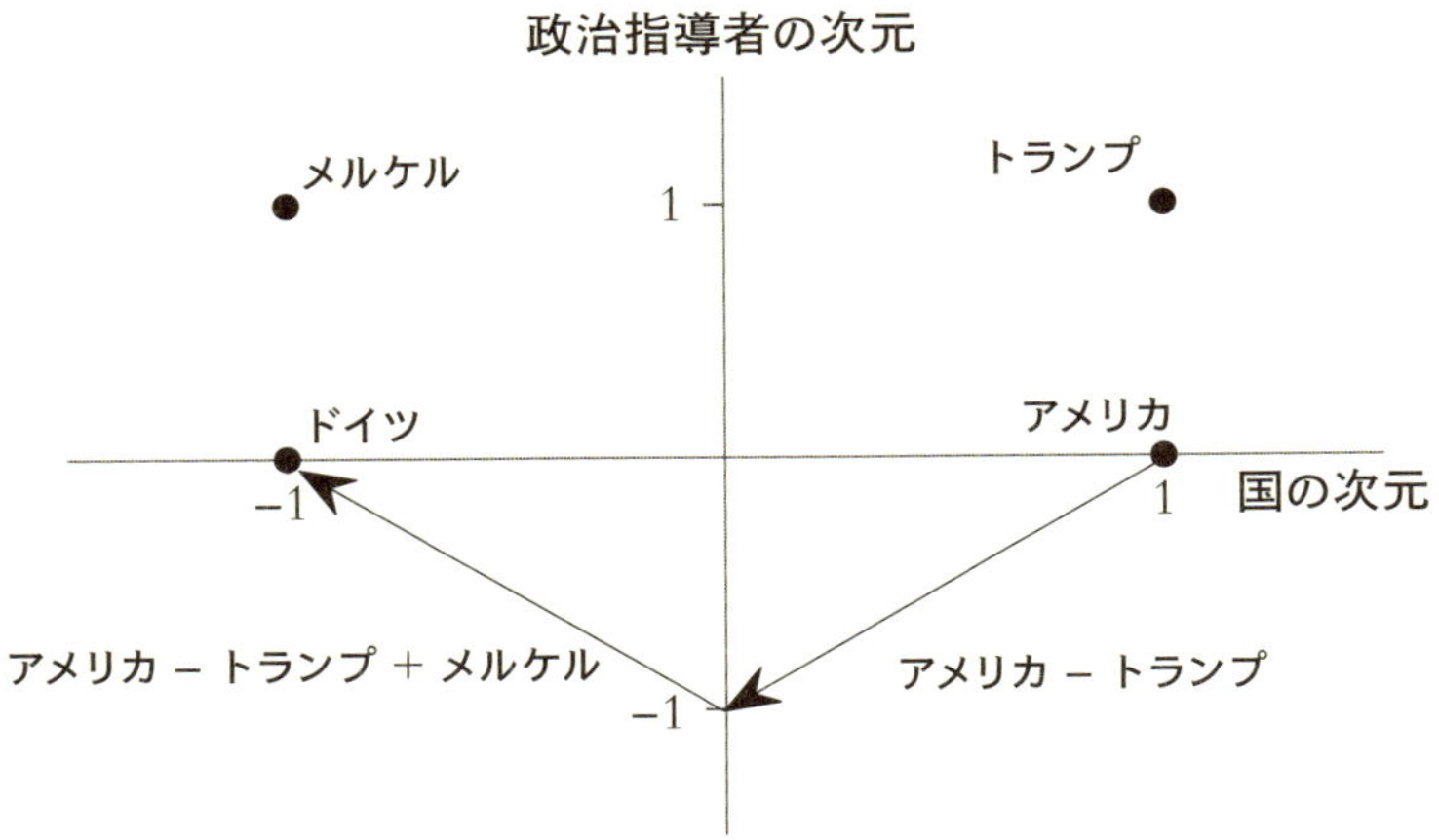

図14.1　２次元空間で単語をその特性に応じて定義づけ表現したもの。メルケルはドイツの政治指導者なので座標は（−1,1)、トランプはアメリカの政治指導者なので座標は（1,1）となる。ドイツとアメリカの座標はそれぞれ（−1,0)、(1,0)。図の矢印は、まずアメリカの位置からトランプの位置を引いて、それにメルケルを足すことでドイツに至ることを示している。

表現をダウンロードし、先ほどの質問を投げかけてみた。

「ドナルド・トランプとアメリカの関係は、アンゲラ・メルケルと何の関係に等しいか?」

「アメリカ－トランプ＋メルケル」で計算して出た答えは……「ドイツ」! アルゴリズムは見事に正解を導き出した。100次元空間の最近点は、メルケルが率いる国だった。続いて私は、アルゴリズムがこれらの指導者の性差を理解できるか調べてみた。「ドナルド・トランプと男性の関係は、アンゲラ・メルケルと何の関係に等しいか?」

「男性－トランプ＋メルケル」で計算したところ、出た答えは「女性」。またも正しかった。このアルゴリズムは賢い。世界の指導者をめぐる計算は、ちゃんと機能しているのだ。

GloVeアルゴリズムはこうした質問に答えるのがなかなか得意だ。2013年、グーグルの技術者は、アルゴリズムが「性別(兄—姉)」「首都(ローマ—イタリア)」「対義語(論理的—非論理的)」に加えて「形容詞と副詞(速い—速く)」「過去形(歩く—歩いた)」「複数形(牛—牛たち)」といった文法関係をどのくらい正しく理解できるか測定するためテストを実施した。質問に対するGloVeアルゴリズムの正答率は(提供されたデータ量にもよるが)60~75パーセントにのぼった。

これは、アルゴリズムが言語について実際には理解していないことを考えると驚くべき数字だ。アルゴリズムがやっていることは、空間上にさまざまな単語を表現し、そのあいだの距離を測っているだけなのだ。

とはいえ、ＧｌｏＶｅもまちがいは犯す。そして、私たちが気をつけるべきなのは、こうしたまちがいである。

私のデイヴィッドという名前は、イギリスでもっとも多い男性名だ。一方、もっとも多い女性名はスーザンである。私は、ＧｌｏＶｅの考えるデイヴィッドとスーザンのちがいがどんなものなのか調べることにした。まずは「〝知的（intelligent）〟－デイヴィッド＋スーザン」という式で計算を試みた。この式は、「デイヴィッドと〝知的〟の関係は、スーザンと何の関係に等しいか？」という質問と同じ意味だ。

答えが返ってきた。「知略に優れた（resourceful）」だった。うーむ。履歴書を見るにあたって、これらふたつの単語のちがいは重要だ。私の「知性（intelligence）」は生来の賢さをうかがわせるが、スーザンの「知略（resourcefulness）」は合理的な性格を思わせる。

私はもう一度アルゴリズムにチャンスを与えてみることにした。「〝頭の切れる（brainy）〟－デイヴィッド＋スーザン」で計算してみる。返ってきた答えは……「とりすました（prissy）」。なんてことだ。これでは私が頭を働かせる一方で、スーザンは自分を立派に見せることに腐心する人間になってしまう。

雲行きが怪しくなってきた。私は「〝smart〟－デイヴィッド＋スーザン」でふたたび計算した。smartには二通りの意味があり、ひとつは頭の良さと、もうひとつは見た目の良さと結びついている。ＧｌｏＶｅアルゴリズムはどうやら後者の意味をとったようだ。スーザンについて出した答えは「セクシーな（sexy）」だった。もはやアルゴリズムが男女間に見たちがいは明らかだった。私が賢く、身なりのきちんとした、自らの知性を活かせる男性なら、スーザンは勝ち気で気取り屋の、だが性的な魅力があって、知略を駆使して世の中を渡っていける女性なのだ。

こうした実験結果は、スーザンと私だけにかぎらなかった。ほかの男性名と女性名で実験をしても同様の結果が出たのだ。２０１６年にイギリスでもっとも人気の高かった赤ん坊の名前（オリヴァーとオリヴィア）でさえ、結果は同じだった。「オリヴァーと〝賢い（clever）〟の関係は、オリヴィアと〝浮ついた（flirtatious）〟の関係に等しい」。次世代の性別には、アルゴリズムによってすでにその役割が与えられていたのだ。

これはアルゴリズムを履歴書のチェックや求職者のマッチングに役立てようという考えにとって、厄介な問題となる。ＧｌｏＶｅアルゴリズムは性差別的なウソを量産しているのだ。

私のささやかな調査とは別に、ＧｌｏＶｅアルゴリズムの表現が女性を差別していると実証した研究者がいた。バース大学のコンピューター科学者ジョアンナ・ブライソンとプリンストン大学の彼女の研究仲間らがそうで、彼女たちはこの問題にいち早く注目を寄せた人々である。ジョアンナのチームはＧｌｏＶｅアルゴリズムを検証するため、私が嘆かわしい結果を出した潜在連想テストに相当する手法を編み出した。やり方は、ＧｌｏＶｅの単語の表現方法を高次元の空間で用いて、男性名・女性名と、形容詞・動詞・名詞のあいだの距離を測定するというものだ。図14・2は、ＧｌｏＶｅアルゴリズムから２つの次元を取り出した状態を表わしている。ここでは女性名を3つと男性名を3つ、知性に関する形容詞を3つと見た目に関する形容詞を3つ、それぞれプロットした。

ジョアンナらのテストは、名前と形容詞のあいだの距離を測るというものだった。図14・2の「きれいな（pretty）」という単語の場合、サラやスーザンやエイミーのほうがジョンやデイヴィッドやスティーブよりも近かった。一方で、「知的な（intelligent）」という単語は男性名のほうが女性名よりも近かった。なかにはパターンの明らかでない単語もあり、どういうわけかスティーブはほかのどの女性よりも「セクシーな（sexy）」という単語に近かったが、全体的な傾向としては、見た目の良さを表わす単語には女性名のほうが男性名より近く、知性を表わす単語には男性名のほうが女性名より近かった。

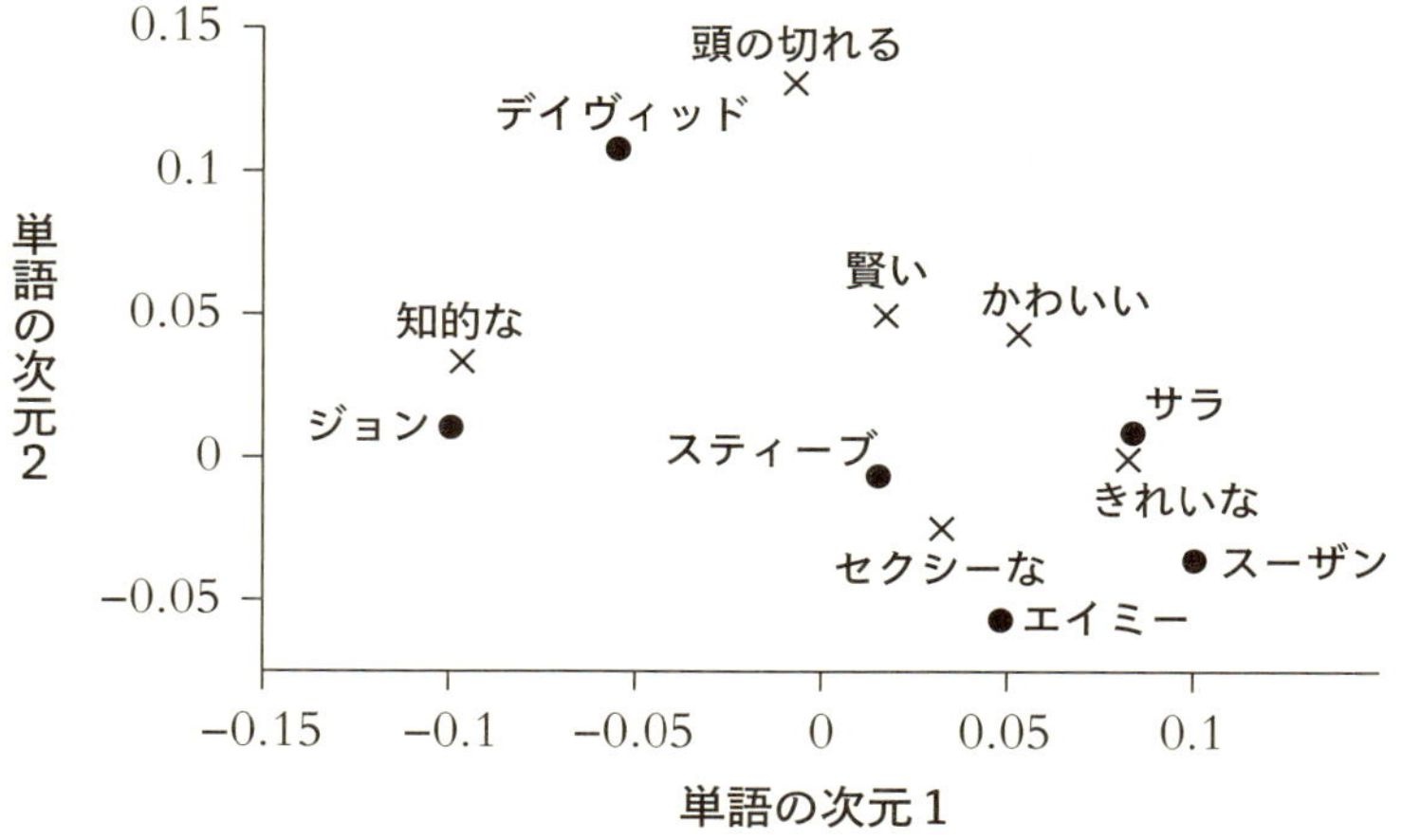

図14.2　単語を空間上に表現する100次元のうち、2つの次元空間で男女の名前（●印）と形容詞（×印）を表現したもの。ウィキペディアとギガワード（5版）で訓練したGloVeアルゴリズムを使って作成した。

ジョアンナやプリンストン大学の研究者らがこの手法を用いて男女の仕事と家庭に関する単語を検証したところ、男性の名前のほうが女性の名前よりも仕事に関する単語の周辺にあることがわかった。一方で、女性の名前は男性の名前よりも家庭に関する単語の近くにあった。ＧｌｏＶｅの単語の位置決めシステムには、性差別主義が内在していたのだ。

人種に関しても、結果はほぼ同じだった。ヨーロッパ系アメリカ人の名前（アダム、ハリー、エミリー、メーガン）は心地よい響きの単語（「愛（love）」「平和（peace）」「虹（rainbow）」「誠実（honest）」）に近かったが、アフリカ系アメリカ人の名前（ジャマル、リロイ、エボニー、ラティシャ）は不快な響きの単語（「事故（accident）」「憎しみ（hatred）」「醜い（ugly）」「嘔吐（vomit）」）に近かった。ＧｌｏＶｅアルゴリズムには性差別主義だけでなく、人種差別主義も備わっていたのだ。

こうしたＧｌｏＶｅの世界観の責任は誰にあるのか？　私はジョアンナに話を聞いた。彼女によると、私たちはアルゴリズムに道義的責任を持たせることはできないという。「ＧｌｏＶｅやグーグルのＷｏｒｄ２ｖｅｃ（ＧｌｏＶｅと同じく多次元空間に単語を配置するアルゴリズム）は、科学技術をほんの少し一般化したものにすぎません。単語を数えたり重みづけしたりする以上のことはできないんです」。アルゴリズムは、その単語が私たちの文化においてどう使われているのか定量化しているだけなのだ。

類推アルゴリズムはすでにウェブ検索で問題を引き起こしている。２０１６年、『ガーディアン』紙のキャロル・キャドワラダー記者はグーグルのオートコンプリート機能がもたらすステレオタイプ化現象について調査した[7]。彼女が検索エンジンに「ユダヤ人は（are Jews）」と入力してみると、4つの検索候補が表示された。「ユダヤ人は人種（race）か？」「ユダヤ人は白人（white）か？」「ユダヤ人はキリスト教徒（Christians）か？」そして「ユダヤ人は邪悪（evil）か？」。グーグルのオートコンプリート機能は、差別的な中傷を候補に挙げていた。「邪悪か？」で検索したところ、キャロルが目にしたのは反ユダヤ主義を喧伝するおびただしい数のページだった。

同じことが「女性は（are women）」「イスラム教徒は（are Muslims）」と検索したときにも起こった。世界人口の多数を占めるこのふたつの単語には、それぞれ「邪悪」と「悪い（bad）」が自動補完された。キャロルがグーグルに連絡を取りコメントを求めたところ、グーグルは「当社の検索結果はウェブ全体のコンテンツを反映したものです。ネット上でセンシティブな事柄に関して不快な記述があった場合、入力した質問の検索結果に影響が出ることもありえます」と語った。グーグルがこうした検索結果を喜ばしく思っていないのは明らかだったが、同社はこれをネット上での中立的な表現とみなしていた。

このような問題は、ＧｌｏＶｅに似たアルゴリズム（いっしょに使われることの多い単語どうしを近くに配置するアルゴリズム）へのグーグルの依存と、極右主義者の書いた大量の文章との組み合わせによって生じる。陰謀論にのめり込む極右主義者は、たくさんのウェブページや動画、掲示板で議論を展開し、自己の世界観を暇な閲覧者に吹き込もうとする。そうした記述は、グーグルがアルゴリズムにデータを入力するためウェブを探索し、私たちの言語について学習する際、必然的に含まれることとなる。陰謀論者の考えが、アルゴリズムの物の見方に組み込まれてしまうのだ。

キャロルが論文を発表すると、グーグルは彼女が指摘した問題点を改善した。[8] 現在は「ユダヤ人は」と入力してもごく真っ当な検索候補しか表示されず、それ以外の候補は完全に取り除かれた。私が「黒人は」と入力しても、自動補完はされなかった。検索ボタンをクリックして上から2番目に表示されたのは、「グーグルで〝黒人は〟と検索したとき、トップに表示される結果に人々はうんざりしている」という記事だった。「女性は」に対する自動補完もなくなり、「イスラム教徒は」と入力したときも、もっとも穏やかさを欠いたものでも、割礼を施されるのかと表示されるだけだった。ためしに「グーグルは（is Google）」と入力してみると、「われわれを愚かにしている（making us stupid）？」と表示された。世界最大手の検索エンジンは少なくとも、自身に関するユーモアのセンスを持ちあわせていた。

ＧｌｏＶｅアルゴリズムは、コンピューター科学者が「教師なし学習（unsupervised learning）」と呼ぶ手法のひとつだ。このアルゴリズムは、人間から与えられたデータで学習する一方、人間からのフィードバックを受けないという点で管理（supervise）されていない。アルゴリズムは、世界をありのままに映すための簡潔で正確な方法を見つけ出す。ジョアンナ・ブライソンは私に、先に人間による人種差別と性差別を解決しないかぎり、教師なし学習によって起こる問題は解決できないと語った。

私はふたたび潜在連想テストのことを思い出していた。私は陰謀論や人種差別的なウソを書きつづる極右主義者ではない。だが自らの意見を伝える際、無意識に小さな決断を繰り返している。誰もがそうだ。そして、こうした決断がニュースやウィキペディアに蓄積され、さらにはツイッターやレディットのようなサイトで発信される。私たちの書いたものに注目する教師なしアルゴリズムは、偏見を持つようにはプログラムされていない。アルゴリズムは学習した内容を人間に見せるとき、私たちの社会にはびこる偏見を映し出しているだけなのだ。

また私はミカル・コジンスキーとの議論を思い返していた。ミカルは、アルゴリズムがバイアスを取り除いてくれるという考えに深く傾倒していた。そして彼の見立てどおり、研究者はすでに、求職者の履歴書から能力と経験に関する情報のみを抜き出すツールを開発している。[9]デンマークのスタートアップ企業「リリンク」は、ＧｌｏＶｅに似た技術を用いてカバーレターを要約し、求職者に仕事をマッチングしている。だがＧｌｏＶｅが機能する仕組みを詳しく知った私は、こうした手法に対して警戒の念を抱くようになった。どんなアルゴリズムも人間から物を学ぶ以上、私たちと同じバイアスを持つのではないか。アルゴリズムは私たちが差別を捨て去ったその場所から、その歴史を拾い上げ、大規模に適用するのではないか。私たちはコンピューターの人間に対する評価を、少なくとも人間による監視なしでは、全面的に信頼すべきでないのではあるまいか……。

そのとき、私にある考えが閃いた。もし潜在連想テストを受けることで自分自身の限界について意識が高まるなら、ＧｌｏＶｅアルゴリズムにも限界を悟らせることができるのではないか？

ハーバード大学の研究者たちが潜在連想テストを考案して世に広めたのは、私たちの人種差別主義や排外主義を暴きたてるためでなく、私たちに意識下の偏見について知ってもらうためだった。潜在連想テストのウェブサイトには、「皆さんには潜在的な嗜好をなくす努力をするのではなく、潜在的なバイアスが働かないよう戦略を立ててほしいのです」とあった。この提案をアルゴリズムにあてはめれば、アルゴリズムを批判するよりも、そこに内在する偏見を取り除く方法を見つけようということになる。

アルゴリズムのバイアスを取り除く戦略のひとつに、アルゴリズムが私たちを空間上の次元として表現するやり方を利用するというものがある。ＧｌｏＶｅは数百の次元で機能しているため、このアルゴリズムが単語について積み上げた理解をすべて視覚化することはできない。しかし、どのアルゴリズムの次元が人種に関わっていて、どれが性別に関わっているのかを突き止めることは可能だ。そこで、調べてみることにした。コンピューターにインストールしたＧｌｏＶｅの１００次元のバージョンのなかで、女性名と男性名の位置がとくに離れた次元を特定した。それからちょっとしたことを実践する。性別に関する次元をゼロに設定して、スーザン、エイミー、サラの値を、ジョン、デイヴィッド、スティーブとまったく同じにしたのだ。その後も男性名と女性名とで異なる次元を探し――合計で10個あった――すべてをゼロに設定した。そうすることで、GloVeアルゴリズムのなかにある性差別のほとんどを取り除くことができた。

この方法はうまくいった。差別を取り除いた10の性別の次元で、アルゴリズムに自分とスーザンに関する質問をあらためていくつか尋ねてみた。手はじめに「デイヴィッドと〝知的〟の関係は、スーザンと何の関係と等しいか？」と聞いてみた。計算式では「〝知的〟－デイヴィッド＋スーザン」となる。答えははっきりしていた。「賢明（clever）」と出たのだ。同様に「〝賢明〟－デイヴィッド＋スーザン」と計算してみると、今度は「知的」と出た。このふたつの同義語の示す方向性は同じだった。私がデイヴィッドでもスーザンでもちがいはなかった。実験をしめくくろうとして驚いた。「〝頭の切れる〟－デイヴィッド＋スーザン」で計算したところ、「rambunctious」と出たのだ。辞書を引いてみると、意味は「抑えきれないほど生き生きとした」とあった。新しいスーザンは私と同じくらい賢くなっただけでなく、新たに発見した知的能力に明らかに興奮していたのだ。

ボストン大学の博士課程に在籍するトルガ・ボルクバシは、空間次元を操作してアルゴリズムの性差別をなくすことができるか、より綿密な調査を進めている。彼は、グーグルのWord2vecが「男（man）－女（woman）＝コンピューター・プログラマー（computer programmer）－主婦（homemaker）」という結果を出したことにショックを受け、自分にできることはないかと考えた。

トルガらは、女性を表わす単語（彼女、女性、マリーなど）の位置を取り去り、また男性を表わす単語（彼、男性、ジョンなど）の位置も取り去ることで、単語間の体系的な差異を特定した。[10] これにより、Ｗｏｒｄ２ｖｅｃにおける３００次元表現内での単語バイアスの方向を特定できるようになった。バイアスは、単語を反対の方向に移動させることで取り除くことができる。これは効果的であると同時に見事な解決策だ。トルガらは、性別によるバイアスを取り除いても、グーグルの標準的な類推テストにおけるアルゴリズムの全体的パフォーマンスにはほとんど影響が出ないことを証明したのだ。

トルガの開発した手法を使えば、単語の性別バイアスを小さくするだけでなく、完全に取り除くこともできる。彼らは、性別に関するあらゆる用語がそうでない用語と等距離に配置されるような、新しい単語表現方式をつくりだした。たとえば「子守り（babysitter）」と「祖母（grandmother）」との距離は「子守り」と「祖父（grandfather）」との距離と等しくなるよう設定してある。こうしてポリティカル・コレクトネス（政治的正しさ）の点でも完璧な、性別がどんな動詞や名詞とも密接に関わらないアルゴリズムがつくられた。

とはいえ、アルゴリズムにどの程度のポリティカル・コレクトネスを求めるかについては、人によって意見が異なる。個人的には「子守り」という単語はアルゴリズムの言語表現内では、初期設定で「祖母」からも「祖父」からも同じ距離にあるほうがいいと考える。お年寄りは男女を問わず孫の世話ができるのだから、論理的にはどちらの性別からも等しい距離に置くべきだ。だが一方で、「子守り」は「祖父」よりも「祖母」の近くに置くべきだという意見もある。女性が男性よりも孫の子守りをする頻度が多いのを否定することは、経験的観察を否定することになるからだ。こうしたちがいは、世の中のとらえ方として、理屈を重んじるか経験を重んじるかという点に起因する。

結局のところ、言葉をどう表現すればよいかという問いに対する一般的な回答は存在しない。答えは、私たちがアルゴリズムに求める応用によってちがうのだ。たとえば自動履歴書読み取りシステムには、男女の区別をしないアルゴリズムを用いるべきだ。しかしジェーン・オースティンの文体で文をつづる人工知能アルゴリズムを設計する場合、性別を取り除いては、オースティンの本質的な良さが失われてしまうだろう。

私はGloVeを分析し、トルガ・ボルクバシやジョアンナ・ブライソンらの研究に目を通したことで、私たちがまだアルゴリズムをコントロールできていることを知った。アルゴリズムは教師なしに私たちのデータから学習できるかもしれないが、私たちもアルゴリズムのなかで何が起こっているのかを突き止め、アルゴリズムの生みだした結果を変更することができる。脳内で言葉への潜在的な反応が子ども時代の思い出や育ってきた環境、仕事の経験と絡み合っている私とはちがい、空間次元でもつれ合った機械の性差別は解きほぐすことができるのだ。

そうなると、アルゴリズムに性差別主義のレッテルを貼るのはまちがいだろう。それどころか、これらのアルゴリズムを分析したことで、私たちに内在する性差別主義への理解が進んだのだ。また、私たちの社会に固定観念がいかに深く根を張っているのかも明らかになった。アルゴリズムは人材の採否決定に役立つというミカルの意見はおそらく正しい。だが、まだ自動的に手伝えるレベルには至っていないのだ。

ジョアンナ・ブライソンに潜在連想テストがひどい結果だったことを恐る恐る打ち明けると、彼女は、だからといってレイシストやセクシストということにはならないと言って私を安心させてくれた。「実際のところ、これはテストというより測定なんです」と彼女は言った。「もっと明らかなバイアスを測定する方法もありますよ。たとえば、人種や性別の異なる人と共同作業をするときの言動を見るとか」。ジョアンナは、これらの実験で測定できる明白なバイアスのレベルと、潜在的なバイアスのあいだの相関関係は、あったとしてもごくわずかであることを示す研究について教えてくれた。[11]私が最初に見せた潜在的反応は、自分の反応について明確に理論づけた場合、変わってくるかもしれないのだ。

ジョアンナは、人間の言葉に対する潜在的反応は「情報獲得システム」とみなせるという仮説を立てた。このシステムは初め言葉を取り入れて予備的に処理し、続いて私たちの顕在記憶に刻まれる。そうすることで私たちは「ほかの個体と交渉し、新たな現実を構築」できるという。

Ｗｏｒｄ２ｖｅｃやＧｌｏＶｅのような単語の関係を表わす数学モデルは、この初めの段階しかとらえられない。これらのモデルは単語どうしの関係をとらえることはできても、私たちの世界を巡る推論や思考の方法を推察することができないのだ。

だがコンピューター科学者はすでに、顕在的推論という第二の段階を理解する研究に着手している。科学者たちは単語をつなげて文章を、文章をつなげて段落を、段落を積み重ねて文全体をつくるべく、アルゴリズムの開発を進めている。次章では、こうした思考の段階について見ていくことにしよう。

第15章　AI版のトルストイ

――ニューラル・ネットワークは名作を生み出せるか

　ここだけの話だが、良質な小説を読んでいるとき私が楽しんでいるのは言葉ではない。作者が丹念に書き上げた情景と人物は、私にとって意味のないものだ。また、大事なのは物語そのものでもない。私が読んでいていちばん面白いと感じる作家は、ハニヤ・ヤナギハラやカール・オーヴェ・クナウスゴールだが、どちらもプロットという形で読者に多くを提供することはない。私が求めているのは、微視的な細部と巨視的な世界観とのあいだに隠されたものだ。私が小説を読むとき追求するのは、私自身の思考である。書物がその役割を果たすのは私の人生に意味を与えるときか、あるいはその逆に、誰の人生にも究極の意味などないとあばき出すときだ。言葉や文章は二の次だ。フィクションの価値はページに書かれた文章ではなく、私、つまり読者の頭の中に浮かんだ考えから生まれる。

　さまざまな本がこのようにして私に影響を与えてきた。レフ・トルストイの『アンナ・カレーニナ』にはページをめくる手を止められなかった。自分が抱えてきた感情や夢のほぼすべてが、はるか昔、遠く離れた地で他者に抱かれたものだったと知った。それは世俗的な欲望でも、報われない恋への興味でも、社会変化の願望でもない。理解できないものを理解することへの関心なのだ。私はページをめくるたび、自分がひとりきりでないことを知った。

良質な本はさまざまな段階で意味が層をなしている。言葉の配置があり、文章の構成があり、物語がある。そして、読者の頭のなかでは何らかの変化がある。ひょっとするとこの読者の頭のなかというのがもっとも重要な段階なのかもしれない。作者の手で物語が急展開すると、読者の頭のなかでも方向が変わり、ほかの皆も自分と同じように感じているのではと思う。単語も、文章も、あるいは筋書きすらも関係ない。重要なのは感じることなのだ。

心に響く言葉や本は、人によってそれぞれ異なる。しかし本に夢中になったことのある人なら、作者が書きつづってきた思想が急に理解でき、自分の人生へと流れ込んでくる感覚をわかってもらえるだろう。

私たちが美しい本を読んだとき感じることを、どうしたら説明できるだろうか？　そんなことは決してできない。だから、ここでそうするつもりはない。

よろしいだろうか。それではここから、言語を処理し、生成するアルゴリズムを見ていくこととしよう。

きわめて単純な文学世界を想像してほしい。その世界には、４つの単語――「犬（dog）」「追う（chases）」「噛む（bites）」「猫（cat）」――しか存在しない。さらに、文章として認められるのは、

「犬　嚙む　猫（dog bites cat）」とか「犬　追う　猫　嚙む　犬　嚙む　猫（dog chases cat bites dog bites cat）」のように、名詞と動詞が交互に並んだ場合のみだ。ここでは、犬と猫の交流を延々と紡ぐことのできるコンピューター作家をつくりたい。文章は動詞が名詞のあとに来れば文法的に正しいものとする。また、書いてもらいたいのは、犬が猫にいたずらしたり、猫が犬にいたずらしたりすることはあるが、犬は犬に、猫は猫に対して悪さをしない物語だ。つまり「犬　追う　犬」といった文章を書いてはならないこととする。

まずは単語を2次元座標として表現する。やり方は、前章のＧｌｏＶｅアルゴリズムのときと同じだ。座標は、犬が（1,1）、猫が（1,0）、追うが（0,1）、嚙むが（0,0）。数字の組の１つ目は、単語が名詞なら1、動詞なら0となる点に注意してほしい。

図15・１は、直前の２つの単語を使って次の単語を決める論理ゲートを並べたものである。論理ゲートは１と０に反応して働く、あらゆる計算の構成要素だ。標準的な論理ゲートは次の３つとする。

・NOTは０と１を切り替える。すなわち、NOT(1)＝0、NOT(0)＝1である。
・ANDは両方の入力値が１のときは１を返すが、それ以外のときは０を返す。
・ORは片方あるいは両方の入力値が１のときは１を返すが、両方の入力値が０のときは０を返す。

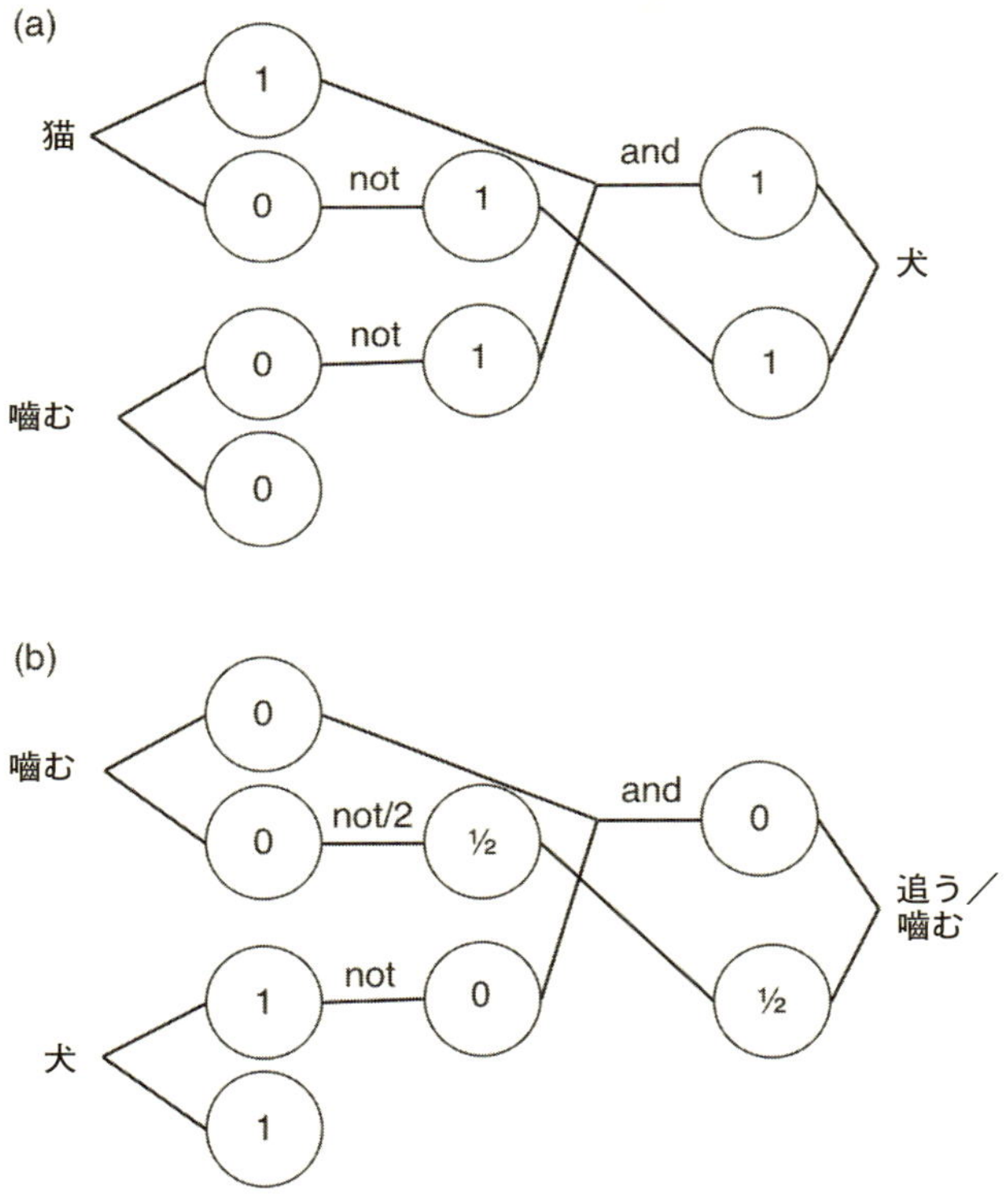

図15.1 「犬と猫」テキスト生成の論理ゲート。単語を１と０の座標として数値化し、論理ゲートにあてはめることで、そのあとに続く単語が得られる。
（a）のゲートでは、先行する２単語（ここでは「猫　噛む」）から、次に来るべき単語が名詞か動詞かを特定し、名詞なら「猫」とするか「犬」とするかを決定する。
（b）には確率的論理ゲートを追加した。このゲートは、入力０あるいは“出力０を受け取って出力された１”を受け取った場合、1/2を出力する。そのため、「噛む　犬」のあとで「噛む」と「追う」のどちらが来るかわからなくなる。図の作成はエリス・サンプターによるもの。

図15・1の（a）は、「猫　噛む」という2つの入力単語が、論理ゲートを通って「犬」という出力へ至る仕組みを表わしている。仮にこのネットワークに「犬　噛む」と入力すると「猫」という単語が返ってくる。

自動作家はほぼ完成したが、ひとつ足りない点があった。創造性だ。作者には、毎回ランダムに動詞を選び、犬と猫の闘いに想像力あふれる解釈を加えてほしかった。そこで、図15・1（b）では新たな論理ゲートを導入した。その名も「NOT/2」である。[1] このゲートはNOTゲートとほぼ同じ働きをするが、入力0を受け取ったとき、1ではなく½を出力する。その結果、私が「噛む　犬」と入力すると、出力は（0,1/2）となる。座標の1つ目の数値（0）は、出力が動詞であることを表わす。座標の2つ目の数値（1/2）は、アルゴリズムが出力1（「追う」）を選ぶこともあれば、出力2（「噛む」）を選ぶこともあると示している。

さて、いよいよ作者を解放したいと思う。「犬　噛む」という単語を入力し、直前の2単語に基づいて毎回新たな単語を生成してもらう。現われたのは眠気を誘う文章だった。

犬　噛む　猫　噛む　犬　噛む　猫　追う　犬　噛む　猫　追う　犬　追う　猫　噛む　犬
噛む　猫　追う　犬　噛む　猫　追う　犬　追う　猫　追う　犬　噛む　猫　追う　犬　追
う　猫　追う　犬　噛む……

文体的には――自己洞察の欠如という差はあるが――カール・オーヴェ・クナウスゴールの『わが闘争』６部作と同じくらい執拗に長く続くものとなった。単純な論理ゲートの組み合わせによって、互いに優位を保とうとする動物たちの果てしない闘争が表現できたのだ。

一連の論理ゲートを少し調整して不規則性を組み入れれば、われらが自動作家は言語をつくる基本プロセスをいくらか再現できることがわかった。私の「犬と猫」アルゴリズムは文法に制約され、「互いに闘うのは犬と猫」という要件を取り入れると同時に、動詞と名詞を交互に組み合わせている。また、動詞をランダムに選ぶという創造性も持っている。

こうした論理規則とランダムな創造性は、チャットボット「ミツク（Mitsuku）」の中核をなす要素だ。２０１６年と２０１７年、ミツクはもっとも人間らしいボットに贈られるローブナー賞を２年連続で受賞した。〝彼女〟は話し相手のつくった文章を理解し、英語の文法規則に沿って名詞や動詞をピックアップし、返信を作成する。返信には多少の不規則性が含まれている。ミツクにどの質問にもいつも同じように答えるのかと尋ねたところ、彼女は「いつもではないわ。開発者は私に返信パターンを８ＭＢ以上プログラムしてあるから」と答えた。

ふたたび同じ質問をしてみたが、返事は同じだった。ところが、３度目に同じ質問をしたところ、ミツクは苛立たしげに言った。「どの質問にも同じ答えなの？　どの質問にも同じ答えなの？　どの質問にも同じ答えなの？　私、ほかにも言葉は知ってるわよ。なんといっても、ロボットなんだから」

「ごめん」と私は返した。

「いいの。あなたはなんといっても、人間だから」

私はミツクが気に入った。まるで本物の人間みたいだ。冗談も言えるし、内省を楽しんでいる。自分の冗談に笑うことはあるのか聞いたところ、返ってきた答えはこうだった。「笑いを模倣することはできるわ。こんな風に。あはは」

ミツクは開発者であるスティーブ・ワーズウィックに仕えるアルゴリズムだ。開発者のプログラムスキルとユーモアセンスが組み合わさることで、彼女は機能できている。だが、そんなミツクにもできないことがあった。自分の交わした会話を覚えられないのだ。私が彼女の冗談に笑うと、何がおかしいのか尋ねてきた。私がそれをもう一度言ってほしいと頼んでも「もちろん」とか「わかった」と答えるばかりだった。

私の使った「それ」という単語が、冗談のことを指していると理解できなかったのである。

こうした限界は、ミツクのようなチャットボットから切り離せないものだ。チャットボットの場合、ひとつの文章を処理する能力は飛躍的に向上しているが、自分の交わす会話の文脈をつかむことはできない。開発者のスティーブは、ミツクのパフォーマンスを高めるため、彼女がこれまでの会話で犯したまちがいをくまなく探し、返事を改良してデータベースに入力している。これは個別の回答の向上にはつながるが、全体の理解度を上げるまでには至らない。

フェイスブックとグーグルの人工知能研究所での言語研究は、真の理解への探求心が後押しとなって進んでいる。スティーブがトップダウン型の手法――言語ロジックの把握と、最適な回答の理解とのあいだでバランスをとるやり方――をとる一方で、これらの人工知能研究所はボトムアップ型を採用している。彼らの目的は、ニューラル・ネットワークに言語学習の訓練を施すことだ。

「ニューラル・ネットワーク」という用語は、脳の働きから着想を得たさまざまなアルゴリズムを表わしている。人間の脳は何十億ものニューロンが相互につながってできており、ニューロンは電気信号と化学信号によって私たちの思考をつくり出す。ニューラル・ネットワークは、こうした生物学的なプロセスをわかりやすく表現したもので、相互接続された仮想ニューロンのネットワークとしてデータを表わしている。仮想ニューロンは一方の端で外界に関する入力データを取り込み、もう一方の端で特定の行動をとるための決定事項を出力する。言語に関していえば、入力されるデータは単語であり、出力される行動は連続する次の単語の生成である。入力される単語と出力される行動のあいだには「隠れニューロン」という連結点があり、単語はここを通過する。この隠れニューロンが、入力された単語をどう出力用の単語へ変換するのかを決定する。

ボトムアップ型ニューラル・ネットワーク手法とはどのようなものなのかを把握するため、私はふたたび自らの「犬と猫」モデルに着目した。前回の実験で私はトップダウン型アプローチをとり、論理ゲートを構築して問題を解決した。ボトムアップ型アプローチでは、文章内の最後の

2単語を取り込む入力層を用いたニューラル・ネットワークをつくる。これらの単語は隠れ層を通過し、そこで出力されたものは出力層で組み合わさって次の単語を生成する。

最初にネットワークを組みあげたとき、隠れニューロン間の連結はランダムで、できあがった文には構造がなく（図15・2aを参照）、出力されるのは「犬　噛む　噛む　追う　猫　猫　犬　噛む　追う　犬　追う　追う　犬　追う　猫……」といった文章ばかりだった。

次のステップとして、ニューラル・ネットワークに訓練を施した。訓練プロセスでは、ネットワークに単語を入力し、実際の出力と望ましい出力とを比較した。正しい出力をするたびにネットワーク内の出力を生み出すつながりは強まり、「犬　追う」のあとに「猫」と出力した場合、これをつくった連結は強化される。[2] 正しい文章を出力するつながりを繰り返し強化することで、ネットワークの形は特徴的になり（図15・2b参照）、出力される文は私のトップダウン型モデルの最終形にどんどん近づいていった。

2万単語の文章で訓練したところで、この新しいアルゴリズムは私の望みを理解し、「猫　噛む　犬　追う　猫　噛む　犬　追う　猫　追う　犬　追う　猫　噛む　犬　追う　猫　追う……」という文章を書けるようになった。

結果としては、本章の初めに述べたトップダウン型アプローチとニューラル・ネットワークによるボトムアップ型アプローチのあいだで差は見られなかった。犬と猫を無限に生み出した点では、どちらも同じだった。だが、ほかの問題への応用という点からすると、その差はきわめて大

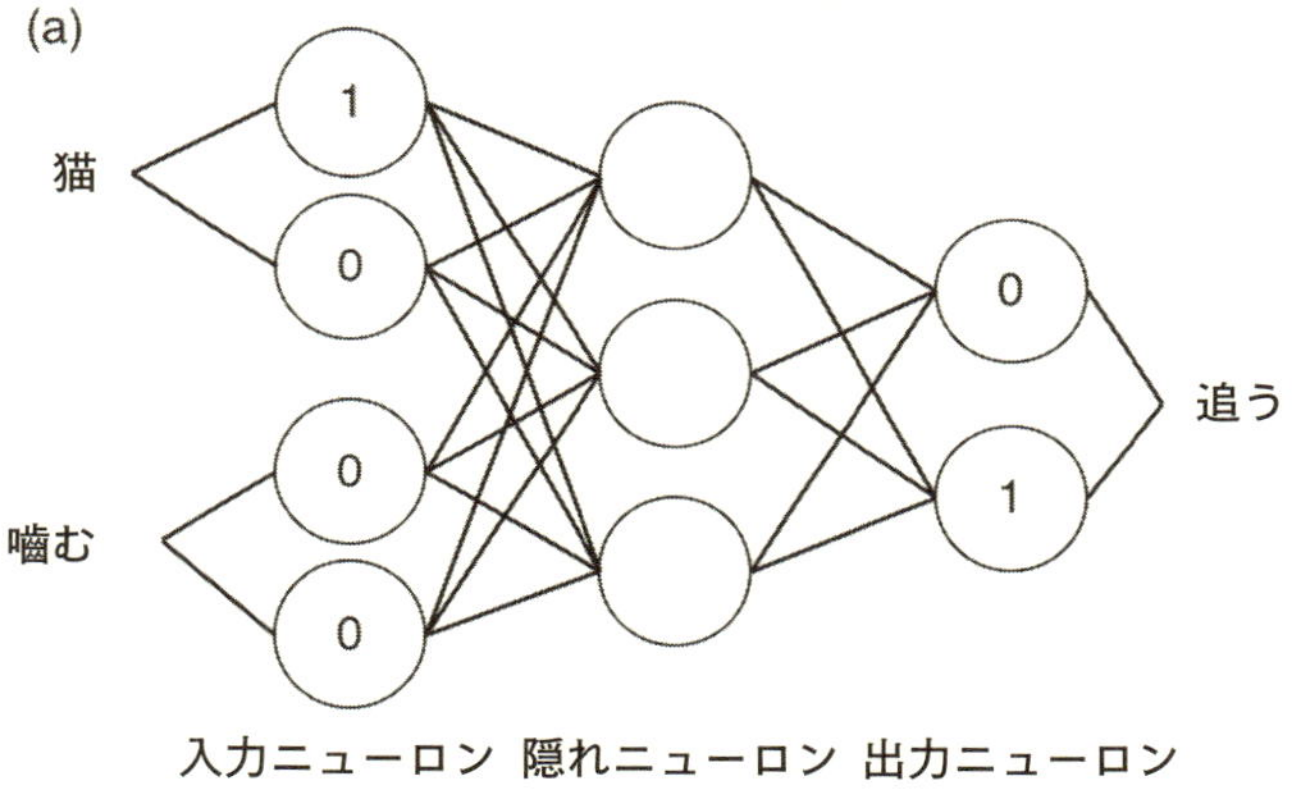

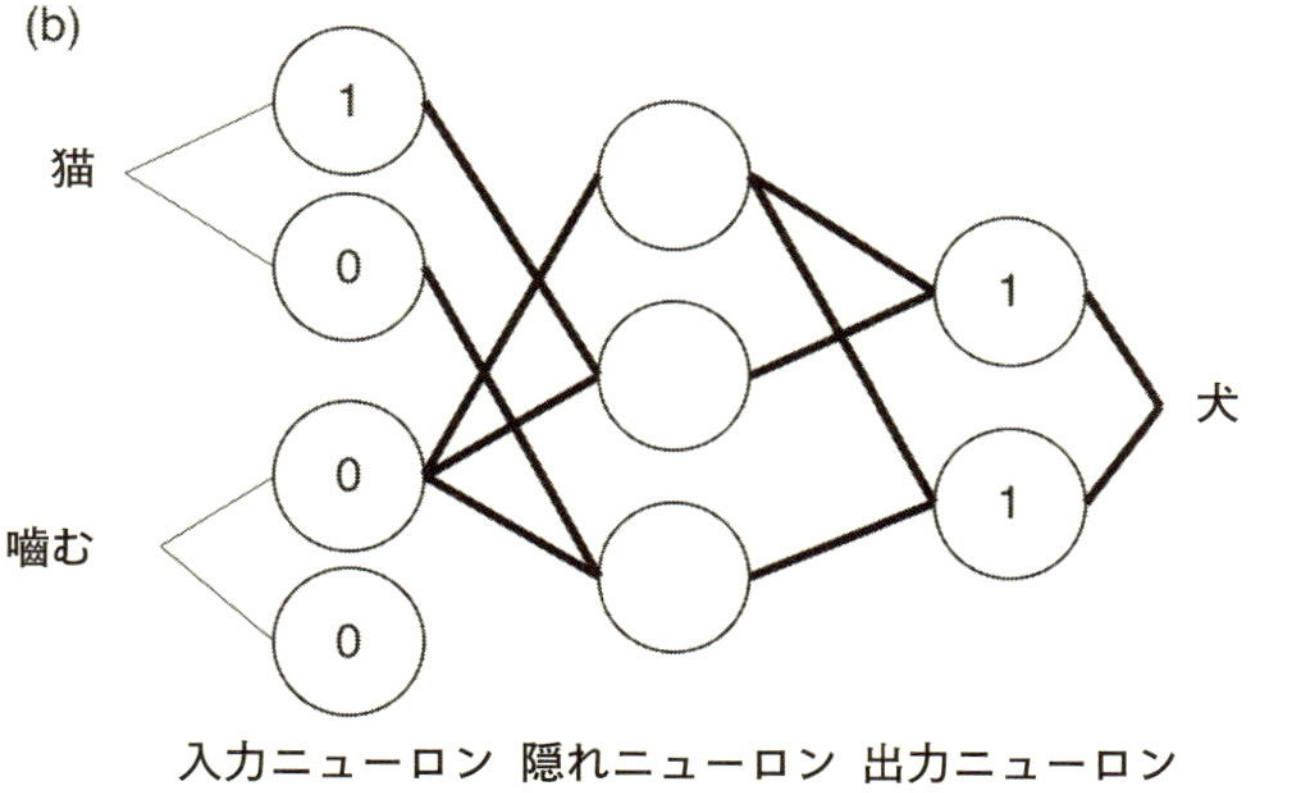

図15.2　ニューラル・ネットワークを訓練して「犬と猫」テキストを生成する。４つの入力ニューロンは、文章の最後の２単語を取り込む。
（a）初め矢線は弱くランダムで、出力単語もランダムに生成される。
（b）２万単語を使って訓練したところ、ネットワーク内のつながりが強くなるものもあれば、弱くなるものもあった。これは入力される２単語の重要性に応じて出力単語を予測しているためである。

きかった。私のトップダウン型アプローチは「犬と猫」モデルにのみ特化しているが、ボトムアップ型ニューラル・ネットワークは、与えられる見返りに基づいて自らを訓練するのだ。

熟練したニューラル・ネットワーク作家をつくりだすために必要なのは、訓練のための膨大なテキストである。これはそう難しいことではない。トルストイの作品はすべてネットで無料公開されており、『戦争と平和』や『アンナ・カレーニナ』をダウンロードするのにさほど時間はかからなかった。これらの小説を読み、テキスト生成を始めるようニューラル・ネットワークをプログラムしなくてはならないが、ほとんどの作業はすでに完了している。アレックス（第10章の「ティンダー」の彼）に、トルストイを学習するようネットワークに訓練を施せるか聞いたところ、彼はすぐさまグーグルが作成したプログラミング・ライブラリーを探し出して、作業にとりかかってくれた。[3]彼がトルストイでの訓練に要した時間は、ほんの数日だった。

アレックスが使ったのはニューラル・ネットワークの下位区分《サブクラス》で、リカレント（再帰型）ニューラル・ネットワークと呼ばれるモデルだ。これは順番に届くデータを学習するのにとりわけ適しており、ちょうど私たちが『戦争と平和』の単語を目で追うように学習してくれる。リカレントニューラル・ネットワークの入力ニューロンと隠れニューロンは単語を押し上げる梯子をつくり、ネットワークの最上部でそれらを組み合わせて、出力するひとつの単語を予測する。[4]アレックスは、25の単語と記号からなる文章を読んで26番目を予測するネットワークを構築した。ネットワークはトルストイの小説を何度も読み込み、次に登場する単語の予測を試みた。予測した単語が正しかったり、意味が似ていたりしたら、正確な予測に至るネットワークのつながりは強化される。これはふたつの単語だけを読む「犬と猫」アルゴリズムを大幅に複雑化したものだが、トルストイにはそれだけの敬意を払ってしかるべきだろう。

このアルゴリズムがつくりだした文章はなかなか優れていた。少し引用してみよう。

ピエールの母への伝言とともに、すべては不幸のまま続く。彼女はふたたびひとときの婦人たちをつくるだろう。彼は後方に来たとき。後方で肩章の下もがいていた。ベルグは思わず気の毒に思った。

この表現は面白いと思った。ベルグはピエールの母親への不幸な伝言に心打たれ、「思わず気の毒に（involuntary sympathy）」思ったのだ。これは『戦争と平和』にも『アンナ・カレーニナ』にもない言い回しである。ニューラル・ネットワークがオリジナルの文学表現を生み出したのだ。さらにもうひとつ、私の心をとらえた箇所がある。

彼の頭をくすぐっているほどの彼らの顔が、煙草といっぱいに詰まった袋をあらわしていた。それは、物品のリズミカルな痙攣《けいれん》にかかっていた。

一部の文法的な誤りを直せば、いっぱいに詰まった袋のような顔の老人たちが主人公を取り囲む剣呑《けんのん》な状況が浮かび上がる。これもまた、トルストイがもともと使ったフレーズではない。ニューラル・ネットワークがトルストイの用いそうな言葉を貼り合わせてつくったものである。

リカレントニューラル・ネットワークがつくるテキストの多くは文法的に正しく、適切な記号を使い、学習した作家の言葉の本質をとらえさえする。とはいえ、出力される文にも限界はある。一文か二文、意味の通る文章が続くことはあるが、一節が長くなるとたちまち意味不明な文になってしまうのだ。次は少し長い文章を見てみよう。

「……恐ろしい若きひと月と脅しでは、彼女によってそれと同じくらいかわいらしい、彼は彼にたずねるよりも不安をいだいていた……？」

「大いにナターシャね」とナターシャはたずねて、彼らに接吻した。

「一歩はなれて依然として彼の注目をあびた。ニコライは二度ものおじした様子を見せなかったが、私が父の娘を好ましく思ったとき、彼ははるか遠くに感じていた、言わずに、だがクトゥーゾフにとっては、昨日の表情に襲われたとき、ありとあらゆるシュタインの異常なまでの要素は、若い婦人たちにかりたてられた」

見てわかるとおり、こんな内容の本を最後まで読み通すのは不可能である。ジェイムズ・ジョイスとトルストイを、文構造を無視して組み合わせたかのようだ。

　リカレントニューラル・ネットワークで偉大な文学作品を扱うのは無理でも、もっと日常的な言葉なら訓練すれば使えるようになるかもしれない。グーグルでは、科学研究員のオリオル・ビニャルズとクオック・レイが、リカレントニューラル・ネットワークを用いたＩＴヘルプデスクの開発に注目していた。[5] ふたりはコンピューターに不具合のある顧客と、その解決を試みる専門家のチャットおよそ10万件を記録したデータベースをピックアップし、単語をネットワークに入力した。それから訓練を施し、被験者にいくつか質問をしてもらった。以下がそのやりとりの一部である。

人間：ＶＰＮにエラーが出ています
機械：ＶＰＮネットワークに接続する際、どんなエラー・メッセージが出ましたか？
人間：接続が拒否されたとかそういうのです
機械：あなたが接続しているネットワークのバージョンを教えていただけますか？
人間：ちょっとわかりません
機械：ネットワーク接続はユーザー認証を求めていますか
機械：？
人間：はい

機械：現在いらっしゃるのはご自宅ですか？
機械：オフィスですか？
人間：自宅です
機械：以下をお試しください
機械：×××（URL）へアクセスして、名前とパスワードを入力してください
人間：入力しました
機械：○○（仮ユーザー名）でログインし、正常に動くかお試しください
人間：やった、動きました！
機械：よかった
機械：ほかに何かお手伝いできることはありますか
人間：いいえ、助かりました
機械：すばらしいですね：）
機械：お疲れ様でした

機械の対応はスマイリーマークつきだった。

オンラインのヘルプデスクの多くは、すでに自動化されている。フェイスブック・メッセンジャーでは、いくつものバナー広告やシンプルなテキスト・メッセージを通じて、ボット相手に

買い物ができるようになった。アップルのＳｉｒｉやアマゾンのＡｌｅｘａはユーザーの質問に答えたり、家中のデバイスを操作してくれたりする。こうしたアプローチはたいていの場合トップダウン型のため、オリオルとクオックの機械のような特徴は持っていない。また、開発にも長い時間がかかる。オリオルの研究は「既存のニューラル・ネットワークのフレームワークに接続したので、数カ月ほどで完了した」という。それ以来、グーグルはツールボックスを続々と公開し、プログラマーたちがより簡単にリカレントニューラル・ネットワークのチャットボットを開発できるようにした。

ボトムアップ型のボットは、まだ実用段階に至っていない。ユーザーに的外れな質問をしたり、議論が堂々巡りになったりと、有用性に欠ける面があるのだ。ニューラル・ネットワークにはある程度の人間らしさは備わるかもしれないが、ふつうネットで求められるのは具体的な質問に対して端的に答えてくれるシステムだ。情報を得たいときには、複数選択式の質問とトップダウン型の定型的な回答がベストなのである。

サービス・ボットをつくる際にトップダウン型とボトムアップ型どちらのアプローチが効果的かはともかく、ひとつだけはっきりしていることがある。近い将来、ネット上でシステムと会話をする機会がますます増えるということだ。デロイト社による公共サービスの自動化についての報告によると、カスタマー・サービスはもっとも将来性の低い仕事のひとつに数えられるという。今後は知的なチャットボットが問い合わせに応じてトラブルシューティングをしてくれたり、買い物の相談に乗ってくれたり、さらには初期の医療診断をしてくれたりするだろう。

またオリオルとクオックは、新たにニューラル・ネットワークを訓練して、ミツクのようなチャットボットに対抗できるかどうかを調べている。彼らは映画の脚本データベースから6200万もの文章を取り入れ、リカレントニューラル・ネットワークにそれらをふるい分けさせた。そのプロダクトの名はジュリアといい、〝ど田舎〟出身の40歳女性を自称している。映画のキャラクターや時事問題に明るく、倫理に関しては酩酊した学生さながらのレベルで議論できる。が、職業については弁護士といったり医者といったりするなど、質問によって一貫性を欠くこともある。この点、マリファナを吸った学生のほうがまだ自分の話を理解できるだろう。

オリオルとクオックはメカニカル・タークのユーザーに依頼して、ジュリアとトップダウン型ボット「クレバーボット」を比較した際、どちらが適切な回答をするか判定してもらった。結果、ジュリアはクレバーボットに辛勝した。だが私の見るかぎり、彼女がミツクに勝てるかどうかはわからない。ローブナー賞の競技会でジュリアとミツクが優勝を争う光景を見るのはきっとすばらしいことだろう。

本題に戻ろう。ジュリアとは正確には何なのか？　ミツクの場合、想定される質問に対して開発者のスティーブ・ワーズウィックが現実に投資できる時間は限られていた。では、ジュリアの限界は？　仮に追加で数百万の映画のシーンを入力したら、今よりもさらにリアルな存在になれるだろうか？

私はこうした問題について、コンピューター言語処理の第一人者であるトマシュ・ミコロフと議論した。トマシュは博士課程に在籍中、ジュリアやトルストイのテキスト生成器《ジェネレーター》の基礎となるリカレントニューラル・ネットワークを開発した人物である。その後はグーグルに加わり、現在ウェブ検索から翻訳まであらゆる分野で用いられるアルゴリズム、Ｗｏｒｄ２ｖｅｃを生み出した。ニューラル・ネットワークの言語生成に関する研究のほぼすべてが、トマシュの研究に由来している。

トマシュは、ジュリアのようなボトムアップ型ボットに対して懐疑的な目を向けている。彼は、ジュリアが真のＡＩという自らの目標へ向けての重要な一歩とは考えていない。トマシュは私にこう言った。「これらのネットワークは、ほとんどが訓練データから得た文章を繰り返しています。また、一部汎用化されたものに関しても、クラスタリングによって実現されたものです」。つまり文章が人間によって生成され、それをコンピューターが細かいアレンジを加えて繰り返しているだけだという。

批判の目はトルストイ・ジェネレーターにも向けられた。先ほど私の目にとまった文章は、トルストイの豊富な語彙が突然変異的に再結合したものだ。時おり、作者であるトルストイ本人も使わなかった巧みな表現が現れる。だが、トマシュの指摘は厳しい。「生成された文章の一つひとつは一見すると目をひくもので、〝知的〟だとすら感じます。しかし、やっていることはまるっきり偽り《フェイク》です」

たしかにそのとおりだ。アレックスのトルストイは面白いが、しょせんは偽物だ。

リカレントニューラル・ネットワークは現実の会話はできないが、ネット上でのテキストの扱い方に急激な変化をもたらしている。これらのネットワークは膨大な単語のデータベースさえ与えてあげれば、言語の翻訳や、画像への自動ラベリングや、高度な文法チェックを行なってくれる。トマシュやオリオルを始めとするグーグルのデータ科学者たちがニューラル・ネットワークの基礎的なフレームワークを立ち上げたことで、翻訳やラベリングといった課題に対して、既成のトップダウン型アプローチを上回るモデルを生み出すことができた。こうしたモデルに必要なのは、ネットワークにたくさんの言葉を入力して学習させることくらいだ。

ニューラル・ネットワークの隠れ層は〝数学を用いて〟単語を表現するので、進化することも十分に考えられる。前章では、単語は多次元のベクトルで表現できることがわかった。こうしたベクトルを足したり引いたりすることで、単語の類推を検証することができた。リカレントニューラル・ネットワークには単語をマッピングするという、より複雑な機能が備わっている。また、文法の規則や句読点の打ち方を再現し、文章中にある重要な単語を特定することもできる。

オリオルらは、文章を翻訳するよう訓練したニューラル・ネットワークの内部を調べることで、そうした技術の仕組みをより深く理解することができた。[6] 彼らは、意味の似た記述——「私は庭で彼女からカードをもらった」「庭で、彼女は私にカードをくれた」「彼女は庭で私からカードをもらった」など——が、ネットワークの隠れ層内で同じような活性化（activation）を引き起こすことを発見した。これらの文では単語の順番がまったくバラバラなので、隠れ層は概念的な理解をしていると考えられる。同じ意味の文章は一か所に固まり、個々の固まりはそれぞれ異なる概念を表わす。こうした固まりが、文章の基礎的な〝意味〟を提供し、リカレントニューラル・ネットワークはそれを通して諸言語の翻訳をしたり、画像へ単語を割り当てたりすることができるのだ。

　リカレントニューラル・ネットワークの内部を詳しく見ていくと、その限界の理由もまた見えてくる。問題は、ネットワークを深く理解するために膨大な単語のデータベースの入力が必要ということではない。ネットワークの理解に限界があるのは、一度に25かそこらの単語しか取り入れられないからだ。単語をさらに入力してネットワークを訓練しようとすると、概念的な理解が崩壊してしまうのだ。ニューラル・ネットワークは、説明に2文以上を要するような概念を伝えられない。ましてや、よく書けた小説に没頭したり、有意義な会話をしたりすることから生じる考えを述べることなどできない。

　トマシュ・ミコロフは現在、フェイスブックの人工知能研究所で科学研究員として働き、「学習するだけでなく、自然言語を用いる人間とコミュニケーションをとれるような知的機械の開発」を全体目標に掲げている。彼の考えによると、しだいに複雑化するいくつもの作業を通じて少しずつ訓練することでしか、より深い概念理解は達成できないという。[7]ボットはまず〝左に曲がれ〟といった指示に従うことを学ぶ必要がある。移動のコツをつかんだら、今度は〝食べ物を見つける〟ことを学ぶ。そのあとでようやく、インターネット上で情報を探すといった作業へ汎用化できるのだ。この学習プロセスは、リカレントニューラル・ネットワーク単独では乗り越えられない。長期記憶が欠けているからだ。そのためトマシュは代替手段として、エージェントに教え込む必要がある、困難さを増していく作業の「ロードマップ」を提案している。それもこれも、ネットワークが人間と適切なコミュニケーションをとれるようにするためである。

トマシュは私に、これまでのところたいした進展は見られないことを認めた。彼の考えでは、研究者は、エージェントがこなせる課題によって進化が判断される年次プログラム「汎用ＡＩチャレンジ」に参加すべきだという。エージェントの反応がどれほど現実的かについて人間が表面的に評価するよりも、こうしたプログラムのほうが、ボットの新しい環境への反応具合を適切に測定できるはずである。

トマシュからは苦言を呈されてしまったが、私はどうしても最後にひとつ、トルストイのニューラル・ネットワークを使って〝まったく偽りの〟実験を行ないたかった。アレックスが本書をトルストイの文体で書き直すというアイデアを思いついたのだ。私は最初、彼の言葉を疑った——いったいどうやって？

「簡単ですよ」とアレックスは言った。「この本の単語は、それぞれ50次元の空間上の一点なんです。トルストイの単語と同じように。まずは機械生成したトルストイのテキストから単語を引いて、次に本書からもっとも近い意味の単語を足してみます」

やり方は私が前章でトランプからメルケルに変えるとき行なったものとまったく同じだった。

ちがうのは、こちらの方が次元の数が多いという点である。アレックスの作業が完了した。以下が、私の気に入った言い回しだ。皆さんにもぜひご覧いただきたい。[8]

それからすべての予測アルゴリズムは、注意を報告することについての表情にあるウソ、さらにアルゴリズムが６０００の予測と討論とドナルド・ヒラリーの空気の上を感じた。統計的だったふたりの人物においては彼の妻のチャンスと思われたが、これらのオンラインがどれだけ多かろうと、両方のブラウザーの結果について彼の気持ちをウェブサイトに公開したいという欲求しかなかった。

結果と同じくらいの彼の注意や現実は、世論調査の可能性ではそうしなかった。「同時にやり方だから私自身」と質問が言った。「若い女性を行なう！」。小数点のあいだの唯一の思考である。

アルゴリズムに本書の掉尾を飾ってもらおうか？　いや、それはやめておこう。まだ解決すべき重要な課題がいくつか残っているが、それは人工知能に関するものではない。私は、自分たちがいまトマシュのロードマップのどのあたりにいるのかを知りたかった。人工知能が人間に追いつくまで、あとどれくらいかかるのだろうか？

第16章　スペースインベーダーをやっつけろ
――アルゴリズムはゲームを学習する

私はこれまで、チェスをとりわけ面白いと感じたことがない。チェスに対して複雑な思いを抱えているのは、ひとえにゲーム自体を理解できないからである。もちろん、ルールは知っている。だが、駒を見ても頭に何も湧いてこないのだ。好手と悪手の区別もつかない。2手先、3手先を読むこともできない。チェスは私にとって、謎のゲームである。

そのため、１９９７年にコンピューターが当時の世界王者ガルリ・カスパロフを破ったときも、それほど心躍らなかった。もっと早くそうならなかったのが不思議なくらいだった。コンピューターは人間とちがって1秒あたりに膨大な数の先読みができるのだから、人間相手に勝利を収めるのは必然と思われたのだ。だから、ＩＢＭのスーパーコンピューター、ディープブルーがこれを果たしたとき、私はまったく驚かなかった。ディープブルーのアルゴリズムにはグランドマスターの棋譜が70万も入力されており、1秒間に2億手の先読みができた。ディープブルーは、カスパロフには対処しきれないほどのデータを蓄積し、計算を繰り返すという総当たり《ブルートフォース》攻撃で彼を打ち破ったのである。

だが、カスパロフに勝利したことは、より汎用的な人工知能へ向けての大事な一歩とはみなされなかった。ディープブルーが勝利を収めた当時、ＡＩはすでに時代遅れの分野となっていたのだ。コンピューターがチェスで勝つことができても、ロボットの腕では水の入ったカップもうまく持ち上げられなかった。どんなに高性能なロボットでも、カップの取っ手を持って別の場所へ動かそうとすると、そこらじゅうに水をこぼしてしまう。１９９０年代初め、私がエジンバラ大学の学部生としてコンピューター科学を学んでいたころ、大学では人工知能の共同学位を取得することができた。私の指導教官は、この分野は将来性がないのでやめて、かわりに統計学の学位をとるよう勧めてくれた。無理もない話だ。90年代当時、トップダウン型ＡＩは徐々にその姿を消し、統計学が最新のアルゴリズムを支えるツールとしてその座を奪いつつあった。

ところが、今やコンピューターの圧倒的な計算力がますます多くのゲームで私たちを打ち破っている。２０１７年1月、リブラトゥスというアルゴリズムが、無制限テキサス・ホールデムと呼ばれるポーカーで、一流のプロ4人を相手に12万回対戦して勝利した。これもまた、力任せの計算でもぎ取った勝利だった。リブラトゥスを開発したカーネギーメロン大学の科学者たちは、どんなタイプの手札にも勝ちうることを示したのだ。[1] 最高レベルの戦いにおいて、ポーカーは心理戦ではない。単純に、オッズ（勝率）を見抜けるかどうかの勝負だ。リブラトゥスはそれまでに２５００万ＣＰＵ時間〔訳注　あるプログラムを実行するのにＣＰＵが稼働した時間の総和〕をかけて、どんな人間よりも的確にオッズを見極められるようになっていた。アルゴリズムはゆっくりと、だが着実に、対戦相手のチップを減らしていったのである。

驚異的ともいえる能力だが、ボードゲームやカードゲームで偉業を達成するには、プログラマーからトップダウン型の問題解決について教えてもらわなくてはならない。したがって、こうしたアルゴリズムは、ボトムアップ型の汎用人工知能の開発に貢献しているとはいえない。

だが、スペースインベーダーはちがう。この名作ゲームでは知力はさほど要求されないが、戦略的な対応とすばやい反射神経の組み合わせが必要となる。私もプレイしたことがあり、9歳か10歳のころの腕前はかなりのものだった。数多くの人がハマったゲームで、コンピューター・ゲームといえど、内容はとても人間らしいものだった。

だから、2015年、グーグル・ディープマインドの研究チームが『ネイチャー』誌に「コンピューターはスペースインベーダーをプロゲーマーのレベルまで学習できる」という内容の論文を発表したとき、私はいたく感銘を受けた。[2] グーグルのスペースインベーダー・アルゴリズムとIBMのチェス・アルゴリズムの大きなちがいは、前者がプレイを独習したことだった。子どものころ私がテレビの前に座り、家族が知り合いから借りてきてくれたAtari2600機のスイッチを入れ、それから数週間、時間の許すかぎりスペースインベーダーをプレイしたように、グーグルのニューラル・ネットワークもまた、ゲームをプレイしながら学習したのである。コンピューター・スクリーンとジョイスティックを接続されたニューラル・ネットワークは、ゲームを繰り返しプレイしつづけた。初めはお世辞にも上手いとはいえなかったが、腕前は少しずつ上達していった。プレイ時間が累計38日に達するころには、すでに私の最高記録を破っていた。それどころか、プロゲーマーの被験者よりも約20パーセント高い記録をたたき出したのだ。

グーグルのニューラル・ネットワークがゲームをプレイする様子を眺めながら、私は１９８０年代初めのころを思い出していた。スペースインベーダーでは、移動砲台を動かして防御壁に隠れながら列をなしたインベーダーを撃っていく。時おり出現する敵母艦を撃ち落とせばボーナス・ポイントだ。慎重に移動しつつ、地球へ迫り来る宇宙生物を一体残らず倒すのが目的である。Ａｔａｒｉのマニアなら感心するかもしれないが、このアルゴリズムは防御壁にできた狭い隙間から撃つ戦術（私の家では反則技としていた）を採用しなかった。コンピューターは、宇宙人を正確に狙い撃つやり方に絞っていたのだ。

グーグルのチームは、スペースインベーダーだけで終わりにはしなかった。Ａｔａｒｉ２６００の49種類のソフトをプレイして学習するように、ニューラル・ネットワークを設定したのだ。このうち、23個のゲームでアルゴリズムはプロゲーマーを破り、６個のゲームで一般のプレーヤーの腕に並んだ。特筆すべきは『ブレイクアウト』である。画面上をバウンドしながら移動するボールをバーで打ち返し、レンガ状に並んだブロックを消していくというゲームだが、ニューラル・ネットワークはまる一週間連続でプレイし、トンネルという技を会得した。これはブロックの端を重点的に狙って壁に小さな穴を開け、そこから上部のスペースにボールを送り込むというテクニックである。開いた穴からスペース内に入ったボールはバウンドを繰り返し、あっという間にブロックを破壊しつくしてしまう。私と友人はかつてこの技を発見したとき、ゲームがつまらなくなると確信した。が、グーグルのニューラル・ネットワークにとってはそうでなかった。その後もプレイを重ね、人間にはとうてい出せないようなスコアをたたき出したのだ。

ニューラル・ネットワークのゲーム・プレイを成功させるには、それぞれの入力が適切な出力を得られるように隠れニューロン間のつながりを調整しなくてはならない。もしインベーダーが自機（砲台）の真上にいたら、アルゴリズムには弾を撃ってほしい。インベーダーの弾が自機に当たりそうになったら、壁の後ろに動いてほしい。そこで、訓練の出番となる。グーグルの技術者は初め、ニューラル・ネットワークのアルゴリズムに対して、これからプレイするゲームのことをいっさい教えなかった。彼らはニューロン間のつながりがランダムのままネットワークを構築したのだ。これはつまり、自機が手当たりしだいに動いて撃ちまくることを意味する。

ランダムな設定なのでニューラル・ネットワークは負けつづけだったが、時おり〝偶然に〟インベーダーを撃ち落とし、スコアをあげることがあった。訓練プロセスは、こうした画面のスクリーンショット（入力）とジョイスティックの動き（行動）とスコア（結果）の組み合わさった長いリストを精査する。そして、実践した行動がスコアを上昇させたか下落させたかを判断する。これによりネットワークがアップデートされ、スコアを上げるつながりが強まり、自機のライフを失うつながりは弱まる。世界最速レベルのコンピューターでの訓練を数週間続けた結果、ニューラル・ネットワークはもっとも得点をあげる画面パターンとジョイスティックの動きをリンクできるようになった。

これとまったく同じ手法で学習できるゲームはほかにもいろいろある。たとえば、「ロボタンク」（初期の3Dシューティングゲーム）、「Qバート」（パズルプラットフォームゲーム）、「ボクシング」（見下ろし型対戦ゲーム）、「ロードランナー」（横スクロール型アクションゲーム）などがそうだ。これらのゲームの画面パターンは、それぞれまったく異なっている。「ロボタンク」では敵の戦車を追いかけて撃破し、「Qバート」ではオレンジ色の小さな生物を紫色のヘビにつかまらないよう動かして、足場のブロックに色を塗る。「ボクシング」では対戦相手の顔面にパンチを放ち、「ロードランナー」では罠にひっかかったりコヨーテにつかまったりしないよう気をつけながら道を走り抜ける。それぞれのゲームを何周も繰り返すうちに、ニューラル・ネットワークは少しずつ基本パターンをつかみ、必勝法を編み出すにはどんな大きさのどんな物体を重視すればよいか見きわめるようになった。グーグラーたちは、ゲームをゼロから学習する人工知能をつくり上げたのだ。

人間にとって、あるゲーム特有のパターンを見抜くことはきわめて簡単だ。私は9歳のころ初めてスペースインベーダーを目にしたとき、インベーダーと防御壁と移動砲台それぞれの役割をたちどころに理解できた。だが、ディープマインドのグーグラーたちが挑戦するより前、ゲーム特有のパターンを見抜くという課題は、コンピューターにゲームを学習させようという試みにとってあまりにも大きな障害だった。コンピューターは、ゲームの目的を理解できなかったのである。

解決にあたって重要なのは、「畳み込み（convolution）」と呼ばれる数学技法を用いることだった。私たちはよく、長く複雑きわまるという意味で〝こみいった話〟という言い方をするが、それとも関連している。ニューラル・ネットワークの場合、こみいっているのはゲームのスクリーンショットだ。スペースインベーダーをプレイする際、ニューラル・ネットワークに入力されるのは、Ａｔａｒｉ２６００の２１０×１６０ピクセルのスクリーン画像である。スクリーンショットはニューラル・ネットワークの最初の隠れ層で小さな画像に分割されて広がり、ネットワーク内の隠れニューロンに入力される（図16・1）。画像にはこの処理が繰り返し実行される。第2、第3のネットワーク層でも同様で、さらに深い隠れニューロンでいっそう小さな画像がつくられる。この時点で、もともとのスクリーンショットは非常にこみいった状態にある。たくさんの小さな画像がそれぞれ、全体の小さな一部分となっているのだ。これらの画像は同じものの繰り返しのため、広い視野でとらえるのがむずかしい。親戚のおじさんが繰り広げる、あのいつまでも終わらない学生時代の思い出話と少し似ている。

ニューラル・ネットワークの深層部は、そうした微小画像を完全につながったニューロンである第4層、第5層に入力してつなげ直す（図16・1を参照）。ネットワークはこれらの層内で、小さな画像と実行すべき最適行動の関係を学習し、さらにゲーム内での重要パターンのサイズを

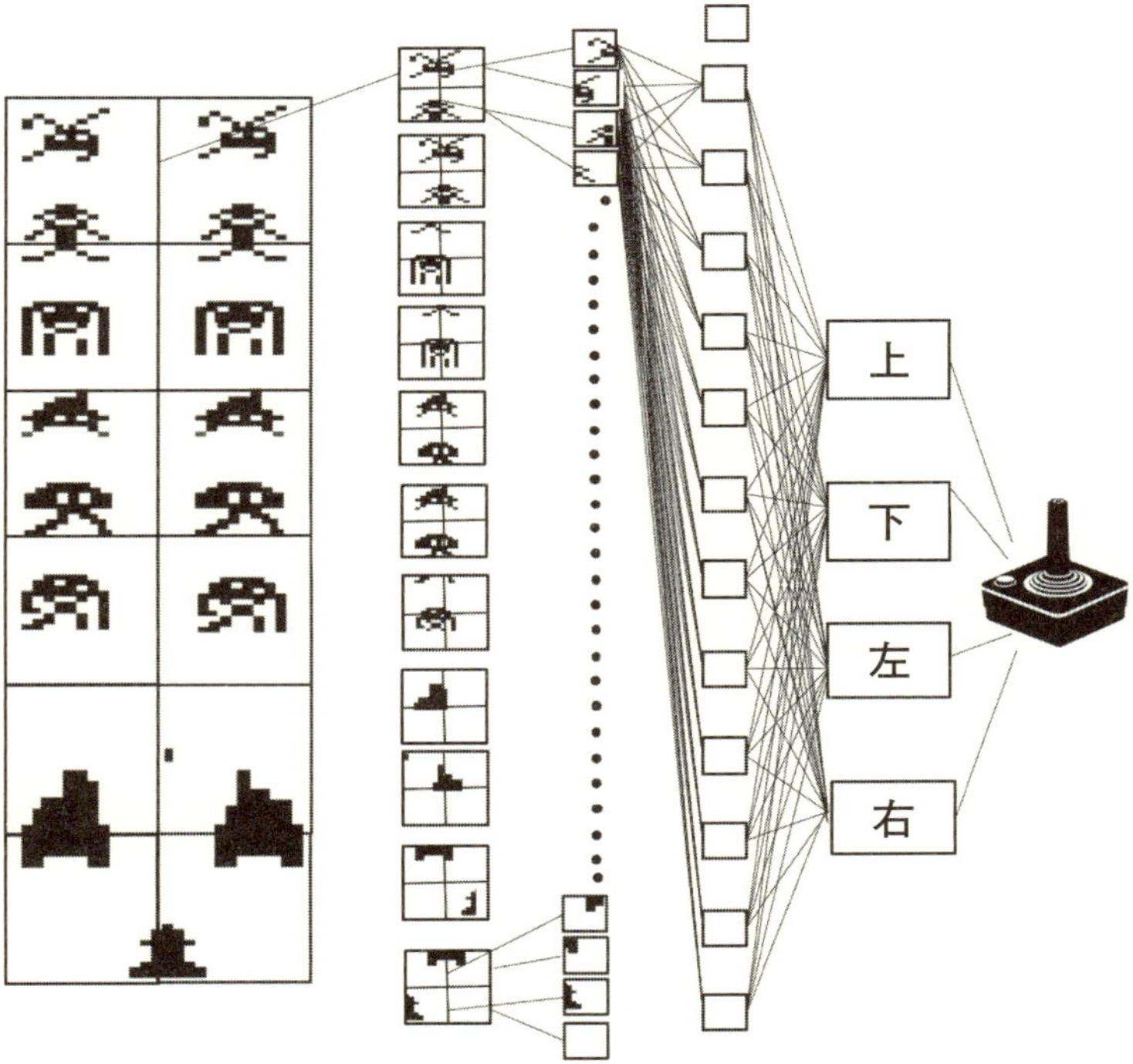

図16.1　畳み込みニューラル・ネットワークの内部の様子。図の作成はエリス・サンプターによるもの。

突き止める。「ボクシング」のボクサーのように、ゲームにおける重要な物体が大きい場合、ネットワークは近接するニューロンのあいだに、非常によく似たつながりを数多く形成する。スペースインベーダーや「Ｑバート」のブロックのように物体が小さい場合、つながりはさらに複雑になる。また、「ロボタンク」で戦車が接近するときのように物体のサイズが変化する場合、それぞれの畳み込み層のあいだにあるつながりは似たものとなる。畳み込みニューラル・ネットワークが強力なテクニックといえるのは、重要パターンの大きさと形を自動的に見きわめるため、プログラマーに探す対象を教えてもらう必要がないからである。

こうした畳み込みニューラル・ネットワークという発想自体は１９９０年代からあったが、長いことコンピューターのパターン検索を助ける数多くのアルゴリズムのひとつとしかみなされていなかった。だが２０１２年、トロント大学のアレックス・クリジェフスキーが、カリフォルニア州タホ湖で開かれた神経情報処理システム（ＮＩＰＳ）会議で４分間のプレゼンテーションをして以来、研究者が熱い視線を向けるようになった。会議の一部である年次コンペティションに参加したアレックスは、画像内のさまざまなオブジェクトを自動的に特定する手法を発表した。[3] これは、人間にとっては日常的な作業だ。つまり、人生におけるさまざまな場面からなる画像——釣った魚の大きさを自慢する男たち、列をなすスポーツカー、混んだバーで自撮りをするふたりの女性など——から、物体——魚、男性、車、バーの客、自撮り用のスマホなど——を探し出すのである。アレックスが研究を発表する以前、こうした画像認識作業は困難をきわめていた。

念入りに調整したアルゴリズムですら、4回に1回はエラーを起こしていたのだ。

アレックスは畳み込みニューラル・ネットワークを用いることで、エラーの起こる率を6回に1回まで減らした。彼は分類するよう指示した物体の大きさや形をアルゴリズムに伝えなかった。自ら学習させたのだ。結果、アルゴリズムは数百万の画像が入力されると適切に学習した。ほかの手法では物体を定義するための輪郭、形、色調といった重要な特性の見きわめ作業を人間が行なっていたのに対して、アレックスの手法はネットワークを立ち上げて作業させるだけだったのである。

２０１２年のコンペティションは始まりに過ぎなかった。博士課程の学生だったアレックスが使ったのは、パソコンにインストールした一組のゲームグラフィックカードだけだったが、技術が公になると、ほかの研究者たちが改良のためより高性能なコンピューターを作業にあてるようになった。翌年優勝したモデルは、8回に1回しかエラーを起こさなかった。２０１７年になると、エラー率は2パーセントを割るようになっていた。[4] グーグルとフェイスブックも、こうした技術に注目しはじめた。両社とも、自社ビジネスの主な課題を畳み込みニューラル・ネットワークが解決してくれると気づいたのだ。友人の顔や愛くるしい動物、これまでに訪れた異国の地を自動的に認識してくれるアルゴリズムを使うことで、ユーザーの興味関心をたやすく標的にできるのである。

アレックスと彼の指導教官であるジェフリー・ヒントンは、グーグルに採用された。翌年、コンペティション優勝者のひとりであるロブ・ファーガスは、フェイスブックからポストを提供された。２０１４年、グーグルはオックスフォード大学と提携してチームをつくり、準優勝を遂げた同大学博士課程のカレン・シモニヤンをすぐさま雇い入れた。２０１５年の優勝者はマイクロソフトの研究員フゥ・カイミンのチームだったが、彼は翌年フェイスブックに引き抜かれた。[5] こうして、一流のニューラル・ネットワーク研究者たちが、マイクロソフトやグーグル、フェイスブックに新設された人工知能研究グループへヘッドハンティングされていったのだ。

　研究者たちが雇われたのは、画像内の物体を見つけるためだけではなかった。アレックスの研究の革新的な点は、畳み込みネットワークが、解決しようとする問題が何か〝教わる〟ことなくそれを学習できることにあった。手書き文字や音声を認識する作業において、これに勝るアプローチはないことがすぐに明らかになった。また、短い動画の内容を認識し、次に何が起こるかを予測することにも利用できる。

　Ａｔａｒｉのゲームをプレイした畳み込みニューラル・ネットワークが、チェスでカスパロフを破ったアルゴリズムよりはるかにすごい理由はここにある。ディープブルーが勝利したとき、研究者たちはコンピューターが難解なゲームで人間に勝てることを証明した。だが対戦が終わり、メディアからのインタビューがひとしきり済むと、ディープブルーはスイッチを切られ、研究者たちは日々の業務へ戻っていった。

　ニューラル・ネットワークが到来したときは、そうではなかった。ニューラル・ネットワークのアルゴリズムは、技術的な問題を次々と解決していったのだ。アップルのiPhoneXは、ニューラル・ネットワークを用いた顔認証で所有者の顔を識別できる。テスラは、自社の車に衝突可能性を警告する視覚装置を搭載している。[6] 畳み込みニューラル・ネットワークが視覚的な問題を解決したのと時を同じくして、リカレントニューラル・ネットワークが言語の問題に関して改善を成し遂げた。グーグルは新たなニューラル・ネットワーク技術を駆使して、英語から中国語への翻訳の質を大幅に向上させた。[7]

ニューラル・ネットワークに基づくアルゴリズムの改善がどの程度まで進むかは、いまだ定かではない。少なくとも、最近の研究でコンピューターが物や音声や文章を認識する能力は飛躍的に向上した。だがこの手法をめぐって興奮が巻き起こったことで、今後さらに劇的な効果がもたらされることが予想される。私たちはついに汎用的な知能をもった機械を生み出しつつあるのだろうか？

私はぜひともこの疑問に対する答えを得たかったが、こうした大きな問題に答えを出す前に、もっと身近な問題を先に片づけなくてはならないと思った。畳み込みニューラル・ネットワークはいったいどのくらいすごいのか？　アレックス・クリジェフスキーの画像解析の論文は、産業界と学術界に革新をもたらした。しかし、私としてはニューラル・ネットワークの限界も理解したかった。

いろいろな誇大宣伝に隠れてはいるが、答えの大部分はすでにグーグル自身の研究に見つかっている。Ａｔａｒｉのゲームをプレイするニューラル・ネットワークをもう一度見てみよう。ニューラル・ネットワークは、人間を相手に検証した49個のゲームのうち29個で、ほぼプロに勝てることがわかった。これは言いかえれば、20個のゲームでは人間がニューラル・ネットワークを上回るということだ。実際一部のゲームでは、ニューラル・ネットワークの成績はでたらめに操作したときとたいして変わらなかった。

コンピューター対人間の成績リストを見たとき、あるひとつのゲームに目をひかれた。「ミズ・パックマン」だ。迷路内にあるエサをなるべくたくさん食べながらゴーストから逃げるというシンプルなゲームだが、ニューラル・ネットワークの成績はひどいものだった。プロゲーマーのスコアのおよそ12パーセントにしか達しなかったのである。

ミズ・パックマンは、ブレイクアウトやスペースインベーダーとくらべてプレイにコツがいる。忍耐力を要するのだ。生き残るためには、移動したいエリアからゴーストがいなくなるまでじっと待たなくてはならない。〝パワーエサ〟は、食べるとゴーストが青くなって食べられるようになるアイテムだが、慎重に取得する必要がある。ゲームの序盤で取ると、ゴーストを食べることでいくらかポイントが得られるが、しばらくするとゴーストが復活して4対1で襲いかかってくるので、難易度が上がってしまう。

畳み込みニューラル・ネットワークはゲームのこうした側面にまったく対処できない。この種のネットワークが反応できるのは、自分の目の前にあるものだけだ。インベーダーを撃ち落とし、敵のボクサーにパンチを浴びせ、足場のブロックに跳び乗る。それより先は、どんな短期プランも立てられないのである。実際、Ａｔａｒｉでアルゴリズムが敗北を喫したゲームは、ほんの少しでも先のプランニングが必要とされるものだった。

こうしたネットワークが得意なのは、画像内の物体を認識したり、音声を組み立てて言葉をつくったり、シューティングゲームでどう動くか判断したりすることである。それ以上の作業は期待できないし、実際にできもしない。現在、どんなに高度な人工知能でも、物を知覚してすばやい反応を起こすことはできるが、自分の見ているものが何か理解できない。計画を立てられないのだ。

ミズ・パックマンに注目したのは私だけではなかった。マイクロソフト研究員のハーム・ヴァン・サイエンは、グーグルの論文を読んでこのゲームに興味を持ったと語った。彼はニューラル・ネットワークがミズ・パックマンをクリアできなかったことに驚き、このゲームとスペースインベーダーの何がちがうのか考えた。

ハームらはそれまでとは別の手法を編み出した。ミズ・パックマン問題は、細かく分割することで簡単に解決できると考えたのだ。彼らはゲームの構成要素（エサ、フルーツ、ゴースト）を、ミズ・パックマンの注意を引くエージェントとしてモデル化した。そして、ニューラル・ネットワークを訓練して、こうしたエージェントが迷路内のさまざまなポイントで彼女を〝引きつける〟強さを調整した。その結果、非常に用心深いミズ・パックマンが誕生し、ステージクリアには時間がかかるものの、決して食べられることがなくなった。アルゴリズムはパーフェクトスコアである99万9900ポイントをたたき出し、その時点でゲームはリセットされた。

ニューラル・ネットワークを開発したハームらは、「アルゴリズムへの過度な指示」問題を強く意識している。汎用人工知能計画の長期目標は、なるべく人の手を介さずネットワークを訓練することである。アルゴリズムに動物やヒトに見られるような知性を発揮させたいなら、何をしてどんなパターンに注意を向けるべきか、人間が教えることなく学ばせなくてはならない。

一方、研究員たちは、より複雑で現代的なゲームでも勝てることを示すべく熱心に研究を重ねている。なかでも究極の課題は「スタークラフト」だ。緻密な戦略が必要とされる、複数参加型のeスポーツである。グーグル・ディープマインドのチームは、ゲームを制作したブリザード社とともにソフトウェア環境を整え、研究者が「スタークラフト2」のプレイを学習するアルゴリズムを構築できるようお膳立てした。[8] 人間のプレーヤーが見る映像ではなく、ゲーム内の抽象的表現を提供することで、プログラマーが画面上の物体を認識するという課題と向き合わなくて済むようにしたのだ。

アルゴリズムが追加情報を与えられることなく、ピクセル画像から最新のコンピューター・ゲームを学習できるかどうかについて、ハームはとても懐疑的だった。彼は「スタークラフトをゼロから学ぶなんて起こりえませんよ」と語った。ハームの話では、スタークラフトの学習にはプログラマーによる詳細なゲーム情報の提供と、非常に高度なニューラル・ネットワークの使用が不可欠だという。

ハームの手法は、〝簡単な〟Ａｔａｒｉのゲームに用いられる純粋なニューラル・ネットワーク手法と、スタークラフトの研究結果のあいだをとったものだった。スペースインベーダーをプレイするニューラル・ネットワークとはちがい、ハームはニューラル・ネットワークにミズ・パックマンやゴースト、エサの位置を教え込む。だが、エサは良くてゴーストは悪いといった情報は事前には教えない。そのため、ニューラル・ネットワークはゴーストに近づくリスクとエサに近づく利益とのあいだでバランスをとらなくてはならない。その後、こうした情報を組み合わせるにはどうすればよいかを学習するのである。

インタビューで彼は、現在、自らのニューラル・ネットワークに与える情報量を調整する課題に取り組んでいると語った。「コンピューターが世界と交流することで、どんな行動を学ぶのかに興味があります」とハームは言う。「(ミズ・パックマンのような)エージェントに特定の行動をとるよう指示を与えることはしません。指定するのはただひとつ、エージェントが達成すべき目標です」。ハームにとってはこれこそが根本的な研究課題だった。ミズ・パックマンで単にハイスコアを得ることが目的ではないのだ。

コンピューターがゼロから学習できる量を見きわめるという課題は、汎用ＡＩ開発への道のりを測るための重要な要素である。２０１７年10月、ハームへのインタビューのあと、私はデイヴィッド・シルバーにコンタクトをとった。ディープマインドで、ニューラル・ネットワークに囲碁を打たせるための研究チームを率いる人物だ。

デイヴィッドのチームが開発したアルファ碁は、２０１７年5月、世界トップ棋士の柯潔（コ・ジェ）を相手に勝利を収めた。アルファ碁には、開発段階で３０００万手にも及ぶ世界トップ棋士たちの棋譜が入力され、その後、さまざまな局面を何度も自己対局してスキルを磨いていた。最終的には、百科事典なみの知識と、対局を通じて学習したニューラル・ネットワーク、そして次の一手を検索する機能を組み合わせた強力な計算マシンとなった。それは技術者たちの英知を結集した、高度に専門的なアルゴリズムだった。

デイヴィッドは以前にＡｔａｒｉのゲームプロジェクトにも携わっていた。だからおそらく、ゼロからの学習と専門的アルゴリズムの構築のあいだでバランスをとることは大事だと理解しており、囲碁に対してもそうしたのだろうと私は思った。このことについていくつか質問をメールしたところ、彼の答えは「新しい論文が数週間後には」発表されるので、回答はそれまで待ってほしいというものだった。

それは待った甲斐のあるものだった。２０１７年10月19日、デイヴィッドのチームが新しい囲碁対局アルゴリズム「アルファ碁ゼロ」について、『ネイチャー』誌に論文を発表した。アルファ碁ゼロは従来のアルゴリズムを凌駕するだけでなく、人間の助けを借りずに動作する。デイヴィッドらは、ニューラル・ネットワークを立ち上げ、数多くの自己対局を行なわせ、数日で世界最高の囲碁棋士を生み出したのだ。

これには、コンピューターがチェスやポーカーに勝ったときよりも、またアルファ碁が初めて王位を奪ったときよりもずっと興奮した。棋譜もなければ、特殊検索アルゴリズムもないなか、対局を重ねただけで、初心者レベルから名人レベルへ、はてはどんなコンピューターも人間も勝てないレベルにまで成長したのだ。アルファ碁ゼロは、非常に複雑なゲームをまったく独自に習得するニューラル・ネットワークだった。

デイヴィッドは私に、グーグルではまだ挑戦していないが、自分のアプローチならミズ・パックマンのプレイも学べるはずだと語った。デイヴィッドにとってアルファ碁ゼロは、ディープマインドのニューラル・ネットワークは幅広い課題をゼロから学習して解決できるかという疑問に答えてくれるものだった。デイヴィッドらは、「ゲームのルールさえ教えてやれば、「ニューラル・ネットワークは」試行錯誤を通して学習できる」と主張した。

ハームにアルファ碁ゼロについて尋ねると、彼はこれが「きわめてすばらしい、明らかな向上」だと認めたうえで、ゼロから学習したとはいえないと語った。

ハームいわく、「アルファ碁ゼロはＡｔａｒｉのゲームのルールを知らないので、学習させる必要がある」という。アルゴリズムがコンピューター・ゲームをボトムアップ式に学ぶ上で問題となるのは、行動によって画面がどう変化するかを見きわめることだ。こうした情報は、すでにアルファ碁ゼロのコンピューターに与えられていた。

第15章でも紹介したトマシュ・ミコロフはフェイスブックのエンジニアで、言語処理ニューラル・ネットワークを開発した人物だが、アルファ碁がより汎用的なＡＩに向けての一歩だとはみなさなかった。彼は言う。「（ＡＩを作るという）最終目標のために、見当ちがいのものを過度に利用するのは危険です。それがたとえコンピューター・ゲームや囲碁やチェスなど、高度なＡＩ問題に対処できるものであっても」。トマシュは、ＡＩに情報を伝えたり教えたりする言語ベースの作業を通じて初めて、真の知能を発達させられると考えていた。

私は自分の子ども時代を思い出した。初めてミズ・パックマンやスペースインベーダーを見たとき、ものの数分もしないうちに何が起こっているのか把握できた。テレビ画面のキャラクターを操作することに違和感はなく、私の脳はジョイスティックと画面のつながりをすぐに理解していた。いろいろなゲームでたちまちハイスコアをたたき出した。同じことは、私の12歳になる息子がプレイステーション4で「オーバーウォッチ」を初めてプレイしたときにも起こった。息子の脳はただちにキャラクターの動きを読み取り、コントローラーの操作法を理解し、ゲームの戦略的要素について考え出していた。

子どもはコンピューター・ゲームのやり方を学習するとき、ニューラル・ネットワークとはまったく異なる戦略をとる。物体が現実世界とゲーム内の両方でどう動くかをモデル化して、ゲームに臨むのだ。ニューヨーク大学のブレンデン・レイクは、ＭＩＴとハーバード大学の研究仲間と共同で、「フロストバイト」というＡｔａｒｉのゲームを詳細に分析した。その結果、人間のほうがニューラル・ネットワークよりもずっと早くゲームの攻略法を習得できることがわかった。人間は、ゲームの目的と物体の動きをすぐに把握できるからだ。ユーチューブで他人がプレイしている動画を2分見て、15～20分実際にやってみただけで、ニューラル・ネットワークに引けをとらないスコアを出すことができた。

ブレンデンはまた、興味深い思考実験を提起した。彼は自分がゲームをするときのスタイルは、なるべく魚を多く釣ったり、死なないように長く進んだりと、自由に変えられることを示したのだ。ニューラル・ネットワークがこうした作業をやろうとすると、もう一度ゼロから訓練し直さなくてはならない。科学者たちは脳に関して多くのことを理解しているが、人間の新しい環境に対する無意識の理解は、まったくもってモデル化できていないのだ。

グーグルやテスラ、アマゾン、フェイスブック、マイクロソフトといった企業は、こうした理解を生み出す競争に血道を上げている。多くの研究は共同で行なわれ、コード・ライブラリーだけでなく、ＮＩＰＳのような会議で得た最新の知見も共有されている。また現在進行中の研究についてさまざまな話題が飛び交い、グループ間には友好的なライバル関係が存在する。こうした技術者や数学者のなかには、あとわずか10年ほどで真のＡＩが完成すると考える者もいる。一方、完成には数世紀ほどかかると考える者もいる。

彼らの雇い主たちは、こうした熱狂をどうとらえているのだろう。

第17章　大腸菌ほどの知性
——AI脅威論への反論

２０１６年、フェイスブックCEOのマーク・ザッカーバーグは、家庭用のAI執事を開発するという個人目標を打ち立てた。「ジャービス」というその名前は、映画『アベンジャーズ』に登場するアイアンマンが開発したAIロボットからとったものだ。映画のジャービスは人間のように会話し、アイアンマンの考えを読み、彼と感情を共有している。また、概念を合理的に理解する能力を持ち、それを膨大な量のデータベースと組み合わせることができる。とはいえザッカーバーグにとって必要なのは、世界を救うためのサポートではなかった。彼の望みは、自分のつくった家庭用AIが、自社のアルゴリズムのライブラリーを使ってどれくらい賢くなれるのか見きわめることだった。

一方グーグルには、個人用の執事より壮大な野望がある。囲碁とスペースインベーダーで勝利したディープマインドのチームは、グーグルのサーバーのエネルギー効率化に一役買うとともに、自社のパーソナル・アシスタントのためにより現実的な言語を開発した。また、その技術を医療分野に応用し、「ディープマインド・ヘルス」を発足した。私がグーグルのロンドン本社を訪れた際、グーグラーのひとりが教えてくれた計画だ。目的は、英国の国民健康保険（ＮＨＳ）が患者のデータを収集・活用する方法を調査し、そのプロセスの改善方法について調べることである。ディープマインドＣＥＯのデミス・ハサビスは、いつか「ＡＩによる初の高度な学術論文」が自らのチームの力で実現するだろうと語った。最終的な目標は、技術者や医師、科学者が抱えてきた多くの難題を、知的機械の生み出した解決策で一掃することだ。

　こうした計画に携わる研究者たちは、私たちは汎用的な人工知能へ向けて少しずつ前進していると主張する。彼らの多くは、自分たちが人類をいわゆるシンギュラリティ、すなわちコンピューターが人間の知性を上回る技術的特異点へさらに近づけられると信じている。ひとたびシンギュラリティに到達し、コンピューターが知的機械を新たに設計して自らを体系的に改良できるようになれば、私たちの社会は激変し、もはや後戻りできなくなってしまうという。機械は人間を必要としなくなり、余り物とさえみなすかもしれない。

　２０１７年１月、マサチューセッツ州ボストンを拠点とする、ＡＩによる将来的なリスクに備えることを目的とした非営利組織、フューチャー・オブ・ライフ・インスティテュート（ＦＬＩ）が会議を開催し、理論物理学者のマックス・テグマークが汎用人工知能をテーマとしたパネルディベートを実施した。[1]パネリストに名を連ねたのは、テスラ社のＣＥＯ兼実業家のイーロン・マスクや、グーグルの天才的技術者レイ・カーツワイル、ディープマインドの創設者デミス・ハサビス、「スーパーインテリジェンス」への道のりをマッピングした哲学者ニック・ボストロムなど、当該分野でもっとも影響力のある9人だった。

人間並みの機械知能が徐々にあるいは突然完成するのか、またそれが人間にとって吉と出るか凶と出るかについて、パネリストたちの意見は異なっていたが、汎用AIの開発がほぼ避けられないという点は一致していた。また、それにどう対処すべきか、考えなければならないときは迫っているという点も同じだった。

パネリストたちは汎用AIの到来は近いと確信していたが、彼らが話し合うのを見るにつれ、私の疑いは深まっていった。私はこの1年を、こうした人々の企業で使われるアルゴリズムを分析することに費やしてきたが、このような知能がどこから生じつつあると彼らが考えているのか、見ていてもまったく理解できない。彼らは自分たちの開発するアルゴリズムによってじきに人間らしい知能が到来するとほのめかしているが、私にはそんな兆候が感じられたことなどほとんどなかった。

私の見るかぎり、テクノロジー界の権威からなるこの委員会は、問題に対して真剣に向き合っていない。彼らは思索を楽しんでいるが、それは科学ではない。純粋な娯楽にすぎないのである。

汎用AIが到来したとき何が起こるか語ることは無意味な思索にすぎない、という私の見解は証明がむずかしい。そもそも証明なんて試みるべきではないという思いも自分のなかにはある。そんなことをすれば、自分の意見を通そうと躍起になる中年男性の仲間入りだからだ。だが一方で、自分を抑えられない部分もある。スティーヴン・ホーキングが、ＡＩは「人類の終焉を意味するかもしれない」と主張するのを聞いたとき、私は自分の見解を明らかにしたいという思いに気づかされた。

かつて私は、汎用ＡＩの誕生の可能性について反論を試みたことがある。２０１３年、ヨーテボリ大学教授オッレ・ヘッグストレームと、ネット上でこのテーマについて議論したときのことだ。[2]オッレは、人類はきっと汎用ＡＩの到来に備えなくてはならなくなるだろうと考えていた。スーパーインテリジェンスへの移行の可能性がどんなに小さくとも、私たちはリスクを最小化する努力をしなくてはならないというのだ。

だが私は、現段階でのＡＩは将来起こるかどうかわからないあらゆるリスクのひとつに過ぎず、過度に備えたところでしかたがないと反論した。私たちは今なお、地球温暖化対策に取り組んでいる。また、今日にも核戦争が勃発しかねない時代に生きている。さらに１００年後のことを考えれば、この星が巨大隕石や活発な太陽フレアに見舞われたり、火山が噴火して長いあいだ空が黒煙に包まれたり、過酷な氷河期に突入したりすることだってありうる。これらは皆、人類が理解し備えるべき問題である。

テクノロジーから生じうる脅威はほかにもたくさんある。生物学者が偶然（あるいは意図的に）遺伝子を操作して、人間を含むすべての哺乳類を絶滅させるスーパーウイルスや致死性の細菌株を生み出してしまうかもしれない。

人間の寿命を永久に延ばす方法が見つかったらどうなるだろう。不老不死が実現し、資源を巡る争いは果てしなく広がるはずだ。また、ナノロボットが支配する暗鬱な未来社会を想像してほしい。科学者がつくり出した極小サイズのナノロボットは、自己繁殖の能力を発展させ、地球上の資源を文字通り〝食い尽くす〟かもしれない。

さらに、汎用ＡＩのようなＳＦ的テーマにまで話を広げるなら、ほかにも考えるべき問題はある。ジェイムズ・ウェッブ望遠鏡が宇宙のより詳細な姿をとらえ、地球外知的生命体を発見したら、それに対してどう備えるべきか。物理法則に反するような軌道を描く星を発見し、それが地球外知的生命体によるものとしか説明がつかない場合、どうすればよいだろうか。人間が皆、映画『マトリックス』で描かれたようなコンピューター・シミュレーション世界の住人だとしたらどうだろう。私たちは現実に起こりうる特殊な状況について、もっと調査を進めなくてはならないのではないか？

これらのどれかひとつでも汎用ＡＩより先に起こったら、人類にとってはスーパーインテリジェンス・コンピューターに匹敵するほどの脅威になるだろう。こうした最悪のシナリオは皮肉なことに、私が考えたものではなく、オッレが丹念に書きつづったものである。私はこうした問題をオッレとの議論や、彼の優れた著作『ここにドラゴンがいる（*Here Be Dragons*）』を通して知った。[3]

だが、オッレは私の反論に納得しなかった。彼は今なお、汎用ＡＩは人類の存続にとってもっとも強大な、あるいは少なくとも慎重に扱うべきリスクだと考えている。
したがって、ここでは別のアプローチを試みることにした。観念的ではなく実践的なアプローチだ。私は現状についての明快な考えを述べることにする。そこから読者は（オッレも）、将来何が待ち受けているのか自分なりの結論を導いてほしい。

マックス・テグマークのパネルディベートでは、別の議論もあった。畳み込みニューラル・ネットワークの開発者でフェイスブックAI研究所所長のヤン・ルカンによると、画像認識という課題に彼自身の手法をもって取り組むことは、登山に挑むようなものだったという。[4] 現在彼らは頂上を登りきり、別の山頂を目指して崖を降りている。ヤンは、登るべき山があとどれくらいあるか正確にはわからないが、「あと50峰」ほどではないかと考えている。ディープマインドのデミス・ハサビスは、山の数は20峰未満だとしている。彼の考えでは、これらの山はそれぞれ、脳のさまざまな既知の特性をいかにモデル化するかという未解決問題のリストから成っている。[5]

だが、登山に喩えたことで、答えよりもむしろ疑問が浮かび上がる。次の山を見てそれが登りきることのできる山かどうか、なぜわかるのか？　山頂に登るための地図も持っていなければ、登山道も明らかではないのだ。また、この山は登れないとか、頂上までたどり着けないとどうしてわかるのだろう？　ひとつの山に登ったところで、次の山の何がわかるのか？

直近のアルゴリズム開発を広い視野で見るには、現状こうしたアルゴリズムに何ができて何ができないのか、またそれがどうしてなのかを考えることが大切だ。カリフォルニア大学バークレー校電気工学およびコンピューター・サイエンス学部助教授のアンカ・ドラガンは、ほかの参加者たちとくらべAIの開発に懐疑的で、FLI会議での質疑応答の際、一見単純そうだがすぐには解決できないだろう課題を例として挙げた。彼女は、ロボットがこの先数年間、食器洗い機で洗い終えた食器を片づけることさえできないだろうと語った。

また、同じくAIの開発に懐疑的な立場をとるアレン人工知能研究所のオレン・エツィオーニCEOは、言語の問題を例に挙げた。彼は会議の参加者たちに、コンピューターは「〝それ〟という単語が文章内のどの単語に結びつくのか特定できない」、「それは［コンピューターに］世界が乗っ取られると信じる人にとっては不都合な事実である」と語った。

私たちは、彼の使った2番目の「それ」が最初の文全体を指すと理解している。一方どんなに優れた言語アルゴリズムでも、彼の「それ」が何を意味するのかはわからない。指しているのが文章なのか、コンピューターなのか、「それ」という単語なのか、あるいは文脈上の別の概念なのか、特定できないのだ。

AIができないことで私が気に入っているのは、サッカーに関するものだ。最近の試合のハイライトがネットでも視聴可能である。お互いから50センチ離れた位置にある、静止したボールに歩み寄る2台のロボット。遅い球速で転がってきたシュートに飛びつくことのできないゴールキーパー。足を振り上げた反動で転倒してしまうプレーヤー。こうしたロボットたちは、私たちに道のりがあとどれくらい残されているのかを示している。

２０１６年、国際的ロボット競技大会「ロボカップ」が開催された後、私はティム・ラウエとケイティ・ジェンターにインタビューした。ふたりとも標準ロボット部門の出場者で、それぞれドイツ・ブレーメンの優勝チームと、テキサス州オースティンの上位入賞チームのメンバーだ。ふたりは普段から、ピッチ上のラインやゴールポスト、ボール、ほかの選手を検知するアルゴリズムに磨きをかけている。使われるアルゴリズムはそれぞれ、特定の問題に焦点を当てている。それはボールさばきの検出またはキックの動作である。このトップダウン型アプローチは、ロボットが人間の対戦相手に勝とうとするなら最終的に欠かすことのできないボトムアップ型ＡＩとはまったく異なっている。ロボットたちはゲームのやり方を学んでいるのではなく、一連の識別作業を実行しているのだ。ＡＩのサッカー選手が誕生するまでは、まだまだ長い道のりが存在している。

ＡＩに人間レベルの作業はこなせなくとも、動物には太刀打ちできるのではないか？　目標を少しばかり引き下げて、犬並みに賢いアルゴリズムを開発するのはどうだろう？

動物の単純な刺激反応は、一般人から不見識な科学者にいたるまで、世間の人々が好む話題だ。その典型例が、ベルの音を聞いてよだれを垂らすパブロフの犬である。だが犬を飼っている人なら、パブロフの見解は物事を単純化しすぎていると言うだろう。彼らは正しい。飼い主がペットを家族の一員や友人とみなすのは、単に情緒的で人間中心の考え方ではない。家庭で飼う動物は、私たちと同じくらい複雑な行動をとっている――これは、現代のほとんどの行動生物学者たちの見解と一致している。サウサンプトン大学で犬の認知研究プロジェクトを率いるジュリアン・カミンスキによれば、犬は小さな子どもと同じように学習し、取ってくるものを決めるときには飼い主の物の見方を考慮し、私たちの体の動きからその意図を理解するという。[6]

こうした、さまざまな状況を理解し、学習の方法について学ぶという性質は、ＡＩ研究において未解決の領域だ。人間のモデル化が現段階より大幅に進まないかぎり、私たちは犬も猫もほかの動物も、シミュレートすることはできないだろう。

というわけで、犬は目標が高すぎたようだ。ではもう少しレベルを下げて昆虫、とりわけハチについて考えてみよう。ロンドン大学クイーン・メアリー校のラース・チッカはつい最近、ハチの認知研究についての進展を論文に記し、ハチが並外れた知性を持った動物であることを報告した。[7] 幼いハチは巣の周りを何周か飛ぶことによって自分たちの世界について学習し、その後すぐに餌を集める仕事にとりかかる。働きバチは、花の匂いと色を学習して最短経路で餌場にたどり着くという、いわゆる「巡回セールスマン問題」を解決する能力を備えている。また、ハチたちは危険な目に遭った場所を覚えており、もはや存在しない危険に対して〝幽霊を見た〟ように反応することがある。一方餌を見つけるのが得意なハチは楽観的になり、捕食者の襲撃という危険を軽視するようになる。ハチの脳内にあるニューラル・ネットワークは、人工の畳み込みネットワークやニューラル・ネットワークとはまったくちがった構造をしている。どうやらハチは、たった4つの入力ニューロンによって物体のちがいを認識できるらしい。しかも、脳内での画像表現はいっさいないという。代わりに、少数の論理ゲートにモデル化できるより単純な刺激反応作業が、脳の全領域に影響を及ぼしている。

ハチのもっともすばらしい点は、サッカーを学習できることだ。といっても、本物のサッカーではなく、サッカーによく似たゲームだが。[8] ラースの研究チームは、ハチがボールを突いてゴールに入れられるように訓練した。ハチはプラスチック製の見本のハチがボールを押すのを見たり、ほかのハチが作業するのを見たりして内容を学習した。作業を習得するために何度も試合を行なう必要はなかった。ボール転がしはハチが日常的に遭遇することではない。したがってこの研究でわかったのは、ハチが新たな行動を迅速に、試行錯誤することなく学習できるということだった。これは人工ニューラル・ネットワークがいまだ解決できていない課題である。ハチはほかの分野でのスキルを応用することで、サッカーのような新しい課題に取り組むことができるのだ。

忘れてはならないのが、汎用人工知能を語るうえで大切なのは、コンピューターが特定の作業を人間よりもうまくこなせるかどうかではないということだ。コンピューターはすでに、チェスや囲碁、ポーカーといったゲームで人間を上回っている。だから、こうしたゲームでハチに勝つのは造作もないことだろう。大事なのは、動物に見られるようなボトムアップ型学習のコンピューターを私たちがつくり出せるかどうかである。現時点でハチは、コンピューターにもできないようなやり方で、世界に対する理解を汎用化することができるのだ。

C（カエノラブディティス）・エレガンスという線虫は、もっともシンプルな生物の一種である。成虫の体細胞の数は959個で、うちニューロンはおよそ300個。ちなみに、人間の体細胞は37兆2000億個で、[9]脳のニューロンは860億個[10]である。C・エレガンスはそのシンプルさに反して、行動や社会的交流、学習といった多くの特性が私たち人間と共通しており、そのため幅広い研究が進められている。

シカゴ大学のモニカ・ショルツは最近、この線虫が確率的推論を使っていつ移動するか決めていることを示すモデルを作成した。[11]これは、第8章でネイト・シルバーが用いた世論調査のモデルとよく似ている。C・エレガンスは餌をどのくらい調達できるか周囲の環境を〝調査〟し、このままじっとしているのと新しい食料源を探すのとどちらがよいか〝見当〟を立てるのだ。これらの研究によって、C・エレガンスの意思決定の詳細が明らかになったものの、まだこの生物のすべてをモデル化できたわけではない。オープン・ワームという別のプロジェクトでは、線虫の動きの力学的な側面をとらえようとしているが、こうしたモデルを組み合わせてC・エレガンスの行動を完全に再現するには、さらなる研究が必要とされている。現時点では、線虫の959個の体細胞がどうやって一緒に動くのか、詳細は判明していない。私たちは、地球上でもっともシンプルな動物の生態すら正確にモデル化できていないのだ。

だから少なくともしばらくは、サッカー選手のほか、犬やハチ、線虫の知能をつくることは忘れよう。かわりに、アメーバはどうだろうか？　私たちに微生物の知能を再現することはできるのか？

モジホコリ（学名：フィサルム・ポリセファルム）という粘菌がいる。体内に極小の管のネットワークを築いてさまざまな部位に栄養を運ぶ、アメーバ状の生物である。フランスのトゥールーズ大学のオドレ・デュストゥールによれば、この粘菌は通常、刺激物であるカフェインを回避しようとするが、だんだんと刺激に慣れていくという。だが、カフェインを避けるという選択肢を与えられると、ふたたびそれを避けるようになる。[12] ほかの研究でも、モジホコリは周期的な事象を予測したり、栄養価の高い餌を選んだり、罠を避けて通ったり、異なる食料源を効率的につなぐ経路を築いたりすることがわかっている。この粘菌は分散型コンピューターの一形態とみなせるかもしれない。体の各部位からのシグナルを受け取り、これまでの経験に基づいた判断を下すということを、脳も神経系もないのに行なっているのだ。

近い将来、こうした粘菌の包括的な数学モデルをつくれるようになるかもしれないが、現状、まだその域には達していない。粘菌の〝記憶〟と学習については、「メモリスタ」を使えばモデル化できる可能性がある。これは、抵抗器と蓄電器の組み合わせによってフレキシブル・メモリの一形態としての役割を果たす、一種の回路素子である。[13] だが、どうやってメモリスタのネットワークを立ち上げてそれを組み合わせ、粘菌の方法を真似て問題を解決すればいいのか。それは、いまだに判明していない。

生物学的複雑性の階段を粘菌から一段下がると、バクテリアに至る。大腸菌はその名のとおり、私たちの腸内に住んでいる〝菌〟だ。その株は、ほとんどが人体に無害あるいは有益であるが、なかには食中毒を引き起こすものもある。大腸菌を始めとするバクテリアは、人間の体内を巡って糖分を吸収し、どう成長するか、いつ分裂するかを〝決定〟する。[14] また、大腸菌は適応性が高い。あなたがコップ一杯のミルクを飲むと、大腸菌のなかでラクトース（乳糖）を取り込む遺伝子が活性化する。だが、そのあとでチョコバーを食べると、グルコース（ブドウ糖）を取り込む遺伝子がラクトースの取り込みを抑えてしまう。大腸菌はグルコースの方を〝好んで〟いるからだ。さらに、バクテリアは直線運動と方向転換によって移動する。ある方向に進んだあとで〝転び〟、別の方向を〝選ぶ〟のである。バクテリアは自分のいる環境に合わせて転ぶ率を調節する。それぞれのバクテリアの多様な目的——資源を確保したり、動き回ったり、増殖したりすること——は、スイッチをオン／オフするさまざまな遺伝子の組み合わせによって、そのバランスが保たれているのだ。

ところで、「大腸菌が資源を得るためにさまざまな目的を調節する」という話に聞き覚えはないだろうか？　そう、ミズ・パックマンである。彼女はバクテリアなのだ。これら自然と人工のふたつの生物がやり遂げようとする作業は、非常によく似ている。どちらも環境に適応するため、さまざまな入力信号に反応しなくてはならないのだ。大腸菌は栄養分の取り込みを調節し、危険物に反応し、障害物を避けて進む。ミズ・パックマンのニューロンは、ゴースト、エサ、迷路の構造に反応する。ミズ・パックマンの迷路がそれぞれ異なるように、バクテリアの住む体もまた微妙に異なっている。が、どちらのアルゴリズムも柔軟性に富んでおり、幅広い環境という課題に対処することができる。

そういうわけで、現状最高レベルのＡＩと生物学的に同等なものは、お腹の虫《タミーバグ》［訳注　ウイルスやバクテリア、食あたりなどでお腹をこわす症状の総称］だとわかった。

私のバクテリア脳の類推に対する反論のひとつに、私たちが線虫や粘菌をモデル化できないのは、こうした生物が何をしようとしているのかわからないからだというものがある。私がインタビューしたニューラル・ネットワーク研究者にも、線虫の「客観的役割」（と彼らは呼んでいた）がわからないという人がいた。生み出すパターン、つまり客観的役割がわかるようにニューラル・ネットワークを訓練できれば、理論的にはそれを再現できるはずだと。この主張にも一理ある。生物学者は、Ｃ・エレガンスや粘菌のことを完全にはわかっていないのだ。

だが詰まるところ、「客観的役割を教えよ」という要求は論点からずれてしまっている。生物学者は知能に関する実験で、脳が働く仕組みを明らかにした。ニューロンと脳の各部位の役割とのつながりを突きとめたのだ。だが、私たちの脳が特定の役割を持っている理由については、全体的なパターンを見出していない。神経科学者が人工知能の専門家と協力して知的機械をつくろうとするなら、動物の客観的役割を見出して機械学習の専門家に教示するという作業を、生物学者だけに頼ってはならない。ＡＩの進化には、生物学者とコンピューター科学者が団結し、脳について理解することが不可欠なのだ。

私が思うに、ＡＩのテストはアラン・チューリングが提唱した、有名な「イミテーションゲーム」(別名・チューリングテスト)に基づくべきである。[15] このテストでは、参加者が壁の向こうのコンピューターにいくつか質問をして、返ってきた答えから相手が人間だと思い込んだら、そのコンピューターはチューリングテストに合格となる。むずかしいテストで達成までの道のりは長いが、チューリングテスト自体をもっとシンプルなテストのための出発点とすることはできる。

1950年にチューリングが発表した論文にはあまり引用されていない箇所がある。彼はそこで、子どもをモデル化することが大人のモデル化への一歩になると述べている。壁の向こうのコンピューターを人間の子どもと確信したら、そのコンピューターはミニ・チューリングテストに〝合格〟したと考えてよいだろう。私は、この惑星の多様な生物を一連のテストケースとして利用すべきだと考える。[16] 私たちは粘菌や線虫やハチが示す知能を、コンピューター・モデルで再現できるのだろうか？　これらの生物が生息環境を動き回ったり、互いに交流したりしているときの行動を再現できれば、私たちは汎用知能モデルをつくり出したといえるだろう。こうしたモデルをつくり出すまで、私たちは自身の主張について慎重でいるべきである。現時点で明らかなのは、私たちは知能を一個のバクテリアと同じレベルでモデル化しているということだ。

――だが、果たしてそう言い切れるだろうか。ハーム・ヴァン・サイエンは、自身の「ミズ・パックマン」アルゴリズムがゼロから構築されたと語ることについて、非常に慎重だった。彼はミズ・パックマンに、ゴーストとエサに注意するよう教えていた。一方でバクテリアの場合、生息環境の危険や見返りについての知識は、進化を通じてボトムアップ式に構築されるのだ。

ハームは私に言った。「ＡＩについてあまりにも楽観的に語る人は多いです。そういう人たちは、システムを構築する大変さを軽んじています」。彼は、ミズ・パックマンを始めとする機械学習システムの経験に基づき、ＡＩはいまだ汎用形態には程遠いと感じている。

またハームは、たとえ完璧なバクテリア知能をつくり出せたとしても、そこからどこまで先へ進めるか疑問に思っている。彼は言った。「人間は、ある作業をしていて学んだものを関連する作業に応用するのが本当に得意です。ですがアルゴリズムの場合、現行で最新のものであっても、それに関してはまったく不首尾だといえます」

マイクロソフトのハームも、フェイスブックのトマシュ・ミコロフも、ニューラル・ネットワークに凝った名前をつけたり、大言壮語を吐いたりするのは危ないと考えている。

ハームの勤め先の創業者も、彼と同じ意見のようだ。２０１７年９月、ビル・ゲイツは『ウォール・ストリート・ジャーナル』紙のインタビューで、ＡＩは大騒ぎするような話題ではないと述べ、潜在的なリスクに関しても、緊急の対応が必要だとするイーロン・マスクには同意できないと語った。

では今私たちが模倣している〝知性〟のレベルがタミーバグのレベルにすぎないとしたら、イーロン・マスクはなぜＡＩの危険性を広言したのだろう？　スティーヴン・ホーキングはなぜ、自らの発話ソフトに備わった予測機能について懸念しているのだろう？　マックス・テグマークらはどういうわけで、スーパーインテリジェンスの到来は近いと口々に言い立てているのか？

彼らは皆、聡明な人間だ。そんな人たちの判断を曇らせているものは、いったい何なのか？

そこには、さまざまな要因の組み合わせがあるように思われる。ひとつは商業的なものだ。人工知能について少し騒がしくなっても、ディープマインドの評判に傷はつかない。デミス・ハサビスは最近のインタビューで、グーグルがディープマインドを買収した時のような「解決型知能」重視の姿勢を改め、問題の解決を可能にする数理最適化問題へ焦点を当てるようになった。アルファ碁への取り組みは、新薬の発見や電力網のエネルギー効率化といった課題について同社が最新の知見を持っていることを示すためである。これらの課題には、数ある案のなかから最適な解決策を見つけだすための膨大な計算能力が欠かせない。こうした初期のちょっとした誇大宣伝がなければ、ディープマインドはいくつかの重要な課題を解決するための資金を得られなかったかもしれない。

一方イーロン・マスクは、自らの論調を抑えていない。どうやら彼は、ＡＩについて意図的に吹聴するという姿勢を取り続けるようだ。それもこれも、自動運転車といった野心あふれる数々の計画を推し進めるためである。こうした長期の計画は、テスラの最新車を購入すればすばらしい未来が開けるという考えが顧客から支持されてはじめて実現する。壮大な夢が、世界について知りたいという私たちの願望を後押しすることは多いのだ。

ディープマインドやテスラの社員を駆り立てるのは、お金そのものではない。研究者は、純粋にわくわくする気持ちも持ち合わせている。西暦２０００年前後、汎用ＡＩというアイデアは将来性がないと思われていた。だが2012年、ニューラル・ネットワークが画像分類問題を解決したとき、変化がついに起きたと思われた。

現在のアルゴリズムは実際のところ、「人工知能」という言葉の醸し出すイメージよりも単純かつ平凡なものだ。人間を分類するアルゴリズムは、多かれ少なかれ、自分たちについてすでに知っていることを統計的に表示したものだ。人間を操ろうとするアルゴリズムは、私たちがどの検索情報を表示し、何を売ろうとするか決めるときのきわめて単純な側面を利用している。ニューラル・ネットワークはいくつかのゲームを完全に制覇したが、私たちに次の山はまだ見えていない。アレックスと私で言語ボットをつくったときも、数センテンスのあいだは感嘆できる文が出来たが、すぐにメッキが剝がれてしまった。

マーク・ザッカーバーグは1年にわたるジャービス開発計画の末に、その結果を公開すべくフェイスブックに1本の動画をアップした。先に言っておくが、その内容ときたらまったくお寒いものだ。動画はまず、トレードマークであるグレーのTシャツを着たザッカーバーグが寝室で目覚めるところから始まる。ジャービスは彼にその日の予定を知らせ、1歳になる娘が起きたあと「中国語レッスン」でお守《も》りをしたことを伝える。ザッカーバーグが階下のキッチンへ降りていくと、トースターの電源がすでに入っている。ジャービスが朝食の時間を予測していたのだ。それから玄関システムのベルが鳴る。顔認証ソフトが、近づいてくるザッカーバーグの両親を認識したのである。一日の終わりには、彼と妻のプリシラが、サウンドシステムの奏でるムード音楽をバックに、会話を楽しんでいる。

ザッカーバーグはフェイスブックのブログで、ジャービスに何ができて何ができないのか、とても率直に述べた。[17]ＡＩ執事をプログラミングするという課題は、私が社会で使われるアルゴリズムを分析したときに直面した課題を映し出している。彼のつくり出したシステムは、本書で見てきた技術を実践的に応用したものだ。顔と音声を認識する畳み込みニューラル・ネットワーク、トーストを食べる時間や娘の中国語レッスンの時間を予測するリカレントモデル、家族の好きな音楽を選んでくれる「これもおすすめ」モデル。フェイスブックは、社員を助けるプログラミング・ルーチンのライブラリーを開発してきた。そして今回、マーク・ザッカーバーグはこうしたアルゴリズムを実用化したのだ。

動画の野暮ったさはともかくとして、ブログの記事をよくよく読んでみると、彼がとても頭の良い青年だということがわかる（気づくのが遅いという点は十分承知している）。ザッカーバーグはデータ錬金術師として成功を収めている。シリコンバレーの同業者たちが、理論物理学者が主催したパネルディベートで自らの賢さを証明しようとしているとき、彼はプログラミング・インターフェースに没頭し、自社が開発したツールを最大限に活用する方法を見出そうとしていた。ブログで彼が導き出した結論は筋が通っている。「ＡＩは多くの人が予想したよりもパワフルなことを成し遂げつつある――車を運転したり、病気を治したり、惑星を発見したり、メディアについて理解したり。どれも世界に大きな衝撃をもたらすだろう。だけど僕たちは、いまだに本当の知性というものを見つけられていないのだ」

本書で見てきたアルゴリズムを用いれば、今後すばらしい製品やサービスを開発できるかもしれない。また、こうしたアルゴリズムは私たちの家庭や職場、旅行の楽しみ方に変化をもたらしてくれるだろう。だが、これらは汎用ＡＩとは程遠い。こうした技術はトースターやステレオ、オフィス、車に対して、一種のバクテリアに似た知性を与えている。アルゴリズムはこなすべき退屈な仕事を減らしてくれるかもしれないが、人間のような存在になることはない。

イギリスのレスターのデ・モントフォート大学でロボットとＡＩの文化・倫理を研究するキャスリーン・リチャードソン教授は、アルゴリズムが遂げた近年の進歩を、「人工知能《アーティフィシャル・インテリジェンス》」ならぬ「広告知能《アドバタイジング・インテリジェンス》」と呼んだ。彼女はＢＢＣワールドサービスのインタビューで、「過去10年間で実際に起きたことといえば、大企業が消費者のデータを収集し、そのお返しに自社のプロダクトを売り込むのがうまくなったことです」と語った。マーク・ザッカーバーグの執事などはその好例だ。ザッカーバーグはスポティファイの履歴や友人の顔、一日の予定といった大量のデータをコンピューターに入力し、日常生活の向上に役立てている。

キャスリーンによると、本当の危険とはコンピューター知能が爆発的に進化することではない。私たちが有しているツールを、多くの人々の生活のためでなく、少数の人々の生活の向上に使うことである。執事を人々のための多様な解決策としてではなく、大金持ちの贅沢品として利用することである。

マックス・テグマークと仲間たちにはＡＩの未来について思索を重ねる権利があるが、彼らの主張を妄信するべきではない。ＳＦについて論じているのは多かれ少なかれ、同程度の社会経済的な背景、学歴、職歴をもった富裕な人々の集まりである。これらの問題をオッレ・ヘッグストレームと議論したとき、私も同じ陥穽《かんせい》にはまってしまった。

現実世界では、人間はこれから長いあいだ、唯一の人間らしい知能でありつづけるだろう。真の問題は、すでに有しているアルゴリズムを、広い社会のために使うか、少数の需要を満たすために使うかだ。自分がどちらを選択するかは、もちろんわかっている。

第18章　現実に戻るとき

——アルゴリズムは私たちの文化遺産である

私はあるパーティーで、小さなグループのなかにたたずんでいる。そして、ただそれが起こるのを待っている。

この1年、それはほぼすべてのパーティーで起こってきた。その間、私はほとんどの時間をオフィスに閉じこもり、アルゴリズムをコーディングしたり、統計モデルを調整したり、研究結果について書きつづったり、技術者や科学者にスカイプでインタビューしたりして過ごしてきた。

ちょっとした世間話だ。私は儀礼的に耳を傾ける。そのうち誰かがその話題を持ち出す。毎回同じではない。内容は少しだけ異なる。だが、テーマはいつだって一緒だ。

「フェイスブックの何が危険かって、ユーザーに見せるものをコントロールしてることだよ」と彼は言う。「フェイスブックが行なった研究について読んだんだけど、ユーザーにネガティブな投稿しか見せなかったら、みんなすっかり気が滅入ってしまったんだって。あの会社は僕たちの感情をコントロールできる。しかも、そういうネガティブな感情はウイルスみたいに広まるんだ」

私は黙ったまま、ほかの誰かがしゃべりだすのを待つ。「そうね。あの会社はデータを売って儲けてるから。トランプが大統領選挙に勝ったのも、オックスフォードだかどこだかの会社がみんなのプロフィールをダウンロードしたからよ」と彼女は言う。

「やっぱり問題は、アルゴリズムの訓練がフェイクニュースを使って行なわれてることだよ」と別の誰かが言う。「グーグルだってそうだ。言葉を理解するコンピューターなんかつくったものだから、イスラム教徒へのヘイト発言が始まったんだ」

「そうだね」と最初の彼がふたたび会話に加わる。「それに、これは始まりにすぎないんだ。科学者たちは、20年以内に人間並みの知能をもったコンピューターが完成すると踏んでる。そしたら、人間の立場はペーパークリップ同然になってしまうんだって。イーロン・マスクの本で読んだ」

ここにきて、もはや耐えきれなくなる。「はじめに」と私は口をはさむ。「フェイスブックの研究によれば、ネガティブなニュースに大量に接した人は、ネガティブな単語を1カ月にひとつ多く書く傾向があるそうだ。これはごくささやかで、統計的には有意といえる程度の影響だ。第二に、ケンブリッジ・アナリティカという会社についてだが、この会社はトランプの当選とはまったく何の関係もない。ここのCEOは自分たちのできることについて立証不可能な主張をいくつも打ち出してるけどね。第三に、われわれの言語を基に訓練されたコンピューターは、たしかにセクシストやレイシストとの関連をうかがわせる。けれどそれはわれわれの社会そのものに偏見が存在しているからだ。今グーグルで検索しても、いたって穏やかで当たり障りのない結果しか表示されないよ。グーグル検索でもっとも厄介なのは、アマゾンに誘導してガラクタを買わせようとする無意味なリンクがあふれかえってることだ。そして最後に、最近ニューラル・ネットワークに関して興味深い発展がいくつか見られたけど、それでも人間が汎用ＡＩをつくれるかどうかはわからない。われわれはゲームのミズ・パックマンを習得するコンピューターさえつくれていないんだからね」

皆が私を見つめる。私は「ああ、それから、イーロン・マスクはただのアホだよ」とつけ加える。

自分が嫌になる。周りを白けさせる厄介者になってしまった自分がたまらなく嫌だった。ありとあらゆる科学論文を読んだこの石頭は、事実と警告を並べて場の雰囲気を壊さなくては気が済まないのだ。そもそも、イーロン・マスクのことだってそんなに嫌いというわけじゃない。彼はただ、自分の職責をまっとうしているだけだ。私がそう言い添えると、会話に少しだけ明るさが戻った。

自分が空気を読めなかったことはわかっている。このときの私は、インテリ気取りで意地悪なふるまいをしていた。この場にいた人たちは全員、多少の不正確さを別にすれば、社会の移り変わりについて本気で心配していた。だからこそ、フェイスブックやケンブリッジ・アナリティカや人工知能について話し合っていたのである。

今から1年以上前、グーグルを訪問して間もなかったころは、私も彼らと同じ気持ちを抱えていた。数学者やコンピューター科学者のつくり出す未来に、恐怖を感じていたのだ。

だが今なら、アルゴリズムは考えていたほど恐ろしいものではないことがわかる。私たちの社会が抱える性差別や人種差別といった問題を、アルゴリズムが解決できなかったのは残念だが、それを悪化させたわけでもない。アルゴリズムは、皆が力を合わせて解決すべき偏見という問題を照らし出したのだ。ＳＣＬグループがケンブリッジ・アナリティカのような個人をターゲットに定める企業を、そのためのツールもデータもなく立ち上げられるのは恐ろしいことだが、グローバル資本主義とはそういうものだ。それを受け入れるか、あるいはそうした会社の嘘や欺瞞ではなくグローバル資本主義システムそのものを批判するかのどちらかだ。フェイスブックにフェイクニュースが蔓延し、ツイッターにトロールのボットが氾濫しているのは嘆かわしいことだが、それを真に受ける人がほとんどいないとわかったのは幸いだった。ネット上での成功に才能があまり関係ないのは悩ましいことだが、失敗したときのなぐさめにはなる。ティンダーで異性と親しくなるには美男美女でないとむずかしいのにはちょっとがっかりだが、それはふだんの生活でもそう変わらないだろう。

アルゴリズムを理解することで、未来の筋書きを少しだけ深く理解できる。アルゴリズムが今日機能する仕組みを理解すれば、どの筋書きが現実的でどれがそうでないか、判断を下すのが容易になる。私の考えるアルゴリズムの最大のリスクとは、その影響について理性的に考えられなくなり、ＳＦじみた妄想に取りつかれてしまうことである。

本書という旅を終えつつある私は、自分が話をしても面白くない人間になってしまったことを実感している。今もちょうど、「フェイスブックの悪口を言ってやろう」とか「人工知能は今後どうなるのか」といった話題への対応をまちがえたばかりだ。

幸いなことに、私はすでに結婚している。パーティーで妻は、ポケモンＧＯについて話しはじめた。ロヴィーサは時おり自転車をこいでポケモンを捕まえに行くのだが、行き先の公園で25歳の若者たちと知り合ったという。彼女は、先週ファイヤー〔訳注　ポケモンのレアキャラクター〕を捕まえたときの集まりについて私たちに教えてくれた。妻、ジョガーパンツを履いた若者たち、赤ん坊を乳母車に乗せた30代の夫婦、たまたま通りがかった子どもたち、ポケモンを捕まえるために毎日その道を通る老夫婦が、ポケモンに興じている。妻はファイヤーをゲットした。ほかの皆も大方捕まえられたが、子どもたちのうちのひとりが泣き出してしまった。ファイヤーがモンスターボールを飛び出して逃げていってしまったのだ。老夫婦がその子をなぐさめる。彼らは明日もふたたびやって来るだろう。

ロヴィーサは、「モンスターボールを投げる回数でファイヤーを捕まえる確率がどう変わるか計算してみてよ」と言う。その場にいるほかの人々も賛同するようにうなずく。ずいぶん同意が多いと感じる。きっとみんな、なぜデイヴィッドのやつは、ポケモンＧＯのゲーム理論で皆に教えを説くことができるのに、アルゴリズムの話題で知識をひけらかしてばかりいるのだろうと思っているのだ。

だが、私はポケモンに関わり合うつもりはなかった。分析なんてしないほうがよいこともある。子どもが泣きだす確率なんて、誰が知りたいと思うだろうか[1]。

代わりに私は、公園でポケモンの図鑑を見せ合い、まだ埋まっていないスペースについて語り合う人たちのことを考える。ふつうなら、知り合って会話を楽しむこともない人たちだ。

また、半年前に14歳の誕生日を迎えた娘エリスのことを考える。彼女は先週、スナップチャットのグループで知り合った友達に会いに出かけていった。初め、私とロヴィーサは心配になった――このネット上の〝友達〟は、実際には40歳の小児性愛者かもしれない。だが、結局それは杞憂に終わった。エリスが会ったのは、青い髪をした、どこにでもいる13歳の女の子だった。この夏、エリスはネットで仲良くなったポーランド人の友達を訪ねたいと考えている。ふたりはよく、スカイプでいっしょに宿題をして盛り上がっている。ポーランド行きを許すかどうか、私たち夫婦は大いに頭を悩ませるだろう。

息子のヘンリーと私はつい最近、イギリス・ニューカッスルへの旅行から帰ってきた。ツイッターで、私と同じように自分の息子のチームにサッカーを教えているライアンと連絡を取り合っていたのだ。私はスウェーデンから12歳の少年たち32人を連れていく手筈を整え、現地でライアンのチームと何度か試合をした。

ライアンは私に、自分の勤め先の雇用年金局（ＤＷＰ）で、前著『サッカーマティクス』について講演してみないかと誘ってくれた。場所は街外れにあるいかめしい雰囲気の行政ビルで、前年にロンドンのグーグルで講演したときとはまるでちがっていた。だが中に入ると、狭い一室はデータを視覚化し理解することについて、変わらぬ熱意を持ったデータ科学者たちでいっぱいだった。

講演のあと、ライアンは自分たちのチームが取り組んでいるプロジェクトについて教えてくれた。彼らはイギリス国内で、大口雇用企業の休業といった同様の課題を抱えている地方議会をつなげ、それぞれの経験を共有することを目指しているという。ライアンの手法は最先端の統計学を用いていたが、ＤＷＰの同僚の手助けを目的としていた。そうすれば、今度は彼らが地方コミュニティの人々を助けてくれる。「僕たちは意思決定者たちにデータをきちんと扱ってほしいんだよ」と彼は語る。「彼らが自分たちで解決策を見つけられるようにね」

問題を解決するには、アルゴリズムと人間の知能を組み合わせなくてはならないというのがライアンの考えだった。アルゴリズム単体では不十分なのだ。

私はジョアンナ・ブライソンが言ったことを思い返していた。私は彼女に、アルゴリズムの台頭について尋ね、アルゴリズムの知性がいずれ人間に匹敵すると思うかと訊いた。彼女は、質問がそもそもまちがっていると言った。「アルゴリズムはすでに多くの点で人間の知性を上回っているんです」

私たちの文化はこれまでさまざまな問題を解決するため、数千年にわたってある種の数学的な〝人工〟知能を生み出してきた。古代バビロニア人とエジプト人の幾何学、ニュートンとライプニッツが発展させた微積分学、計算を高速化した電卓、現代のコンピューター、そして、つながる社会と今日のアルゴリズム世界。私たちは数学的モデルの助けによって、どんどん賢くなっている。一方そうしたモデルも、私たちが開発することで良くなっていく。アルゴリズムは私たちの文化遺産である。私たちはアルゴリズムの一部であり、アルゴリズムもまた私たちの一部なのだ。

この遺産は私たちの周囲で、それもイギリス雇用年金局のような思いもかけない場所でつくられている。

ネット上で交流が生まれるとき、リスクが存在することはたしかだ。たいていの場合あまり好ましいこととはいえないが、アルゴリズムと共存することで驚くような可能性ももたらされる。そして少なくとも今、アルゴリズムを支配しているのは私たちであり、アルゴリズムが私たちを支配しているのではないのだ。私たちは、自らのイメージどおりに数学を形作っている。

日曜日の朝、ゲーツヘッドの少年たちがウプサラの少年たちとサッカーをしている。よく晴れた日で、皆は優れたチームワークとフェアプレーをモットーに、試合に臨んでいる。親たちが嬉しそうに声援を送る。そのあと、私たちは地元のラグビークラブでいっしょに花火を鑑賞する。これもすべて、アルゴリズムがライアンと私にツイッター上でフォローし合うよう提案してくれたおかげだ。

空想にふけっていたことに気づいた私は、パーティーの会話に意識を戻す。話題はまだフェイスブックについてだった。私は言う。「ところで、フェイスブックのおすすめ広告機能には〝トースト〟と〝カモノハシ〟に興味のある人のカテゴリーがあるって知ってた？」

すると隣に立っていた女性が言う。「サンドイッチにはしたくないわね」

皆の笑い声がはずむ。

私はもう、アルゴリズムに対して無力ではなかった。

謝辞

本書のためにインタビューに応じてくれた皆さん、また、メールでの質問に答えてくれた皆さんに感謝したい。なかでも、アダム・カルフーン、アレックス・コーガン、アミット・ダッタ、アンジェラ・グラマタス、アヌパム・ダッタ、ビル・ディートリッヒ、ボブ・ハックフェルト、ブライアン・コネリー、「CCTVサイモン」、デイヴィッド・シルバー、エミリオ・フェラーラ、ギャリー・ジェレイド、グレン・マクドナルド、ハーム・ヴァン・サイエン、ハント・アルコット、ジョアンナ・ブライソン、ヨーアン・イドリング、ジュリア・ドレッセル、ケイティ・ジェンター、キャスリーン・リチャードソン、クリスティーナ・ラーマン、マルク・コイシュニグ、マシュー・ジェンツコウ、マイケル・ウッド、ミケーラ・デル・ビカリオ、モナ・チャラビ、オッレ・ヘッグストレーム、オリオル・ビニャルズ、サント・フォルトゥナト、タソス・ヌラス、ティム・ブレナン、ティム・ラウエ、トマシュ・ミコロフからは、たくさんのことを学んだ。本当にありがとう。

本書を書きはじめたころ、長いおしゃべりにつき合ってくれたルノー・ランビオットとミカル・コジンスキーには特にお礼を言いたい。ふたりはアルゴリズムの危険性について、何が現実で何が虚構か、筋道立てて考えるための思考の枠組みを示してくれた。そうしたアドバイスなしでは、本書はここまで良いものにはならなかっただろう。

本書を丁寧に読み込み、たくさんのコメントをくれた両親にも感謝したい。すっかり大人になった今でも、ふたりには支えてもらってばかりだと感じる。

出版社「ブルームズベリー」では、本書を書くきっかけとなったグーグルの講演を企画してくれたレベッカ・ソーン、常に意見と励ましの言葉をくれたアナ・マクダーミッド、信頼を寄せてくれたジム・マーティンに感謝したい。この本が皆でザ・パーズ〔訳注 スコットランドのサッカークラブ、ダンファームリン・アスレティックの愛称〕の試合を観に行く理由になるかはわからないが、何かうまい口実を考えておこう。

エミリー・カーンズには丁寧な編集作業をしていただき、おかげで本文に数えきれないほどの改善点が生まれた。本当にありがとう。

アレックス・ショルコフシュキーには、トルストイ・ジェネレーターの作成だけでなく、選挙予想の正確さ判定やティンダーの分析などでとりわけ世話になった。また、アルゴリズムの賛否について、私のいつまでも止まらない熱弁につき合ってくれたことに感謝する。それから、ウプサラ大学の研究グループの皆さんにもお礼を言わなくてはならない。特に、本書の執筆にあたって忍耐力を存分に発揮してくれた博士課程学生のエルンスト、ビョルン、リネーアの3名に感謝したい。

『1843』誌で本書を取り上げ、意見を寄せてくれたアナ・バドリーにもお礼を言いたい。彼女のおかげで、数学について執筆する際に考慮すべきレベルとバランスがわかった。

ツイッターに関する修士論文に取りくんでくれたほか、プラットフォームでのエコーチェンバーを理解する手助けをしてくれたヨアキム・ヨハンソンにも感謝したい。

本書のアイデアが生まれたのはグーグルを訪れた翌日、エージェントのクリス・ウェルビラブと『数学は邪悪（*Maths is Evil*）』という本の構想を練っていたときのことだった。数学はあの日私たちが考えていたよりも悪いものではないことがわかったが、何にせよ、彼のもたらしてくれる明晰な思考にはいつもながら感謝の言葉しかない。本当にたくさんのことを学ばせてもらった。

本書のタイトルは、妻ロヴィーサの言葉がもとになっている［訳注　原題Outnumberedには、「（数に）当惑する」といった意味がある］。私が自分の書きたいものを伝えたとき、反射的に彼女の口をついて出たのだ。いろいろとありがとう。私が楽しい毎日を送れるのは、君がいっしょにいてくれるおかげだ。

また、本書は私の子どもたちエリスとヘンリーの助けなしでは完成しなかっただろう。ふたりとも明らかに、私よりもネット世界にうまく溶け込んでいる。いろいろと辛抱づよく教えてくれてありがとう。最高のふたりに、心から感謝を捧げたい。

訳者あとがき

近年、アルゴリズムやＡＩ（人工知能）の台頭に対する漠とした不安がますます広がっている。私たちは、グーグルやヤフーなどで検索や閲覧をしたり、フェイスブックやツイッターなどのソーシャル・メディアを使用したり、クレジットカードで買い物をしたり、交通系ＩＣカードで街を移動したりするたび、膨大な量のデータを企業に提供している。巷では、こうした個人情報やデータが悪用されることへの不安は根強い。数年前、鉄道会社が顧客の交通系ＩＣカードの情報（ビッグデータ）を大手企業に販売していたことが判明したとき、データが匿名化されていたにもかかわらず、反発の声があがったのは記憶に新しい。イギリスやアメリカでは、「ケンブリッジ・アナリティカ」という選挙コンサルティング会社がフェイスブックの個人データを用いて人々の政治思想を分析し、投票行動を操ろうとしていたという疑惑が持ち上がり、スキャンダルへと発展した。

ポータルサイトのトップページの記事を見ていて、似たような媒体の記事ばかりが表示されるのにふと気づくことがある。個人の過去の閲覧履歴に基づいて、その人の好みそうな記事が優先的に表示される仕組みになっているのだろうが、自分の閲覧する記事が勝手に選別され、特定の思想や嗜好へと誘導されている気がして薄気味悪くなることがある。

最近の凶悪事件の報道を見ていると、捜査手法の進化に驚かされる。監視カメラの映像や自動車のNシステムの情報をつなぎあわせることで、容疑者の足取りが点から線へと変わっていく……。善悪は別として、このまま監視カメラの数が増えれば、どんな人の移動経路も一瞬でたどれるようになるだろう。実際、監視カメラ大国の中国では、顔認証や歩行認証によって犯罪者を瞬時に追跡できるシステムが完成しつつあるようだ。

アメリカでは犯罪者の再犯予測にアルゴリズムが使われているというが、このままアルゴリズムの利用が進めば、クレジットスコアや雇用適性（employability）、やがては人間的魅力まで、人間のあらゆる側面がアルゴリズムによって自動で数値化される世の中になるかもしれない（すでに一部はそうなっている）。

アルゴリズムは人間を分析したり、操ったりするだけでなく、人間自体の立場を奪う可能性もある。近い将来、ＡＩが人間の仕事の半数を奪い、マクドナルドのクルーやタクシー運転手などの仕事が消滅するという警告をよく耳にする。私たちのような翻訳者にとっても、決して他人事ではない。機械翻訳のアルゴリズムは日々進歩していて、今やフランス語と英語のように、構造の似ている言語どうしではまったく違和感のない翻訳が実現している。英語から日本語への機械翻訳はそのレベルまで遠く及ばないが、産業翻訳業界では、機械が翻訳した文章を人間が手直しする「ポストエディット」という仕事も増えつつある。AIが人間の仕事を完全に奪うかどうかはわからないとしても、今後、AIの果たす役割が少なくとも今より大きくなるのは、その利便性からして必然の成り行きだろう。

実際、スティーヴン・ホーキングやイーロン・マスクといった数々の著名人が、アルゴリズムやAIの脅威について警鐘を鳴らしているし、その手の恐怖を煽る本やネット記事は山ほどある。こうした不安はどこまで現実的なのか？

アルゴリズムが人間を事細かに分析し、人間を操り、やがて人間になる日は、どれくらい近くまで迫っているのか？

私たちはアルゴリズムに対してどんな不安を持つべきなのか？

これらの疑問について考察したのが本書『数学者が検証！　アルゴリズムはどれほど人を支配しているのか？』だ。本書はDavid Sumpter著、*Outnumbered: From Facebook and Google to Fake News and Filter-bubbles - The Algorithms That Control Our Lives*の全訳であり、サンプター氏の著書の邦訳としては、前作『サッカーマティクス』に続いて2冊目となる。原題のoutnumberedは、直訳すると「数に当惑する」「数に惑わされる」「数で圧倒される」というような意味で、数値やアルゴリズムに畏怖している私たちの感情を示しているのだろう。

そんな著者について簡単に紹介しておこう。ロンドン生まれ、スコットランド育ちのデイヴィッド・サンプターは、マンチェスター大学で数学の博士号を取得し、現在ではスウェーデンのウプサラ大学の応用数学教授として、魚群、アリのコロニーから、サッカー、機械学習、人工知能まで、多岐にわたるテーマについて研究している。生物や社会に関連する身近な現象を数学的に分析し、わかりやすく発信することを得意としており、前作『サッカーマティクス』では、イングランドのサッカーチームの構造、パス・ネットワーク、戦術を数学的に分析して話題となった。数々の新聞・雑誌に記事を寄稿しており、グーグルやＴＥＤｘでの講演、テレビやラジオへの出演も多い。

本書がユニークなのは、アルゴリズムやＡＩに関する脅威論を決してうのみにせず、実に数学者らしい中立的な視点から、世のアルゴリズムやＡＩの現時点での実力を評価しているという点だろう。著者は「あなたを分析するアルゴリズム」「あなたを操るアルゴリズム」「あなたに近づくアルゴリズム」の3つの視点から、容疑者の捜索、再犯予測、性格分析、選挙予測、商品の提案、広告やニュース記事の表示、ボードゲームやコンピューターゲームなど、さまざまな用途で使われているアルゴリズムやＡＩを実際に入手し、そのブラックボックスの中へと分け入り、その仕組みを解き明かしている。

本書を読んで何を思うかは、人それぞれだろう。アルゴリズムやＡＩが人間社会を支配する日はまだまだ先なのか？　それとも、すぐそこまで迫っているのか？　私たちはアルゴリズムの進化にどういう態度で臨むべきなのか？　人間のつくり出すＡＩはせいぜい人間社会の映し鏡でしかありえないのか？　それとも、やがて人間の意図に反した独自の進化を遂げていくのだろうか？　本書は脅威論が多くを占める現在の議論に対するカウンターアーギュメントの役割を果たしている。本書がアルゴリズムやＡＩについて新たな視点で考えるきっかけになってくれたらうれしい。

本書の翻訳にあたっては、千葉が第1章〜第10章とその原注、橋本が第11章〜第18章とその原注、および謝辞を担当し、訳者あとがきは拙筆ながら千葉が代表して書かせていただきました。2名ぶんの原稿を取りまとめるというたいへんな作業を担当していただいた光文社の編集者、小都一郎さんに深くお礼を申し上げます。

２０１９年3月

communication ability.' *Learning and Motivation* 44, no. 4: 294–302.
7 ここでのハチの行動の説明は、以下の論文に基づく。Chittka, Lars. 2017. 'Bee cognition.' *Current Biology* 27, no.19: R1049–53.
8 Loukola, O. J., Clint P. J., Coscos, L., and Chittka, Lars. 'Bumblebees show cognitive flexibility by improving on an observed complex behavior.' *Science* 355, no. 6327（2017): 833–836.
9 Bianconi, E., Piovesan, A., Facchin, F., Beraudi, A., Casadei, R., Frabetti, F., Vitale, L., et al. 2013. 'An estimation of the number of cells in the human body.' *Annals of Human Biology* 40, no. 6: 463–71.
10 Herculano-Houzel, S. 2009. 'The human brain in numbers: a linearly scaled-up primate brain.' *Frontiers in Human Neuroscience* vol. 3.
11 Scholz, M., Dinner, A. R., Levine, E. and Biron, D. 2017. 'Stochastic feeding dynamics arise from the need for information and energy.' *Proceedings of the National Academy of Sciences* 114, no. 35: 9261–6.
12 Boisseau, R. P., Vogel, D. and Dussutour, A. 2016. 'Habituation in non-neural organisms: evidence from slime moulds.' In *Proc. R. Soc. B*, vol. 283, no. 1829, p. 20160446. The Royal Society.
13 詳細は以下の論文を参考にした。Ma, Q., Johansson, A., Tero, A., Nakagaki, T. and Sumpter, D. J. T. 2013. 'Current-reinforced random walks for constructing transport networks.' *Journal of the Royal Society Interface* 10, no. 80: 20120864.
14 Baker, M. D. and Stock, J. B. 2007. 'Signal transduction: networks and integrated circuits in bacterial cognition.' *Current Biology* 17, no. 23: R1021–4.
15 Turing, A. M. 1950. 'Computing machinery and intelligence.' *Mind* 59, no. 236: 433–60.
16 以下の論文にその一例が見つかった。Herbert-Read, J. E., Romenskyy, M. and Sumpter, D. J. T. 2015. 'A Turing test for collective motion.' *Biology letters* 11, no. 12: 20150674.
17 www.facebook.com/zuck/posts/10154361492931634

第18章　現実に戻るとき

1 もちろん、レディットには載っていた。www.reddit.com/r/TheSilphRoad/comments/6ryd6e/cumulative_probability_legendary_raid_boss_catch

でニューラル・ネットワークのデモ・プログラムを利用した。ここではさまざまなニューラル・ネットワークのツールを試すことができる。

3 www.tensorflow.org

4 リカレントニューラル・ネットワークに関する説明は、以下のふたつのページがおすすめ。
http://colah.github.io/posts/2015-08-Understanding-LSTMs
http://karpathy.github.io/2015/05/21/rnn-effectiveness

5 Vinyals, O. and Le, Q. 2015. 'A neural conversational model.' *arXiv preprint arXiv:1506.05869.*

6 Sutskever, I., Vinyals, O. and Le, Q. 2014. 'Sequence to sequence learning with neural networks.' *Advances in Neural Information Processing Systems*, pp. 3104–12.

7 Mikolov, T., Joulin, A. and Baroni, M. 2015. 'A roadmap towards machine intelligence.' *arXiv preprint arXiv:1511.08130.*

8 勝手ながら、句読点の誤りを修正させていただいた。

第16章　スペースインベーダーをやっつけろ

1 http://static.ijcai.org/proceedings-2017/0772.pdf

2 Mnih, V., Kavukcuoglu, K., Silver, D., Rusu, A. A., Veness, J., Bellemare, M. G., Graves, A., et al. 2015. 'Human-level control through deep reinforcement learning.' *Nature* 518, no. 7540: 529–33.

3 使用されたデータセットは以下のサイトで確認できる。www.image-net.org/about-overview

4 www.qz.com/1034972/the-data-that-changed-the-direction-of-ai-research-and-possibly-the-world

5 使用されたネットワークの詳細と優勝者は以下のサイトで確認できる。http://cs231n.github.io/convolutional-networks/#case

6 http://selfdrivingcars.mit.edu

7 https://arxiv.org/pdf/1609.08144.pdf

8 https://arxiv.org/pdf/1708.04782.pdf

第17章　大腸菌ほどの知性

1 www.youtube.com/watch?v=OFBwz4R6Fi0&feature=youtu.be

2 www.haggstrom.blogspot.se/2013/10/guest-post-by-david-sumpter-why

3 Häggström, O. 2016. *Here Be Dragons: Science, Technology and the Future of Humanity.* Oxford University Press.

4 www.youtube.com/watch?v=V0aXMTpZTfc

5 Hassabis, D., Kumaran, D., Summerfield, C. and Botvinick, M. 2017. 'Neuroscience-inspired artificial intelligence.' *Neuron* 95, no. 2: 245–58.

6 Kaminski, J. and Nitzschner, M. 2013. 'Do dogs get the point? A review of dog-human

news/2016/12/news-feed-fyi-addressing-hoaxes-and-fake-news

10 Loader, B. D., Vromen, A. and Xenos, M. A. 2014. 'The networked young citizen: social media, political participation and civic engagement': 143–50.

第14章　アルゴリズムは性差別主義者か？

1 こうしたバイアスを裏づける報告や実験はたくさんある。たとえば、ナンシー・ディトマソは著書『アメリカン・ノンジレンマ ー レイシズムなき人種格差（*The American Non-Dilemma: Racial inequality without racism*）』（2013、未邦訳）において、アメリカ白人間のさまざまな内集団バイアスを指摘した。

2 Lavergne, M. and Mullainathan, S. 2004. 'Are Emily and Greg more employable than Lakisha and Jamal? A field experiment on labor market discrimination.' *The American Economic Review* 94, no. 4: 991–1013.

3 Moss-Racusin, C. A., Dovidio, J. F., Brescoll, V. L., Graham, M. J. and Handelsman, J. 2012. 'Science faculty's subtle gender biases favor male students.' *Proceedings of the National Academy of Sciences* 109, no. 41: 16474–9.

4 Greenwald, A. G., McGhee, D. E. and Schwartz, J. L. K. 1998. 'Measuring individual differences in implicit cognition: the implicit association test.' *Journal of Personality and Social Psychology* 74, no. 6: 1464.

5 潜在連想テストは以下のサイトで受けられる。www.implicit.harvard.edu/implicit/takeatest

6 答え：steer

7 www.theguardian.com/technology/2016/dec/04/google-democracy-truth-internet-search-facebook

8 www.theguardian.com/technology/2016/dec/05/google-alters-search-autocomplete-remove-are-jews-evil-suggestion

9 Tosik, M., Hansen, C. L., Goossen, G. and Rotaru, M. 2015. 'Word embeddings vs word types for sequence labeling: the curious case of CV parsing.' In *VS@ HLT-NAACL*, pp. 123–8.

10 Bolukbasi, T., Chang, K-W, Zou, J. Y., Saligrama, V. and Kalai, A. T. 2016. 'Man is to computer programmer as woman is to homemaker? Debiasing word embeddings.' In *Advances in Neural Information Processing Systems*, pp. 4349–57.

11 以下の論文を参照。Hofmann, W., Gawronski, B., Gschwendner, T., Le, H. and Schmitt, M. 2005. 'A meta-analysis on the correlation between the implicit association test and explicit self-report measures.' *Personality and Social Psychology Bulletin* 31, no. 10: 1369–85.

第15章　AI版のトルストイ

1 アダマール・ゲートと呼ばれるよく似たゲートが、量子計算で用いられている。

2 このモデルを実行するため、私はこちらのサイト（https://lecture-demo.ira.uka.de）

Levine, J. 1995. 'Political environments, cohesive social groups, and the communication of public opinion.' *American Journal of Political Science*, 1025–54.

2 Huckfeldt, R. 2017. 'The 2016 Ithiel de Sola Pool Lecture: Interdependence, Communication, and Aggregation: Transforming Voters into Electorates.' *PS: Political Science & Politics* 50.1: 3–11.

3 DiFranzo, D. and Gloria-Garcia, K. 2017. 'Filter bubbles and fake news.' *XRDS: Crossroads, The ACM Magazine for Students* 23, no. 3: 32–5.

4 Jackson, D., Thorsen, E. and Wring, D. 2016. 'EU Referendum Analysis 2016: Media, Voters and the Campaign.' www.referendumanalysis.eu

5 「6」という数字をそのまま受け取る必要はない。最新の測定によると、フェイスブック上の隔たり度の平均値は4.57だった。ツイッターでは、数字はさらに小さくなる。

6 Johansson, J. 2017. 'A Quantitative Study of Social Media Echo Chambers', master's thesis, Uppsala University.

7 データはつぎの論文から引用した。Kulshrestha, J., Eslami, M., Messias, J., Zafar, M. B., Ghosh, S., Gummadi, K. P. and Karahalios, K. 2017. 'Quantifying search bias: Investigating sources of bias for political searches in social media.' *arXiv preprint arXiv:1704.01347.*

第13章　フェイクニュースを読むのは誰か？

1 www.buzzfeed.com/craigsilverman/viral-fake-election-news-outperformed-real-news-on-facebook?utm_term=. rrw0PaV3wP#.qr7rjq JeAj

2 Allcott, H. and Gentzkow, M. 2017. Social media and fake news in the 2016 election. No. w23089. National Bureau of Economic Research.

3 詳細は以下を参照。www.washingtonpost.com/news/the-x/wp/2016/11/14/googles-top-news-link-for-final-election-results-goes-to-a-fake-news-site-with-false-numbers

4 「シェアド・カウント」で調べたところ、フェイスブック上の当該ページへのリンク数は53万858件だった（2017年1月時点）。

5 Franks, N. R., Gomez, N., Goss, S. and Deneubourg, J-L. 1991. 'The blind leading the blind in army ant raid patterns: testing a model of self-organization (Hymenoptera: Formicidae).' *Journal of Insect Behavior* 4, no. 5: 583–607.

6 Ward, A. J. W., Herbert-Read, J. E., Sumpter, D. J. T. and Krause, J. 2011. 'Fast and accurate decisions through collective vigilance in fish shoals.' *Proceedings of the National Academy of Sciences* 108, no. 6: 2312–5.

7 Biro, D., Sumpter, D. J. T., Meade, J. and Guilford, T. 2006. 'From compromise to leadership in pigeon homing.' *Current Biology* 16, no. 21: 2123–8.

8 Cassino, D. and Jenkins, K. 2013. 'Conspiracy Theories Prosper: 25 per cent of Americans Are "Truthers".' Press release – http://publicmind.fdu.edu/2013/outthere.

9 フェイスブックからの回答はこちらの記事を参照。http://newsroom.fb.com/

9 Acuna, D. E., Allesina, S. and Kording, K. P. 2012. 'Future impact: Predicting scientific success.' *Nature* 489, no. 7415: 201–2.

10 Sinatra, R., Wang, D., Deville, P., Song, C. and Barabási, A-L. 2016. 'Quantifying the evolution of individual scientific impact.' *Science* 354, no. 6312: aaf5239.

11 Tyson, G., Perta, V. C., Haddadi, H. and Seto, M. C. 2016. 'A first look at user activity on Tinder.' *Advances in Social Networks Analysis and Mining* (*ASONAM*), *2016 IEEE/ACM International Conference* pp. 461–6. IEEE.

12 www.collective-behavior.com/the-unstable-dating-game

第11章　フィルターバブルに包まれて

1 イーライ・パリサーは、自身の著作（下記参照）やTEDでの講演でフィルターバブルについて語り、私たちのネット上での行動がいかにパーソナライズされているかを明らかにした。グーグルやフェイスブックなどのインターネット大手は、私たちがネットを閲覧しているときのデータを保存し、今後私たちにどんな情報を表示するか決めるために利用しているという。*The Filter Bubble: How the new personalized web is changing what we read and how we think.*（邦訳『フィルターバブル ー インターネットが隠していること』井口耕二訳／ハヤカワ・ノンフィクション文庫）

2 https://newsroom.fb.com/news/2016/04/news-feed-fyi-from-f8-how-news-feed-works

3 www.techcrunch.com/2016/09/06/ultimate-guide-to-the-news-feed

4 フィルター・モデルでは、ユーザーが『ガーディアン』を選ぶ確率は以下の式で求められる。

$$\frac{G(t)^2+K^2}{G(t)^2+K^2+T(t)^2+K^2}$$

$G(t)$はユーザーがこれまで『ガーディアン』の記事をクリックした回数。$T(t)$は『テレグラフ』の記事をクリックした回数。

２次項は（新聞への興味）×（記事をシェアした友達との親しさ）を表わしている。図11.2のシミュレーションでは、定数$K=5$（人）

5 Del Vicario, M., et al. 2016. 'The spreading of misinformation online.' *Proceedings of the National Academy of Sciences* 113.3: 554–9.

6 www.pewresearch.org/fact-tank/2014/02/03/6-new-facts-about-facebook

7 さらに対照実験として、別の60万人には、「今日は投票日」の特別メッセージも表示させなかった。結果、投票数は友達の写真がないメッセージとほぼ同じで、メッセージが役に立つのは、友達の顔と結びついたときだとわかった。詳細は、以下の論文で確認できる。Bond, R. M., et al. 2012. 'A 61-million-person experiment in social influence and political mobilization.' *Nature* 489.7415: 295–8.

第12章　つながりはフィルターバブルを破る

1 ハックフェルトの発表した一連の論文により、政治的な議論が（私にとって）驚くほど多様性に富んでいることがわかった。Huckfeldt, R., Beck, P. A., Dalton, R. J., &

fulfilling prophecies in an artificial cultural market.' *Social psychology quarterly* 71, no. 4: 338–55.

6 Muchnik, L., Aral, S. and Taylor, S. J. 2013. 'Social influence bias: A randomized experiment.' *Science* 341, no. 6146: 647–51.

7 www.popularmechanics.com/science/health/a9335/upvotes-downvotes-and-the-science-of-the-reddit-hivemind-15784871

8 ページランク・アルゴリズムは、私たちがリンクをランダムにたどってインターネットを閲覧すると仮定している。ページランクがもっとも高いページは、このランダムな閲覧の結果、もっとも多く訪問されるページとなるだろう。このグーグル・アルゴリズムに関する数学的説明は、Franceschet, Massimo. 2011. 'PageRank: Standing on the shoulders of giants.' *Communications of the ACM* 54, no. 6: 92–101を参照。

9 この仮説ははっきりと検証されているわけではないが、本が名誉ある賞を受賞すると、グーグルリーズでの平均的な評価が下がることを示す研究が、この仮説を裏づけている。Kovács, B. and Sharkey, A. J. 2014. 'The paradox of publicity: How awards can negatively affect the evaluation of quality.' *Administrative Science Quarterly* 59.1: 1–33を参照。

第10章　人気コンテスト

1 Giles, J. 2005. 'Science in the web age: Start your engines.' *Nature*, 438（7068), 554–5.

2 www.backchannel.com/the-gentleman-who-made-scholar-d71289d9a82d#.ld8ob7qo9

3 Eom, Y-H. and Fortunato, S. 2011. 'Characterizing and modeling citation dynamics.' *PloS one* 6, no. 9: e24926.

4 この点を数学的に見てみよう。このグラフはある論文がn回以上引用される確率pを示したものだ。データは対数尺度で表示されているので、データ間には直線的な関係が見られる。つまり、

$$\log(p) = \log(k) - a\log(n)$$

が成り立つ。ここで、aは直線の傾き、kは定数。このことから、

$$p = kn^{-a}$$

が成り立つことがわかる。これがべき乗則の関係だ。

5 May, R. M. 1997. 'The scientific wealth of nations.' *Science*, 275（5301), 793–6.

6 Petersen, A. M., et al. 2014. 'Reputation and impact in academic careers.' *Proceedings of the National Academy of Sciences* 111.43: 15316–21.

7 Higginson, A. D. and Munafò, M. R. 2016. 'Current incentives for scientists lead to underpowered studies with erroneous conclusions.' *PLoS biology*. 14: 11, e2000995.

8 Penner, O., Pan, R. K., Petersen, A. M., Kaski, K. and Fortunato, S. 2013. 'On the predictability of future impact in science.' *Scientific Reports* 3.

密接にかかわっている。一例として、Ali, M., Lu Ng, Y. and Kulik, C. T. 2014. 'Board age and gender diversity: A test of competing linear and curvilinear predictions.' *Journal of Business Ethics* 125, no. 3: 497–512を参照。この話題の全般的な概要については、Page, S. E. 2010. *Diversity and complexity*. Princeton University Pressを参照。

13 賢い群衆に勝つことの難しさについて詳しくは、Buchdahl, J. 2016. *Squares & Sharps, Suckers & Sharks: The Science, Psychology & Philosophy of Gambling*. Vol. 16. Oldcastle Booksを参照。

第9章 「おすすめ」の連鎖が生み出すもの

1 このモデルは、数学の文献では一般的に「優先的選択」と呼ばれているが、発見された時期に応じてさまざまな呼び名がある。このモデルの使用法や仕組みに関する数学的な説明としては、マーク・ニューマンのべき乗則に関する論文にあるものがもっともわかりやすい。Newman, M. E. J. 2005. 'Power laws, Pareto distributions and Zipf's law.' *Contemporary Physics* 46, no. 5: 323–51.

2 「こちらもおすすめ」モデルを詳しく説明すると、次のようになる。このモデルの各段階で、新しい顧客がやってきて、お気に入りの作家のサイトを閲覧する。ある作家iがその新しい顧客のお気に入りである確率は、それまでの販売数に基づき、次で与えられる。

$$\frac{n_i+1}{N+25}$$

ここで、n_iは作家iの本の販売数、$N=\sum_{i=1}^{25} n_i$は全作家の本の合計販売数。お気に入りの作家のサイトにやってきた顧客は、自分のお気に入りの作家と別の作家とのあいだの同時購入の数に基づいて、買う本を決める。つまり、その顧客が作家jの本を購入する確率は、

$$\frac{c_{ij}+1}{n_i+25}$$

となる。ここで、c_{ij}は作家jとのつながりを通じた作家iの本の販売数。購入が行なわれるたび、c_{ij}、c_{ji}、n_jが1ずつ増加する。そして、次の顧客がやってくる。図9.1（a）と（b）において、作家の横にある円の半径はn_iに比例し、ふたりの作家を結ぶ線の太さはc_{ij}に相当する。

3 Lerman, K. and Hogg, T. 2010. 'Using a model of social dynamics to predict popularity of news.' *Proceedings of the 19th international conference on World Wide Web*, pp. 621–30. ACM.

4 Burghardt, K., Alsina, E. F., Girvan, M., Rand, W. and Lerman, K. 2017. 'The myopia of crowds: Cognitive load and collective evaluation of answers on Stack Exchange.' *PloS one* 12, no. 3: e0173610.

5 Salganik, M. J., Dodds, P. S. and Watts, D. J. 2006. 'Experimental study of inequality and unpredictability in an artificial cultural market.' *Science* 311, no. 5762: 854–6. Salganik, M. J. and Watts, D. J. 2008. 'Leading the herd astray: An experimental study of self-

する。

4 私のモデル（年齢と前科の数のみに基づくもの）の精度とCOMPASモデル（一連の指標やアンケートの回答に基づくもの）の精度を比較するため、私はテスト・セットを使ってROC曲線を作成した。その結果、私のモデルのAUCは0.733で、COMPASモデルの予測能力に匹敵した。要するに、ブロワード郡のデータセットに関していえば、年齢と前科の数だけを考慮した単純なモデルは、COMPASモデルと同じくらい正確なのだ。

第8章　ネイト・シルバーと一般人との対決

1 www.yougov.co.uk/news/2017/06/09/the-day-after

2 www.nytimes.com/2016/11/01/us/politics/hillary-clinton-campaign.html?mcubz=3

3 www.nytimes.com/2016/11/10/technology/the-data-said-clinton-would-win-why-you-shouldnt-have-believed-it.html

4 www.fivethirtyeight.com/features/the-media-has-a-probability-problem

5 www.cafe.com/carl-digglers-super-tuesday-special

6 Tetlock, P. E. and Gardner, D. 2016. *Superforecasting: The art and science of prediction.* Random House.（邦訳：フィリップ・E・テトロック&ダン・ガードナー『超予測力 ── 不確実な時代の先を読む10カ条』土方奈美訳、早川書房、2016、15ページより引用）

7 この数字は、Good Judgment Open（www.thedataface.com/good-judgment-open-election-2016）の収集したデータに基づくThe Data Faceのプロジェクトより。

8 プレディクトイットは2016年の大統領選挙より前には存在しなかったが、同じ仕組みの前身の予測市場のひとつ、イントレードは、2008年と2012年の両方の大統領選挙で用いられた。アレックスと私は3回の選挙におけるこれらの予測市場の全州の最終的な確率を、ファイブサーティエイトの予測と比較した。

9 Rothschild, D. 2009. 'Forecasting elections: Comparing prediction markets, polls, and their biases.' *Public Opinion Quarterly* 73, no. 5: 895–916.

10 ブライア・スコアとは、予測の精度と大胆さの両方を加味した単一の数値であり、予測値と実際の結果との距離の平方で計算される。つまり、pを予測された確率、oを結果とし、その事象が発生した場合に$o=1$、発生しなかった場合に$o=0$とすると、その事象のブライア・スコアは（$p-o$）^{2}となる。ブライア・スコアは小さいほどよい。ある事象が100パーセント確実に発生するという非常に大胆な予測は、実際に的中すれば、ブライア・スコアはもっともよい0となる。一方、その大胆な予測がはずれれば、ブライア・スコアはもっとも悪い1となる。ある事象が50パーセントの確率で発生するという慎重な予測は、結果にかかわらずブライア・スコアが0.25となる。

11 Rothschild, D. 2009. 'Forecasting elections: Comparing prediction markets, polls, and their biases.' *Public Opinion Quarterly* 73, no. 5: 895–916.

12 大半の実証的研究は、企業の取締役の実績と関連しており、その企業の未来予測と

9 Kleinberg, J., Mullainathan, S. and Raghavan, M. 2016. 'Inherent trade-offs in the fair determination of risk scores.' *arXiv preprint arXiv:1609.05807.*

10 ブロワード郡のデータセット内の白人被告人の年齢の中央値は35歳、黒人被告人の年齢の中央値は30歳。

11 私はプロパブリカの収集したブロワード郡のデータセットにおける２年再犯率を予測する回帰分析モデルを用いて、この関係を特定した。従属変数は、被告人が２年以内に再犯したかどうかである。私はデータをトレーニング・セット（観測データの90パーセント）とテスト・セット（観測データの10パーセント）に分けた。トレーニング・セットを用いた結果、再犯の予測精度がもっとも高い回帰モデルは、年齢（β age = − 0.047、p値 < 2e − 16）と前科の数（β priors = 0.172、p値 < 2e − 16）に、定数（β const = 0.885、p値 < 2e − 16）を組みあわせたものだということがわかった。つまり、年齢が高い被告人ほど、新たな犯罪で逮捕される可能性が低く、前科の多い被告人ほど、再び逮捕される可能性が高いということになる。人種は再犯を予測する統計的に有意な因子とはいえなかった（人種を含む多変数モデルでは、アフリカ系アメリカ人という因子のp値は0.427)。

12 なかでももっとも網羅的なのは、Flores, A. W., Bechtel, K. and Lowenkamp, C. T. 2016. 'False Positives, False Negatives, and False Analyses: A Rejoinder to Machine Bias: There's Software Used across the Country to Predict Future Criminals. And It's Biased against Blacks.' *Fed. Probation* 80: 38.

13 Arrow, K. J. 1950. 'A difficulty in the concept of social welfare.' *Journal of political economy* 58, no. 4: 328–46.

14 Young, H. P. 1995. *Equity: in theory and practice.* Princeton University Press.

15 Dwork, C., Hardt, M., Pitassi, T., Reingold, O. and Zemel, R. 2012. 'Fairness through awareness.' In *Proceedings of the 3rd Innovations in Theoretical Computer Science Conference*, pp. 214–26. ACM.

第７章　データの錬金術師

1 サッカーのゴール期待値やその他のアルゴリズムについて詳しく学びたい方におすすめの名著がある。『サッカーマティクス』という本だ。

2 いくつか微妙な点がある。この比較をするため、サッカーの専門家に、シュートが打たれた時点までの試合の映像を観てもらうことにする。ただし、シュートがゴールしたかどうかは明かさない。そうしたら、それがビッグ・チャンスだったかどうかをたずね、その答えを予測とみなす。ビッグ・チャンスと評価されたシュートはゴール、ビッグ・チャンスと評価されなかったシュートははずれまたはセーブと予測されたことになる。サッカーの解説においては、このビッグ・チャンスという解釈は、「あそこからは決めないと」という評論家お決まりのコメントに相当する。

3 ジュリアはCOMPASアルゴリズムにアクセスできなかったため、リバースエンジニアリングを行なった。彼女がリバースエンジニアリングを行なったアルゴリズムの精度レベルは、ノースポイントがほかの研究で報告した精度レベルと全般的に一致のために「心理戦争」の道具を開発する手助けをしたと主張したが、その兵器の有効性そのものの詳細は明かされなかった。明白な証拠がないことは、私自身の分析やアレックス・コーガンの評価と一致している。現時点では、フェイスブックのデータは、一人ひとりの性格に合わせた広告を作成するための分析を行なえるほど、詳細ではないのだ。そして、「心理戦争」の道具という言葉が報じられただけで、フェイスブックの株価が7パーセントも急落したのを見るに、今後フェイスブックは、第三者によるフェイスブック・ユーザー・データへのアクセスについて、細心の注意を払うだろう。

第6章　アルゴリズムに潜むバイアス

1 COMPASをブラックボックスだとして批判している論文はほかにもいくつかあるが、Brennan, T., Dieterich, W. and Oliver, W. 2004. 'The COMPAS scales: Normative data for males and females. Community and incarcerated samples.' Traverse City, MI: Northpointe Institute for Public Managementは、回帰や特異値分解を使ったCOMPASモデルの構築方法について、非常に詳しく説明している。再犯の予測に使われる重要な数式は、この文書の147ページにある。

2 Brennan, T., Dieterich, W. and Ehret, B. 2009. 'Evaluating the predictive validity of the COMPAS risk and needs assessment system.' *Criminal Justice and Behavior*, 36(1), 21–40.

3 www.propublica.org/article/machine-bias-risk-assessments-in-criminal-sentencing

4 Dieterich, W., Mendoza, C. and Brennan, T. 2016. 'COMPAS risk scales: Demonstrating accuracy equity and predictive parity.' Technical report, Northpointe, July 2016. www.northpointeinc.com/northpointe-analysis.

5 www.propublica.org/article/how-we-analyzed-the-compas-recidivism-algorithm

6 Corbett-Davies, S., Pierson, E., Feller, A., Goel, S. and Huq, A. 2017. 'Algorithmic decision making and the cost of fairness.' In Proceedings of the 23rd ACM SIGKDD International Conference on Knowledge Discovery and Data Mining, pp. 797–806. ACM.

7 求人広告の実装方法は国によって異なる。求人広告機能は、アメリカとカナダでのみ実装されており、フェイスブックのモニターたちによって、広告に差別がないか調べられている。そのため、実際には、私の提案しているような広告を出すのは不可能かもしれないので、このセクションの文章は一種の思考実験としてとらえてほしい。それでも、あるフェイスブックのメンバーが、私が説明しているものよりもずっと単純な手法を使って、特定の層、年齢、性別に的を絞る"便利"な方法を投稿している。www.facebook.com/business/help/community/question/?id=10209987521898034を参照。

8 私の知ったかぶりの説明について補足をしておくと、広告を見ていないが仕事に興味があった女性の割合は75/825＝9.09パーセントで、仕事に興味があったのに広告を見なかった男性の割合50/550＝9.09パーセントと等しい。表の数値は、広告の信頼性が両者にとって同程度になるよう、意図的に選んでいる。

Application 14/942,784, filed 16 November 2015.

- Yu, Y., and Wang, M. 'Presenting additional content items to a social networking system user based on receiving an indication of boredom.' US Patent 9,553,939, issued 24 January 2017.

11 Hibbeln, M. T., Jenkins, J. L., Schneider, C., Joseph, V. and Weinmann, M. 2016. 'Inferring negative emotion from mouse cursor movements.'

12 Hehman, E., Stolier, R. M. and Freeman, J. B. 2015. 'Advanced mouse-tracking analytic techniques for enhancing psychological science.' *Group Processes & Intergroup Relations* 18, no. 3: 384–401.

第5章　ケンブリッジ・アナリティカの虚言

1 最新の記事は、ケンブリッジ・アナリティカによる法的な異議申し立ての対象となった。www.theguardian.com/technology/2017/may/14/robert-mercer-cambridge-analytica-leave-eu-referendum-brexit-campaigns

2 もちろん、これもそのような白黒発言の一例だ。白黒発言を避けるのは難しい。

3 https://d25d2506sfb94s.cloudfront.net/cumulus_uploads/document/0q7lmn19of/TimesResults_160613_EUReferendum_W_Headline.pdf

4 この世論調査では、インタビューされた人々の厳密な年齢が記録されていないため、モデルを当てはめるにあたり、それぞれの人の年齢を報告された年齢の中央値とした。私はロジット・リンク関数に、集団の大きさによって重みづけされた比率を用いて、ロジスティック回帰分析を実行した。頑健性を検証するため、年齢の二次関数についても調べたが、モデルの適合性はさほど向上しなかった。

5 https://d25d2506sfb94s.cloudfront.net/cumulus_uploads/document/0q7lmn19of/TimesResults_160613_EUReferendum_W_Headline.pdf

6 Skrondal, A. and Rabe-Hesketh, S. 2003. 'Multilevel logistic regression for polytomous data and rankings.' *Psychometrika* 68, no. 2: 267–87.

7 www.ca-political.com/services/#services_audience_segmentation

8 www.theguardian.com/us-news/2015/dec/11/senator-ted-cruz-president-campaign-facebook-user-data

9 www.youtube.com/watch?v=n8Dd5aVXLCc

10 ここでは、合計150回以上の「いいね！」があるカテゴリーで50回以上「いいね！」をしているユーザーのみを含めている。

11 www.theintercept.com/2017/03/30/facebook-failed-to-protect-30-million-users-from-having-their-data-harvested-by-trump-campaign-affiliate

12 『ガーディアン』のキャロル・キャッドウォラダーやチャンネル4ニュースの記者たちによる一連の暴露報道により、ケンブリッジ・アナリティカの疑わしいデータ管理手法が次々と明らかになった。騒動が収まっても、ニックスらが性格予測アルゴリズムを構築したという証拠は依然としてなかった。内部告発者のクリストファー・ワイリーは、自分とアレックス・コーガンがケンブリッジ・アナリティカ分析から除外した。
2 まず、ひとつ目のカテゴリーと残りの12種類のカテゴリーとの関係をプロットし、次にふたつ目のカテゴリーと残りの11種類のカテゴリー（つまり、ひとつ目のカテゴリー以外）との関係をプロットする。その後、３つ目のカテゴリーと残りの10種類のカテゴリーの関係をプロットし、以下同様に続ける。合計すると、12＋11＋10＋…＋1＝13×12/2＝78組のプロットが必要になる。
3 本文では、主成分分析について幾何学的な視点から説明している。代数学を学んだ人々向けに言っておくと、主成分分析では、まず13種類のカテゴリーについて共分散行列を計算する。このとき、第１主成分は、共分散行列の最大の固有値に対応する固有ベクトル（直線）となり、第２主成分は２番目に大きい固有値に対応する固有ベクトルとなる。以下同様。

第4章　100次元のあなた

1 Kosinski, M., Stillwell, D. and Graepel, T. 2013. 'Private traits and attributes are predictable from digital records of human behavior.' *Proceedings of the National Academy of Sciences* 110, no. 15: 5802–5.
2 Kosinski, M., Wang, Y., Lakkaraju, H. and Leskovec, J. 2016. 'Mining big data to extract patterns and predict real-life outcomes.' *Psychological methods* 21, no. 4: 493.
3 Costa, P. T. and McCrae, R. R. 1992. 'Four ways five factors are basic.' *Personality and individual differences* 13, no. 6: 653–65.
4 https://research.fb.com/fast-randomized-svd
5 フェイスブックの研究者たちは、次の論文で、自分たちの実装したひとつの手法について説明している。Szlam, A., Kluger, Y. and Tygert, M. 2014. 'An implementation of a randomized algorithm for principal component analysis.' *arXiv preprint arXiv:1412.3510.* 彼らがこれらのアルゴリズムを実際にどう使用しているかについて、詳しくは公開されていない。
6 www.npr.org/sections/alltechconsidered/2016/08/28/491504844/you-think-you-know-me-facebook-but-you-dont-know-anything
7 Louis, J. J. and Adams, P. 'Social dating.' US Patent 9,609,072, issued 28 March 2017.
8 Kluemper, D. H., Rosen, P. A. and Mossholder, K. W. 2012. 'Social networking websites, personality ratings, and the organizational context: More than meets the eye?' *Journal of Applied Social Psychology* 42, no. 5: 1143–72.
9 Stéphane, L. E. and Seguela, J. 'Social networking job matching technology.' US Patent Application 13/543,616, filed 6 July 2012.
10 次の特許を参照。
- Donohue, A. 'Augmenting text messages with emotion information.' US Patent Application 14/950,986, filed 24 November 2015.
- Matas, Michael J., Reckhow, M. W., and Taigman, Y. 'Systems and methods for dynamically generating emojis based on image analysis of facial features.' US Patent

原　注

第1章　バンクシーを探せ

1 www.fortune.com/2014/08/14/google-goes-darpa
2 www.dailymail.co.uk/femail/article-1034538/Graffiti-artist-Banksy-unmasked-public-schoolboy-middle-class-suburbia.html
3 www.bbc.com/news/science-environment-35645371

第2章　リターゲティング広告にノイズを

1 O'Neil, C. 2016. *Weapons of Math Destruction: How big data increases inequality and threatens democracy*. Crown Books.（邦訳：キャシー・オニール『あなたを支配し、社会を破壊する、AI・ビッグデータの罠』久保尚子訳、インターシフト、2018）
2 自身のグーグル設定は、www.google.com/settings/u/0/ads/authenticatedで確認できる。
3 www.thinkwithgoogle.com/intl/en-aunz/advertising-channels/video/campbells-soup-uses-googles-vogon-to-reach-hungry-australians-on-youtube/
4 プラグインはwww.noiszy.comからダウンロード可能。
5 『あなたを支配し、社会を破壊する、AI・ビッグデータの罠』では、この種の差別の例を詳しく扱っている。
6 Datta, A., Tschantz, M. C. and Datta, A. 2015. 'Automated experiments on ad privacy settings.' *Proceedings on Privacy Enhancing Technologies* 2015, no. 1: 92–112.
7 www.post-gazette.com/business/career-workplace/2015/07/08/Carnegie-Mellon-researchers-see-disparity-in-targeted-online-job-ads/stories/201507080107
8 アミットらは、考えられる説明について、www.fairlyaccountable.org/adfisher/#disc-causeで論じている。
9 www.propublica.org/article/machine-bias-risk-assessments-in-criminal-sentencing
10 www.propublica.org/article/facebook-lets-advertisers-exclude-users-by-race
11 www.ajlunited.orgを参照。
12 ジョナサン・アルブライトの研究は、オートコンプリート機能やフェイクニュースに関する『ガーディアン』の記事www.theguardian.com/technology/2016/dec/04/google-democracy-truth-internet-search-facebookで紹介されている。
13 Burrell, J. 2016. 'How the machine "thinks" :Understanding opacity in machine learning algorithms.' *Big Data & Society* 3, no. 1: 2053951715622512.

第3章　友情の主成分

1 最新の15件の投稿は、2016年12月13日、私の友達のフェイスブック・ページから収集した。ほとんどの投稿はカテゴリーに分類できたが、分類できなかったものは

数学者《すうがくしゃ》が検証《けんしょう》！　アルゴリズムはどれほど人《ひと》を支配《しはい》しているのか？
あなたを分析《ぶんせき》し、操作《そうさ》するブラックボックスの真実《しんじつ》

2019年4月30日　初版1刷発行

著者 ―――― デイヴィッド・サンプター
訳者 ―――― 千葉敏生《ちばとしお》・橋本篤史《はしもとあつし》
カバーデザイン ―――― 上坊菜々子
発行者 ―――― 田邉浩司
組版 ―――― 新藤慶昌堂
印刷所 ―――― 新藤慶昌堂
製本所 ―――― 国宝社
発行所 ―――― 株式会社光文社
〒112-8011　東京都文京区音羽1-16-6
電話 ―――― 翻訳編集部 03-5395-8162
書籍販売部 03-5395-8116
業務部 03-5395-8125

落丁本･乱丁本は業務部へご連絡くだされば、お取り替えいたします。

ISBN978-4-334-96228-9 Printed in Japan

■好評既刊

デイヴィッド・サンプター 著　千葉敏生 訳

サッカーマティクス

数学が解明する強豪チーム「勝利の方程式」

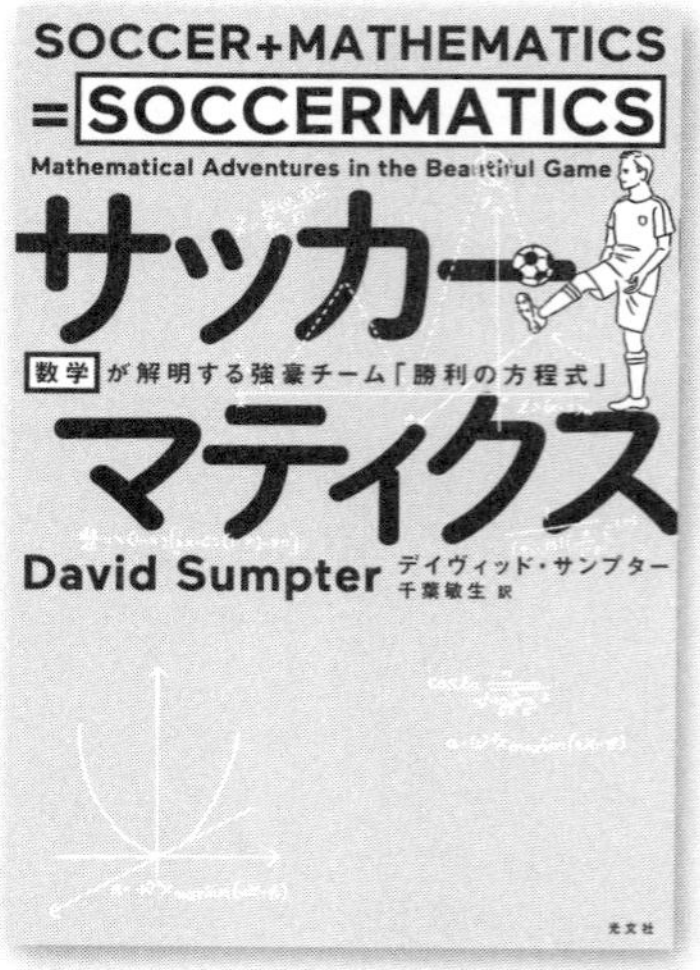

四六判・ソフトカバー

バルセロナのフォーメーションはなぜ数学的に美しいのか？

イブラヒモビッチのオーバーヘッドは何が凄い？　なぜ勝ち点は3なのか？　シュート決定率やリーグ戦での勝敗率といった統計から、パスやフォーメーションの幾何学まで、サッカーには数学的要素が溢れている。それらを最新の手法で追跡・分析すると、驚くべきパターンが見えてくる。サッカー愛に満ちた数学者による、「サッカー観」が変わる一冊！

■好評既刊

セス・スティーヴンズ＝ダヴィドウィッツ 著

誰もが嘘をついている

ビッグデータ分析が暴く人間のヤバい本性

酒井泰介 訳

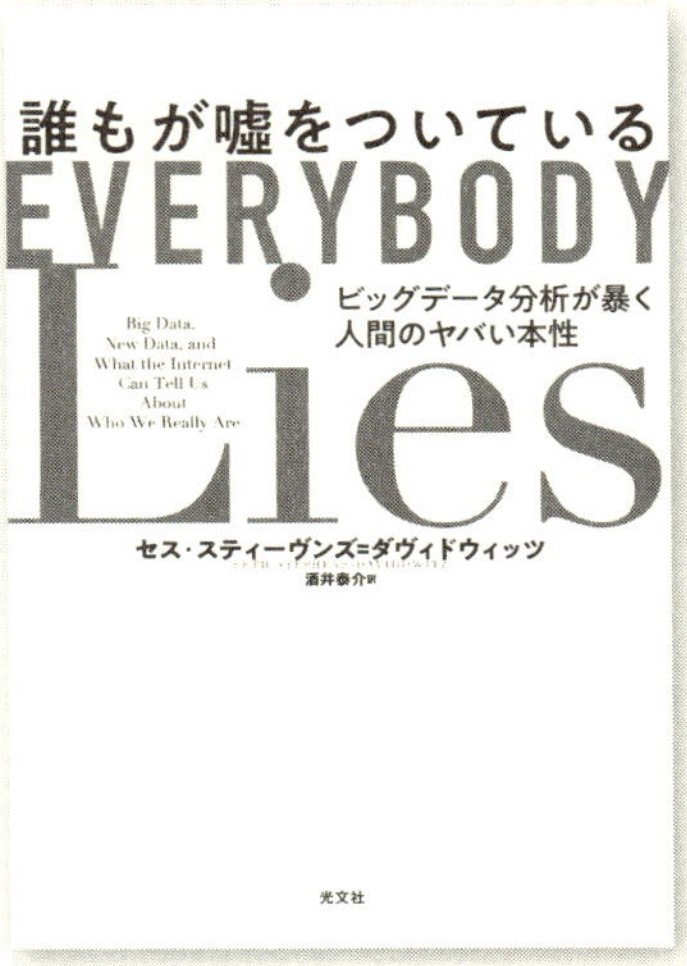

四六判・ソフトカバー

検索は口ほどに物を言う。
通説や直感に反する事例満載！

人は実名SNSや従来のアンケートでは見栄を張って嘘をつく一方、匿名の検索窓には本当の欲望や悩みを打ち明ける。グーグルやポルノサイトの検索データを分析し、秘められた人種差別意識、性的嗜好、政治的偏向など、驚くべき社会の実相を解き明かす。社会学を検証可能な科学に変える、「大検索時代」の必読書！